bienal
brasileira
de design

CB007177

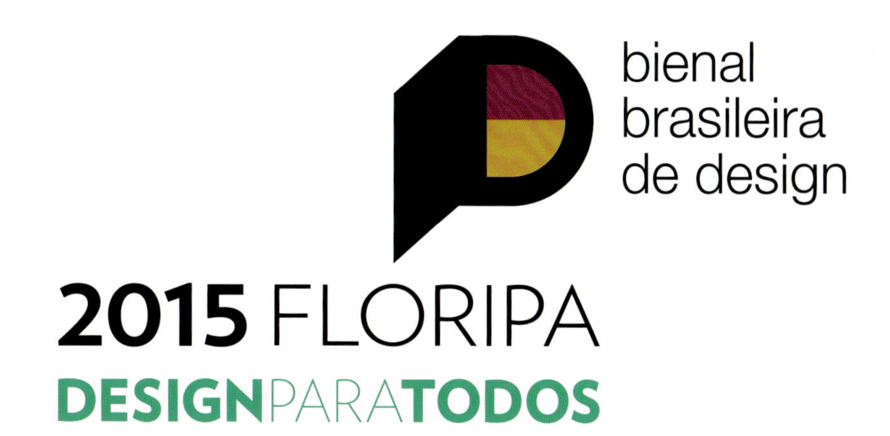

CENTRO DESIGN CATARINA
FLORIANÓPOLIS, 2015

INCENTIVO | *Incentive*

INICIATIVA | *An initiative of*

Ministério do
Desenvolvimento, Indústria e Comércio Exterior

Ministério da
Cultura

REALIZAÇÃO | *Produced by*

CO-REALIZAÇÃO | *Co-produced by*

PATROCÍNIO - OURO | *Gold Sponsor*

PATROCÍNIO - BRONZE | *Bronze Sponsor*

REVISTA OFICIAL | *Official Magazine*

CIA AÉREA OFICIAL | *Official Airline*

PARCERIA | *Official Airline*

APOIO INSTITUCIONAL | *Institutional Support*

FIESC SESI FIESC SENAI FIESC IEL

APOIO | *Support*

APOIO CULTURAL | *Cultural Support*

Ministério do
Desenvolvimento, Indústria
e Comércio Exterior

Upon learning about the 5th Biennial theme, Design for All, I remembered the words of my fellow citizen Aloisio Magalhães: "For me, design is applying all of the instrumental elements of a language derived from visual creative forms in a collective process."

One of the most important Brazilian designers of the twentieth century, Magellan, masterfully expressed for many years what the 5th Biennial seeks to promote today: the democratization of design, encouraging their use in products, services and public and private spaces.

An initiative of the Ministry of Development, Industry and Foreign Trade (MDIC) and the Competitive Brazil Movement (MBC), supported by Apex-Brazil, which falls under the Brazilian Program of Design (PBD), the 5th Biennial aims to disseminate Brazilian design and foster its development by recognizing the talent of national creators.

It is worth mentioning the important role of the Biennial to disclose the quality of Brazilian design and its contribution to the development of a national identity of our products and services.

Design is a cross-cutting and systemic tool for the development of innovation capacity and quality improvement of industrial products and services. It is a strategic factor of the differentiation and the adding of value to products.

In this context, the Biennial gives us an enormous growth potential of this industry to conquer new markets and the increasing participation in the markets where it is already established, both being essential to support Brazilian exports today.

I appreciate the participation of everyone who contributed to the success of this 5th Biennial, headquartered in Florianópolis, and invite everyone to the 6th Biennial, to be held in Recife in 2017.

Armando Monteiro
Ministry of Development, Industry and Foreign Trade

Ministério do
**Desenvolvimento, Indústria
e Comércio Exterior**

Ao tomar conhecimento do tema da V Bienal, Design para Todos, me lembrei das palavras do meu conterrâneo Aloísio Magalhães: "Design pra mim é aplicar todo o instrumental de uma linguagem advinda das formas de criatividade visual num processo de interesse coletivo".

Um dos mais importantes designers brasileiros do século XX, Magalhães exprimiu com maestria há muitos anos o que a V Bienal busca promover hoje, a democratização do design, estimulando seu uso em produtos, serviços e espaços públicos e privados.

Iniciativa do Ministério do Desenvolvimento, Indústria e Comércio Exterior (MDIC) e do Movimento Brasil Competitivo (MBC), apoiada pela Apex-Brasil, que se insere no âmbito do Programa Brasileiro de Design (PBD), a V Bienal tem como objetivo divulgar o design brasileiro e fomentar o seu desenvolvimento pelo reconhecimento do talento dos criadores nacionais.

Vale ressaltar a importância do papel da V Bienal ao divulgar a qualidade do design brasileiro e sua contribuição para a definição de uma identidade nacional dos nossos produtos e serviços.

O design é um instrumento transversal e sistêmico para o desenvolvimento da capacidade de inovação e para a melhoria da qualidade dos produtos e serviços industriais. Representa um fator estratégico que agrega valor e diferenciais aos produtos.

Nesse contexto, a Bienal nos permite vislumbrar o enorme potencial de crescimento dessa indústria pela conquista de novos mercados e aumento da participação nos mercados em que já está estabelecida, fundamentais no atual momento de apoio às exportações brasileiras.

Agradeço a participação de todos que contribuíram para o sucesso desta V Bienal, sediada em Florianópolis, e deixo desde já o convite para a VI Bienal, que será realizada em Recife em 2017.

Armando Monteiro
Ministério do Desenvolvimento, Indústria e Comércio Exterior

Ministério da
Cultura

The aesthetic sense arises very early in human beings, since the cave paintings it has proceeded to establish a useful dialogue with beauty. And that deepens even more during the training process that the practice of manufacturing goods now requires; quickly manifesting in utensils, tools, weapons, furniture and buildings, made with "art and ingenuity." Long before mass production, design was already the synthesis of this dialogue, which was somehow silenced with the industrial revolution. It's not by chance that it calls the idea of art into question in the contemporary world. It forces us to think about many related issues. It is at the center of an apparent contradiction between art and technique.

But it is more than that. Especially in contemporary society, design has taken over our daily lives. It is present in our artifacts, our bodies, practices, behaviors, cultures, cities and landscapes. Everyone knows that it takes on a greater meaning in the urbanization that accompanied the industrialization process, beginning in the nineteenth century. Especially in that time, it was associated with the democratization of consumption. It is part of an action that produces quality by quantity. It is, therefore, an essential part of a cultural economy geared for everyone. It's something vital at this time of emergence of a globalized Brazil.

Therefore, when fundamental questions for new development and cultural policy are on the agenda, design plays a significant role in articulating innovative ideas, or faces the challenge of sustainability and environmental balance. Design is part of the our transformation towards the type of society we want to become. Design is an aesthetic choice. A world view. It is associated with the great archetypes of contemporary times. It keeps us up-to-date.

We are sure that Brazilian Design Biennial is an institution of fundamental importance to public authorities and the private sector in the building of an innovative collection, articulating around its center of professional intelligence and spread around the world. It will be in full interaction with the best projects of our country.

Juca Ferreira
Minister of Culture

Ministério da
Cultura

O senso estético nasce muito cedo no ser humano, que desde as pinturas rupestres passou a estabelecer o diálogo do útil com o belo. E isso se aprofunda durante o processo de adestramento que a prática de fabricação passa a exigir, logo se manifestando em utensílios, ferramentas, armas, móveis e edificações, feitos com “arte e engenho”. Muito antes da produção em série o design já era a síntese desse diálogo, que de alguma forma se emudece com a Revolução Industrial. Não por acaso ele põe em xeque a ideia de arte no mundo contemporâneo ele nos obriga a pensar sobre muitos assuntos afins, pois está no centro de uma aparente contradição entre a arte e a técnica.

Mas ele é mais do que isso. Especialmente na sociedade contemporânea, o design tomou conta de nosso cotidiano. Está presente em nossos artefatos, corpos, práticas, comportamentos, culturas, cidades e paisagens. Todos sabem que ele toma um sentido maior com a urbanização que vem acompanhada do processo de industrialização, iniciada no século XIX. Sobretudo a partir daqueles anos ele se associa à democratização do consumo e se torna acessível para muitos. Ele é parte de uma ação que produz qualidade através da quantidade. Por isso, é parte essencial de uma economia da cultura voltada para todos. Algo vital neste momento de emergência de um Brasil globalizado.

Por isto, quando questionamentos fundamentais para um novo desenvolvimento e política cultural estão em pauta, o design assume um papel significativo na articulação de ideias inovadoras, ou frente ao desafio de sustentabilidade e equilíbrio socioambiental. O design é parte da transformação de nós todos em direção à sociedade que queremos: é uma opção estética, uma visão de mundo. Ele concentra os grandes arquétipos da contemporaneidade e ele nos atualiza do que ainda há de vir.

Temos a certeza de que a Bienal Brasileira de Design é uma instituição de fundamental importância para os poderes públicos e para a iniciativa privada na construção de um arranjo inovador, articulando em torno de seu centro de inteligência e difusão de profissionais do mundo todo que estarão em plena interação com o que se projete melhor em nosso país.

Juca Ferreira
Ministro da Cultura

For a better life

The Design for All theme chosen for the Biennial Brazilian Design, headquartered for the first time in Santa Catarina, is consistent with our efforts with the state government. Firstly, because the theme proposed benefits "the people first" with a design that also ensures functionality. Secondly, because design also serves people with special needs and people from every social class and age group.

Our commitment to promoting the event began in 2012, when we recorded a statement that, in a way, helped Florianópolis be selected as the biennial host city in 2015. At the time, we said: "We are ready to promote a big event. We have companies who were able to qualify, but above all we have a people who likes to receive other people. Santa Catarina awaits everyone with open arms."

We received professionals from countries such as the Netherlands, Italy, Turkey, South Africa, the United States, Colombia, Spain and Switzerland at the International Design Seminar, which opened the biennial event on June 15th. Among them were designers concerned with minority groups as well as large urban populations in emerging nations, trying to insert human beings in the global society.

Santa Catarina stands out worldwide for its high quality products and is the fourth most industrialized state in Brazil, with one of the highest indexes in the country's development. To promote local production, the award, Design Catarina, was created and announced throughout 2014 in a series of preparatory events for the biennial.

The award generated visibility for Santa Catarina products launched in 2012, providing greater market opportunities for the winners. All independent designers were able to participate, as well as corporations, as long as they had a creative department.

Another pre-event that took place in the state, inlcuding my hometown Lages, was the Index SC show, which displayed a sample of products of various brands from different sectors of the state industry. It was promoted by Center Design Catarina, an organization that deserves special attention in the biennal promotion and that brought the capital educational and interactive actions this year, highlighting the important role of design for economic and sustainable development anywhere in the world.

We are proud to have supported the event and to observe the excellent results, showing the best of Santa Catarina and Brazil thanks to the competence of all the entities and individuals involved. May the legacy of the Brazilian Design Biennial 2015 Floripa cross borders and echo in the future.

João Raimundo Colombo
Governor of the State of Santa Catarina

Por uma vida melhor

O tema Design para Todos, escolhido para a Bienal Brasileira de Design, sediada pela primeira vez em Santa Catarina, vai ao encontro das nossas gestões frente ao governo do estado. Primeiro, porque a temática propõe beneficiar "as pessoas em primeiro lugar" com um desenho que garanta também funcionalidade. Segundo, porque o design inclusivo atende indivíduos com necessidades especiais, bem como gente de qualquer classe social e faixa etária.

Nosso empenho em promover o evento teve início em 2012, quando gravamos um depoimento que, de certa forma, ajudou Florianópolis a ser selecionada como cidade sede da bienal 2015. Dissemos na época: "Estamos prontos para promover um grande evento. Além de empresas que souberam se qualificar, temos também um povo que gosta de receber. Santa Catarina espera a todos de braços abertos."

Recebemos profissionais de países como Holanda, Itália, Turquia, África do Sul, Estados Unidos, Colômbia, Espanha e Suíça no Seminário Internacional de Design, que abriu a bienal no dia 15 de junho. Entre eles, haviam designers que olham tanto para grupos minoritários quanto grandes populações urbanas em nações emergentes, tentando inserir o ser humano na sociedade global.

Santa Catarina se destaca mundialmente pelos seus produtos de alta qualidade e é o quarto estado mais industrializado do Brasil, com um dos mais altos índices de desenvolvimento do país. Para fomentar a produção local, foi criado o prêmio Design Catarina, anunciado ao longo de 2014 numa série de eventos preparatórios para a bienal.

O prêmio gerou visibilidade aos produtos catarinenses lançados a partir de 2012, proporcionando maior abertura de mercado para os vencedores. Puderam participar designers autônomos ou indústrias de qualquer porte que tivessem um departamento de criação.

Outro pré-evento que correu o estado, passando inclusive por Lages, minha terra natal, foi a mostra Index SC, que exibiu uma amostra de produtos de várias marcas de diferentes setores da indústria estadual. Teve apoio do Centro Design Catarina, entidade que merece destaque especial na promoção da bienal que, neste ano, trouxe à capital ações educativas e interativas, destacando o importante papel do design para o desenvolvimento econômico e sustentável em qualquer lugar do planeta.

Temos orgulho de ter apoiado o evento e de constatar o excelente resultado mostrando o que há de melhor em Santa Catarina e no Brasil graças à competência de todas as entidades e pessoas envolvidas. Que o legado da Bienal Brasileira de Design Floripa 2015 cruze fronteiras e ecoe no futuro.

João Raimundo Colombo
Governador do estado de Santa Catarina

Considering the complex challenges that arise for those who produce in Brazil, such as the economic crisis, the unwieldy tax system and the precarious logistics, innovation is the prerogative to competitiveness. For this reason, the key to success is innovating in a systematic way, improving and introducing new products to market, optimizing processes and working with new business models.

We have to improve the creation of value, deploying knowlegde and intelligence to what is already produced. The Biennial, with its exhibitions and high-level debates, is an important instrument for promoting design merits and can generate innovation for the industries.

This is already perceived by a good part of the industry. In recent years, many companies have been placing emphashis on projects focusing in design, research and development of new production processes. According to a study by the National Confederation of Industries (CNI), 65% of the fastest growing companies in the country have an innovation level considered high or very high. In the state of Santa Catarina, the largest number of investments made in recent years by the industrial sector are closely linked to design, new processes and products and improvement in the production quality, according to the study "Performance and perspectives in the Santa Catarina industry", recently released by Fiesc. What we wish, now, is that design will be further expanded and adopted in new production sectors and in all areas of industries.

However, this challenge lies not only in the industry. We need to mobilize and direct the forces of all players involved, i.e, government, universities, companies, sources of funding, investors, research institutes, incubators and entrepreneurs, in order to create an ecosystem to leverage the intensive use of design in the country, as a differentiation and innovation factor for competitive gains. With the incentive provided by the Biennial of Design, we have created the environment for this ecosystem to become an international reference.

Glauco José Côrte
President of the Federation of Industries in the State of Santa Catarina

Considerando os complexos desafios impostos a quem produz no Brasil, como a crise econômica, o pesado sistema tributário e a logística precária, inovação é prerrogativa para a competitividade. Por isso, inovar de maneira sistemática, aprimorar e lançar novos produtos, otimizar processos e atuar com novos modelos de negócios é a chave para o sucesso.

Temos que aumentar a geração de valor, aplicando conhecimento e inteligência ao que já é produzido. A Bienal, com suas exposições e debates de alto nível, é um importante instrumento de divulgação do valor que o design, como forma de inovação, pode gerar para as indústrias.

Isso já é percebido por boa parte da indústria. Nos últimos anos, muitas empresas vêm dando mais ênfase aos projetos focados em design, pesquisa e desenvolvimento de novos processos produtivos. Segundo pesquisa da Confederação Nacional da Indústria (CNI), 65% das empresas que mais crescem no Brasil têm grau de inovação considerado alto ou muito alto. Em Santa Catarina, o maior volume de investimentos feitos nos últimos anos pelo setor industrial está relacionado ao design, novos processos e produtos e melhorias na qualidade da produção, conforme a pesquisa Desempenho e perspectivas da indústria Catarinense, recentemente divulgada pela Fiesc.

O que se deseja, agora, é que o design seja expandido e adotado em novos segmentos produtivos e em todas as áreas das indústrias.

Mas esse desafio não está posto apenas à indústria. Precisamos mobilizar e canalizar as forças de todos os atores envolvidos com o tema: governo, universidades, empresas, fontes de fomento, investidores, institutos de pesquisa, incubadoras e empreendedores, para criar um ecossistema que alavanque o uso intensivo do design no país, como fator de diferenciação e inovação para ganhos de competitividade. Com o incentivo proporcionado pela Bienal de Design, temos o ambiente propício para que esse ecossistema seja referência internacional.

Glauco José Côrte
Presidente da Federação das Indústrias do Estado de Santa Catarina.

The final presentation of the Project Bienal | Floripa submission and defense was held in October, 2012 in Belo Horizonte in the evening, at the Memorial Minas Vale auditorium. As I watched with much emotion, an envelope was opened and shown to the audience with the name FLORIANÓPOLIS printed in big legible letters.

The project, which took us two years of work and was technically mounted with the help of SC-Design directors and in liaison with education institutions, state-level government secretaries, the Research Support Foundation, and the Federation of Industries, was approved. The next Brazilian Biennial of Design would be held in Florianópolis.

Almost three years later, in May 2015, on the date set in a meeting by Coeb, the Brazilian Biennial of Design | Floripa | 2015 was officially opened.

The path of building a team brought together researchers, curators, assistants, experts in scenography, visual identity, development of websites, blog and social networks, lasted for nearly three years. During this period we carried out pre-Biennial events that had worked as a warm-up for the Biennial itself. We held touring exhibitions showing products from the state that covered several cities, displaying design projects of Santa Catarina's industry. Each exhibition was complemented by lectures of renowned designers from all over Brazil. It was a big public success never implemented before: to present the design to a big audience before an event, making them more familiar with design, more able to value and enjoy it.

It was not an easy task at this time. With highs and lows, we covered the stages of planning, research and, particularly, fundraising. The country experienced periods of business inertia. How can you compete with a World Cup in Brazil? How can you secure resources in the midst of an election period? How can you find sponsorship from companies plastered in tragic forecasts for the future of economy?

To our great surprise, there was a change in the curatorship that happened three months before the Biennial's opening, forcing us to recreate the entire the production team for the event.

In this whirlwind, we — Centro Design Catarina, Fiesc and Fapesc — have remained united with only one goal in mind: to hold the Design Biennial in Florianópolis. This team helped to set up a new and ambitious project: organize a Biennial with the minimal resources available, showing the best of Brazilian and Santa Catarina design to the world.

We carried out an International Seminar with the best international speakers and seven exhibitions installed in several settings in Florianópolis.

It was great satisfaction to be able to carry out a Biennial for All with little money yet with plenty of imagination and creativity, showing that a great, but not big, team who works in a collaborative way can do it. With good institutional support, we could transform the Brazilian Biennial of Design Floripa in a showcase of Brazilian design displaying new technologies, new processes, inquiries of new ways of thinking, new perspectives for using design in industries and especially, showing the public how design can thrill us.

Someone have said that the future belongs to those who see new possibilities before they become obvious. I believe that this is the role of design and its greatest legacy to business in this decade. From Florianópolis, to Brazil and to the world, the 5th edition of the Brazilian Design Biennial, was made possible with the efforts of Centro de Design Catarina, Fiesc, Fapesc, Government of the State and visionary sponsors, thank God!

Roselie de Faria Lemos
Executive Coordinator of the Brazilian Biennial of Design | 2015 | Floripa

No dia 27 de Outubro de 2012, em Belo Horizonte, foi realizada a apresentação final da defesa do Projeto da Bienal | Floripa e à noite, no auditório do Memorial Minas Vale, com muita emoção, vi um envelope ser aberto e mostrado ao público com a palavra FLORIANÓPOLIS impressa em letras grandes e legíveis.

Estava aprovado um projeto de dois anos de trabalho, montado tecnicamente com a ajuda dos diretores da SCDesign e com a articulação feita de gabinete em gabinete em instituições de ensino, na fundação de amparo à pesquisa, em Secretarias do Governo de Santa Catarina e na Federação das Indústrias. A próxima Bienal Brasileira de Design seria realizada em Florianópolis.

Quase três anos se passaram e em maio de 2015, na data marcada em reunião do Coeb, foi aberta oficialmente a V Bienal Brasileira de Design.

A trajetória de construção de uma equipe que mobilizou pesquisadores, curadores, adjuntos, *experts* em cenografia, identidade visual, construção de *site* e *blogs* de redes sociais, durou quase três anos. Durante esse período realizamos eventos pré-Bienal, que funcionaram como um "esquenta". Foram exposições itinerantes de produtos catarinenses que percorreram várias cidades do estado, exibindo projetos de design da indústria local. A cada exposição havia uma complementação em palestras com designers renomados de todo o Brasil. Sucesso de público e uma ideia ainda não colocada em prática: apresentar o design ao grande público com antecedência ao evento, fazendo com que se acostumassem a apreciar e curtir o design.

Esse período não foi fácil. Com altos e baixos, percorremos as etapas de planejamento, pesquisa e, principalmente, captação de recursos. O país passou por períodos de inércia das empresas. Como competir com uma Copa do Mundo no Brasil? Como conseguir recursos em período eleitoral? Como arranjar patrocínio de empresas engessadas em trágicas previsões com o futuro da economia?

Para nossa maior supressa, houve uma troca de curadoria que ocorreu a três meses da abertura da Bienal, nos obrigando a refazer toda a equipe de produção do evento.

Nesse turbilhão permaneceram unidos o Centro Design Catarina, a Fiesc e a Fapesc com um só objetivo: realizar a Bienal de Design em Florianópolis. Esse time ajudou a colocar de pé um projeto novo e ambicioso: fazer uma bienal com o mínimo de recursos (já que não havia muitos), mostrando mesmo assim o melhor da produção de design do Brasil e de Santa Catarina para o mundo.

Realizamos um seminário internacional com o top de palestrantes internacionais e sete exposições montadas em espaços diferentes de Florianópolis.

Posso dizer que é enorme a satisfação em ter realizado uma bienal para todos e não somente para designers e estudantes, dentro de um projeto completo, com pouquíssima verba e muita imaginação e criatividade.

Assim, uma grande equipe (não em número de pessoas) que trabalha de forma participativa e integrada conseguiu, com bons apoios institucionais, transformar a Bienal Brasileira de Design de Floripa em uma vitrine do design brasileiro com mostras de novas tecnologias, novos processos, indagações sobre novas formas de pensar, novas perspectivas de utilização do design pela indústria e, principalmente, fazer o público se emocionar com o design.

Alguém já disse que o futuro pertence às pessoas quem enxergam novas possibilidades antes que se transformem em coisas óbvias. Esse é o papel do design e seu maior legado aos negócios dessa década. De Florianópolis para o Brasil e para o mundo, a V Bienal Brasileira de Design, realizada com os esforços do Centro de Design Catarina, Fiesc, Fapesc, Governo do Estado de Santa Catarina e de patrocinadores visionários, graças a Deus!

Roselie de Faria Lemos
Coordenadora Executiva da Bienal Brasileira de Design | 2015 | Floripa

In 2015, the Brazilian Design Biennial takes place in the capital of Santa Catarina, Florianópolis. This year, Brazil's largest design event includes six exhibitions, an international seminar and educational activities around the theme "Design for All", in order to promote projects that meet the widest range of people, regardless of age, gender , social class or education, within the so-called affordable design or universal design.

For the Brazilian Agency for Export and Investment Promotion (Apex-Brazil), design is a tool that enables companies to adopt incremental innovations in their products, services and processes. As a result, companies gain competitiveness and open up new opportunities in the international market.

The Agency has been supporting the Design Biennials since 2010, in order to position the image of Brazil and the Brazilian design in the international market, and also to raise enterprises' awareness to the importance of this tool, along with innovation and attributes related to sustainability. And this support has intensified. In this edition, for example, Apex-Brazil is the main sponsor of the event.

In addition to its engagement to the Biennials, the Agency also works with design through projects like Design Export, InovaEmbala and Brazil Design, in partnership with the Brazilian Association of Design Companies (ABEDESIGN) among many other specific initiatives to support and sponsor projects that focus on the subject.

The Design Export, launched in 2013, supports Brazilian companies to develop innovative products and unique design focused on exports. Through the project, over 100 companies have received support to develop innovative products and services or improve their brand management strategy, focusing on specific international markets. Now, InovaEmbala sensitizes companies to the importance of the suitability of containers with the standards of their target markets in order to increase their competitiveness in foreign markets. The project takes into account that an innovative packaging and good design can help win the disputed areas at points of sale, adding value to products and thereby increasing the country's exports.

In this sense, Apex-Brazil supports the achievement of the Brazilian Design Biennial in order to contribute to the awareness of Brazilian companies about using design as a competitive vector. It is important to thank the partnership of the Strategic Orientation Committee of the Brazilian Design Biennial and the Center of Design Catarina FIESC in the organization of this edition, as well as the export manager at Apex-Brazil, Christiano Braga, for their dedication to the subject.

David Barioni Neto
President
Apex-Brazil

Em 2015, a Bienal Brasileira de Design acontece na capital catarinense, Florianópolis. Nesta edição, o maior evento de design do Brasil contempla seis exposições, um seminário internacional e ações educativas em torno do tema "Design para Todos", com o objetivo de promover projetos que atendam à mais variada gama de pessoas, independentemente de idade, gênero, classe social ou escolaridade, dentro do chamado design acessível ou design universal.

Para a Agência Brasileira de Promoção de Exportações e Investimentos (Apex-Brasil), o design é um instrumento que possibilita às empresas adotarem inovações incrementais ou até mesmo disruptivas em seus produtos, serviços e processos. Como resultado, as empresas ganham competitividade e abrem novos espaços no mercado internacional.

A Apex-Brasil vem apoiando as bienais de design desde 2010, com o objetivo de posicionar a imagem do Brasil e do design brasileiro no mercado internacional, e também de sensibilizar as empresas para a importância dessa ferramenta, juntamente com a inovação e atributos relacionados à sustentabilidade. E esse apoio vem se intensificando. Nesta edição, por exemplo, a Apex-Brasil é a principal patrocinadora do evento.

Além do engajamento nas Bienais, a Agência trabalha o design por meio dos projetos **Design Export**, **Inova Embala** e do Projeto Setorial **Brasil Design**, em parceria com a Associação Brasileira de Empresas de Design (Abedesign) – entre diversas outras iniciativas pontuais de apoio e patrocínio a iniciativas que focam o tema.

O Design Export, lançado em 2013, apoia empresas brasileiras no desenvolvimento de produtos inovadores e com design diferenciado voltados à exportação. Por meio do projeto, mais de 100 empresas receberam apoio para desenvolver produtos e serviços inovadores ou melhorar sua estratégia de gerenciamento de marcas, com foco em mercados internacionais específicos. Já o Inova Embala sensibiliza as empresas para a importância da adequação das embalagens aos padrões de seus mercados-alvo, no intuito de aumentar sua competitividade no mercado externo. O projeto leva em conta que uma embalagem inovadora e com bom design pode ajudar a conquistar os disputados espaços nos pontos de venda, agregando valor aos produtos e, consequentemente, aumentando as exportações do país.

Nesse sentido, a Apex-Brasil apoia a realização da Bienal Brasileira de Design com o objetivo de contribuir para a sensibilização das empresas brasileiras sobre o uso do design como vetor de competitividade. É importante agradecer a parceria do Comitê de Orientação Estratégica da Bienal Brasileira de Design (COEB) e do Centro Design Catarina da FIESC na organização desta edição, assim como o gerente de exportações da Apex-Brasil, Christiano Braga, pela dedicação ao tema.

David Barioni Neto
Presidente
Apex-Brasil

Design, essential for innovation

Design is a theory and an almost magical multidisciplinary practice that allows us to understand the world of objects and their relationship with people and society that achieves the best innovative solutions for products, services and systems, seeking to push boundaries and put prejudices aside.. It has always been present in the life of Santa Catarina and has contributed in a unique way to its industries and the culture of its people. However, only 30 years ago, was there a systematic academic effort, motivated by the implementation and operation of LBDI (Brazilian Laboratory of Industrial Design), a CNPq initiative with strong and decisive support of the State Government.

Today, there are dozens of undergraduate and graduate degrees in Design, including a doctorate, available in all regions of the state. The industry knew how to capitalize on this skill and has incorporated significant innovations that, when combined with the ability to produce quality, transforms their products into winners in the national and international markets.

That is why FAPESC, respecting the determination of the governor, João Raimundo Colombo, incorporated itself in the Brazilian Design Biennial in Santa Catarina as one of the key supporters and sponsors from the beginning, not only in major events, but also in preparatory and complementary actions. FAPESC (Foundation for Research and Innovation of the State of Santa Catarina) is the primary agent financing innovation projects in universities, research institutes and small companies; therefore, it could not fail to be present in this initiative.

The result of the Biennial event was beyond expectations. It promoted training, awareness, recognition, promotion and visibility of the theme in style and quality. All the work recorded in this publication was made possible thanks to the commitment and passionate dedication of all parties involved, especially the coordinating team led by designer and professor Roselie de Faria Lemos and the curator team led by professor Freddy Van Camp.

So, alongside many other relevant projects, yet another honorable responsibility has been fulfilled, with the certainty of having left an important legacy for Santa Catarina and Brazil, with the support of FAPESC.

Sergio Gargioni
President FAPESC

Design indispensável para inovação

O design é formado por uma teoria e uma prática multidisciplinar quase mágica que permite entender o mundo dos objetos e sua relação com a sociedade, e atinge as melhores soluções inovadoras de produtos, serviços e sistemas, buscando ultrapassar limites e preconceitos. Ele sempre esteve presente na vida catarinense e contribuiu de maneira singular para a sua indústria e a cultura do seu povo. Todavia, somente há 30 anos passou a haver um esforço acadêmico sistemático, motivado pela implantação e operação do LBDI (Laboratório Brasileiro de Design Industrial), uma iniciativa do CNPq com forte e decisivo apoio do governo do estado de Santa Catarina.

Hoje, são dezenas de cursos de graduação e pós-graduação em design, incluindo um doutorado, presentes em todas as regiões do estado. A indústria soube capitalizar essa competência e incorporou inovações significativas que, aliadas à capacidade de produzir com qualidade, transformam seus produtos em vencedores no mercado nacional e internacional.

Por isso, a Fapesc, acatando a determinação do governador João Raimundo Colombo, incorporou-se à Bienal Brasileira de Design em Santa Catarina desde o primeiro momento como um dos principais apoiadores e patrocinadores, não apenas nos eventos principais, mas também nas ações preparatórias e complementares. A Fapesc (Fundação de Amparo à Pesquisa e Inovação do Estado de Santa Catarina) é a principal agente financiadora de projetos de inovação em universidades, institutos de pesquisa e pequenas empresas, por isso não poderia deixar de estar presente nessa iniciativa.

O resultado da bienal foi além do esperado. Promoveu capacitação, conscientização, reconhecimento, divulgação e visibilidade do tema em alto estilo e qualidade. Todo esse trabalho, registrado nesta publicação, foi possível graças ao empenho e à dedicação apaixonada de todas as partes, especialmente da equipe coordenadora liderada pela designer e professora Roselie de Faria Lemos e a equipe de curadores liderada pelo professor Freddy Van Camp.

Assim, ao lado de tantos outros projetos relevantes, fica cumprida com louvor mais essa responsabilidade, com a certeza de ter deixado um legado importante para Santa Catarina e para o Brasil, com o suporte da Fapesc.

Sergio Gargioni
Presidente Fapesc

Tractebel Energia
GDF SUEZ

Present in the five regions of Brazil, Tractebel Energia, the largest private generator of energy in the country, has the promotion of culture as a cornerstone of its corporate social responsibility. In addition to valuing the cultural manifestations of the communities where it operates, the company seeks to contribute to the democratization of the access to culture, with the certainty that such practice is essential for the sustainable development in our country.

It is with great satisfaction that we support the production of the Brazilian Design Biennial in Florianópolis (SC), the city that hosts the headquarters of Tractebel Energia. With the theme "Design for All", the event has reaffirmed the importance of this area for economic development, while leading us to reflect on the role played by design in social inclusion, starting with idealized designs to cater to all people, with no restrictions.

By spreading its programming around the city with beautiful exhibitions, debates and educational activities, the Biennial has allowed the general public to get in touch with the subject, expanding the scope of design as a cultural manifestation. In addition, the participants presented its tradition and the sector's potential in Santa Catarina, where design is recognized as an important competitive differential, the motor of creativity and innovation. As expected, the results of the event reinforced our belief that investment in culture – in its various forms – is essential to building a better world for all.

Manoel Arlindo Zaroni Torres
President of Tractebel Energia

Presente nas cinco regiões do Brasil, a Tractebel Energia, maior geradora privada de energia do país, tem na promoção da cultura um dos pilares de sua responsabilidade social corporativa. Além de valorizar as manifestações culturais das comunidades nas quais está inserida, a companhia busca contribuir para a democratização do acesso à cultura, na certeza de que essa prática é fundamental ao desenvolvimento sustentável de nosso país.

Por isso apoiamos, com grande satisfação, a realização da Bienal Brasileira de Design em Florianópolis (SC), cidade que acolhe a sede da Tractebel Energia. Com o tema Design para Todos, o evento reafirmou a importância dessa área para o desenvolvimento econômico, ao mesmo tempo em que nos levou a refletir sobre o papel exercido pelo design na inclusão social, a partir de projetos idealizados para atender a todas as pessoas, sem restrições.

Ao espalhar sua programação pela cidade, com belas exposições, debates e ações educativas, a bienal permitiu ao grande público o contato com o tema, ampliando a abrangência do design como manifestação cultural. Adicionalmente, apresentou aos participantes a tradição e o potencial do setor em Santa Catarina, onde o design é reconhecido como importante diferencial competivivo, propulsor da criatividade e da inovação. Conforme esperado, os resultados do evento reforçaram nossa crença de que o investimento em cultura – em suas diversas formas – é essencial à construção de um mundo melhor, para todos.

Manoel Arlindo Zaroni Torres
Presidente da Tractebel Energia

Portobello

"We are passionate about design. And because we believe in the strength and potential of design, we have participated in the 5th edition of the Biennial since its beginning. The event brought to Florianópolis the opportunity to network with excellent design productions, both national and international, and it was a unique opportunity to expand the debate on this subject in our state.

Portobello has actively participated in Biennale because, for us, the opportunity to be part of such a dialog is enriching.

The "Vaga Viva" project, which creates a public space in parking lots, was an experience that has had a strong connection with our brand, because of both the proposal of a cozy environment as well as the vision of a more sustainable city. Creating greener conditions to use bicycles that can safely park there.

We believe that the development of design is a lever for the growth of our industry and that events like this are always welcome.

Cesar Gomes Júnior
President of Portobello S.A.

Portobello

Somos apaixonados por design. E, por acreditarmos na força e potencial do design, participamos da V Bienal Brasileira de Design desde o seu início. O evento trouxe a Florianópolis a possibilidade de interagir com excelentes produções de design, tanto nacionais quanto internacionais, e foi uma oportunidade única para ampliar o debate sobre esse tema em nosso estado.

A Portobello participou de maneira ativa da bienal; para nós, a oportunidade de fazer parte desse diálogo é enriquecedora.

O projeto Vaga Viva – Parklets, que cria um estar público em vagas de estacionamento, foi uma experiência que teve muita ligação com a nossa marca, tanto pela proposta de convívio em um ambiente aconchegante quanto pela visão de uma cidade mais sustentável. Com mais verde e mais condições de uso das bicicletas, que poderão estacionar ali com segurança.

Acreditamos que o desenvolvimento do design é uma alavanca para a evolução da nossa indústria e que eventos como esse são sempre bem-vindos.

Cesar Gomes Júnior
Presidente Portobello S.A.

The 5th Brazilian Design Biennial, held between May 15th and July 12th 2015, expanded its borders to open spaces in Florianópolis. With the purpose of presenting the quality of Brazilian design, the event stated its commitment to sustainabilty and stressed its relevance as a means of providing well-being to people, indicating that design is, indeed, for companies of all sizes. Not by coincidence, the theme of the exhibition was Design for All.

As a sponsor of the Biennial, one of the main events in the country, Sebrae reaffirmed its commitment to fostering entrepreneurship, as well as sustainable development of small businesses and to make the business community understand that they need to look to the future, meet the client's expectations and innovate to compete. Nonetheless, the exhibition Innovation in Design presented valuable examples of micro-and small-sized entreprises that used in a successful manner graphic and design in their products. Sebrae was also responsible for the International Business Committee on Design.

The current economical moment requires planning, creativity and differentiation from entrepreneurs of their products and services. It is the moment to reduce costs and to attract clients in order to win new markets with functional products and services. One of the best options for the small businesses that look for innovation is to invest in design. Sebrae offers consultancy for development of branding, packaging and products, as well as access to design services for environments and web design, among others. Thus, offering strategies to face challenges, the institution contributes to the construction of a more just, competitive and sustainable society.

Luiz Barretto
Director-President of Sebrae

A V Bienal Brasileira de Design, realizada entre 15 de maio e 12 de julho de 2015, estendeu suas fronteiras a espaços abertos em Florianópolis. Com o objetivo de apresentar a qualidade do design brasileiro, o evento expôs o compromisso do design com a sustentabilidade e ressaltou a sua relevância como meio de proporcionar bem-estar ao ser humano. Mostrou que design é, afinal, para empresas de todos os portes. Não por acaso, o tema da mostra foi Design para Todos.

Ao patrocinar essa bienal de design, um dos principais eventos no país, o Sebrae reafirmou seu compromisso de fomentar o empreendedorismo, promover o desenvolvimento sustentável dos pequenos negócios e fazer com que o empresariado entenda que é preciso olhar o futuro, atender à expectativa dos clientes e inovar para competir. Ainda, a mostra Inovação em Design apresentou exemplos de sucesso de micro e pequenas empresas que utilizaram com êxito o design gráfico e de produtos. O Sebrae foi responsável, também, pela Rodada de Negócios de Design Internacional.

O atual momento econômico requer dos empreendedores planejamento, criatividade e diferenciação. A hora é de reduzir custos e, com produtos e serviços funcionais, atrair clientes e conquistar novos mercados. Para que os pequenos negócios sejam inovadores, uma das melhores alternativas é investir em design. O Sebrae oferece consultoria para o desenvolvimento de marcas, embalagens e produtos, e dá acesso a serviços de design de ambientes e webdesign, entre outros. Assim, apresentando estratégias para enfrentar desafios, a instituição contribui para a construção de um país mais justo, competitivo e sustentável.

Luiz Barretto
Diretor-Presidente do Sebrae

Whirlpool Latin America is proud to partner with Brazilian Design Biennial 2015 and reinforces through this partnership its goal of promoting and encouraging Design in Brazil and developing innovative solutions for unique performance that will facilitate the lives of consumers.

Currently, Whirlpool sends 3% to 4% of its turnover to research and development, making it a pioneer in innovations. The Company recognizes the State of Santa Catarina as an important center of innovation, which produces and exports products worldwide. In our Joinville branch, some of the most innovative Brastemp and Consul brand products are designed and manufactured, while also having a large team dedicated to research and development of technology. Currently, 75% of the total Whirlpool patent applications come from this branch and a number like this is what makes the region a reference on the Brazilian innovation map.

The two latest innovations developed in Joinville were the Consul Brewery, which has temperature control so that no beer ever freezes, and B.blend, the first all-in-one drink machine in the world, which makes drinks from capsules, in addition to delivering naturally purified cool, cold, hot and sparkling water.

We know that design plays an important role in the economic and sustainable development of the country and, therefore, we will always be alongside initiatives such as Biennial 2015, which promotes the public's access to the universe of Brazilian Design.

Guilherme Marco de Lima
Director of Institutional Relations and Whirlpool Latin America Communication

A Whirlpool Latin America se orgulha da parceria com a Bienal Brasileira de Design 2015 e reforça, por meio desse apoio, seu objetivo de promover e incentivar o design no Brasil e desenvolver soluções inovadoras de performance única, que facilitem a vida dos consumidores.

Atualmente, a Whirlpool destina de 3% a 4% do faturamento para pesquisa e desenvolvimento, o que a torna pioneira em inovações. A companhia reconhece o estado de Santa Catarina como um importante polo de inovação, que produz e exporta produtos para todo o mundo. Em nossa unidade de Joinville, são criados e fabricados alguns dos produtos mais inovadores das marcas Brastemp e Consul e há uma grande equipe dedicada à pesquisa e ao desenvolvimento de tecnologias. Atualmente, 75% do total de pedidos de patentes da Whirlpool vêm dessa unidade e dados como esse colocam a região como referência no mapa brasileiro da inovação.

As duas últimas inovações desenvolvidas em Joinville foram a Cervejeira Consul, que possui controle de temperatura que não deixa a cerveja congelar, e B.blend, a primeira plataforma de bebidas *all-in-one* do mundo, que faz bebidas a partir de cápsulas, além de entregar água purificada natural, fria, gelada, quente e com gás.

Sabemos que o design tem um papel importante no desenvolvimento econômico e sustentável do país e, por isso, estaremos sempre ao lado de iniciativas como a Bienal, que promove o acesso das pessoas ao universo do design brasileiro.

Guilherme Marco de Lima
Diretor de Relações Institucionais e Comunicação da Whirlpool Latin America

Present in 23 cities, with more than 200 daily flights, AVIANCA has Florianópolis as one of its major destinations. In addition to attracting tourists for its beautiful natural scenery and the hospitality of its people, the city is featured in the technology sector, a reference in quality of life and, especially, home to a growing number of major national and international events in various areas.

For two months, the Brazilian Design Biennial moved people all over the country and abroad, gave visibility to the city and the state of Santa Catarina, and contributed to developing the creative and economic potential of the country through design. An event aligned with the values of AVIANCA, who cares about the comfort and the convenience offered to passengers, the safety of their flights, the excellence and innovation in services.

AVIANCA is sure that it has contributed significantly to the development of design in the Brazilian and international markets in the industry and for the improvement of people's lives by supporting and being the official airline of the Brazilian Design Biennial held in Florianópolis/SC in 2015.

We are proud to have had this opportunity.

Tarcisio Gargioni
Vice-President of Sales and Marketing

Presente em 23 cidades, com mais de 200 voos diários, a Avianca tem Florianópolis como um de seus importantes destinos. Além de atrair turistas por suas belas paisagens naturais e pela hospitalidade de seu povo, a cidade é destaque no setor de tecnologia, referência em qualidade de vida e, principalmente, sede de um número crescente de grandes eventos nacionais e internacionais nas mais diversas áreas, durante o ano inteiro.

Durante dois meses, a Bienal Brasileira de Design movimentou pessoas de todo o país e do exterior, deu visibilidade à cidade e ao estado de Santa Catarina, e contribuiu para desenvolver o potencial criativo e econômico do país por meio do design. Um evento alinhado com os valores da Avianca, que se preocupa com o conforto e a comodidade oferecidos aos passageiros, a segurança de seus voos, a excelência no atendimento e a inovação nos serviços.

A Avianca tem a certeza de que contribuiu de forma importante no desenvolvimento do design para os mercados brasileiro e internacional para a indústria e para a melhoria na vida das pessoas, ao apoiar e ser a companhia aérea oficial da Bienal Brasileira de Design realizada em Florianópolis em 2015.

Sentimo-nos orgulhosos de ter tido esta oportunidade.

Tarcísio Gargioni
Vice-Presidente Comercial e de Marketing

CASA CLAUDIA

A world to be questioned
Knowing how to formulate questions is the first step to getting the right answers.

A designer is first and foremost a nonconformist. It's no wonder that they are often misunderstood. After all, the establishment has never accepted critical minds very well. Traditional education explains the past and encourages us to accept it, but that's not how the mind of this professional works. They are inquisitive, creators... transformers. For many, unacceptable.

Flávio de Carvalho, Lasar Segall, Lucio Costa, Geraldo de Barros, Jorge Zalszupin, Lina Bo Bardi, Oscar Niemeyer, Joaquim Tenreiro, Paulo Mendes da Rocha, Sergio Rodrigues, Zanine Caldas... people ahead of their time and that have opened the door to a new way of thinking and seeing Brazil. Proud of our roots, connected with their dilemmas, delighted with the possibilities of a better future for everyone. Just as design should be. For everyone.

Legions of professionals have followed in their footsteps but, unfortunately, my little literary space could not contain it. And I'm happy about it. Because design cannot be contained, both in scale and in magnitude. Its expression is simple, functional, and logical. A better planned object speaks for itself. It is the intelligent synthesis of a production chain.

CASA CLAUDIA, a brand that has encouraged and valued the initiative of these visionaries for 38 years, is proud and honored to be the official journal of the 5th Brazilian Design Biennial, headquartered in Florianópolis. We believe that transformative thinking should be encouraged and valued. And that good stories should be told. Always!

Alexandre Ferreira
Editorial Director
Casa Claudia – Abril Publisher

Um mundo a ser questionado
Saber formular perguntas é o primeiro passo para conseguir as respostas certas

O designer é, antes de mais nada, um inconformado. Não é de se espantar que muitas vezes seja incompreendido. Afinal, o *establishment* nunca aceitou muito bem as mentes críticas. A educação tradicional explica o passado e nos incentiva à aceitação, mas não é assim que a mente desse profissional funciona. Eles são questionadores, criadores... transformadores. Para muitos, algo inaceitável.

Flávio de Carvalho, Lasar Segall, Lucio Costa, Geraldo de Barros, Jorge Zalszupin, Lina Bo Bardi, Oscar Niemeyer, Joaquim Tenreiro, Paulo Mendes da Rocha, Sergio Rodrigues, Zanine Caldas... pessoas à frente de seu tempo e que abriram as portas para uma nova forma de enxergar e pensar o Brasil. Orgulhosos de nossas raízes, conectados com seus dilemas, encantados com as possibilidades de um futuro melhor e para todos. Como o design deve ser. Para todos.

Seguiram seus passos uma legião de profissionais que, infelizmente, meu pequeno espaço literário não poderia conter. E fico feliz com isso. Pois o design não pode ser contido, nem em escala nem em grandeza. Sua expressão é simples, funcional, lógica. Um objeto melhor planejado fala por si só. É a síntese inteligente de uma cadeia produtiva.

Casa Claudia, uma marca que estimula e valoriza a iniciativa desses visionários há 38 anos, tem o orgulho e a honra de ser a revista oficial da V Bienal Brasileira de Design, sediada em Florianópolis. Acreditamos que o pensamento transformador deve ser estimulado e valorizado. E as boas histórias devem ser contadas. Sempre!

Alexandre Ferreira
Diretor de Redação
Casa Claudia – Editora Abril

2015 FLORIPA
DESIGNPARATODOS
bienal
brasileira
de design

SUMÁRIO *TABLE OF CONTENTS*

APRESENTAÇÃO

PRESENTATION

Design é sinônimo de projeto, no qual forma e função são atributos implícitos. O que não está implícito, porque muda constantemente, é a carga afetiva e semântica dos objetos. Li Edelkoort

A riqueza do design brasileiro, acreditamos, é esta carga afetiva e semântica, o frescor das ideias, o culturalmente diverso. Com as sucessivas bienais de design mostramos o Brasil ao mundo (e aos brasileiros), e o mundo ao Brasil, trazendo memória e futuro. Cada bienal nasce com um tema e em uma diversa capital do país. Só por estas características já temos um caldeirão de pressupostos, que merecem ser analisados.

A vanguarda, atenta aos destinos e funções do design, esteve presente à bienal em Florianópolis desde o seminário, que trouxe, entre outros importantes profissionais de diversos países, nomes como Dan Formosa, Avril Acola e Manuel Estrada, propagadores das novas perspectivas possíveis e desejáveis no design. E como tal, falaram das posturas decorrentes de um modo específico de nos colocarmos frente ao futuro do projeto.

"Todo mundo quer inovar. Ninguém quer mudar". E "o design, agora e sempre", afirma Formosa, "deveria se dirigir às pessoas e não aos objetos". Estes são os lemas do designer, pesquisador, consultor e fundador do Smart Design e do Inclusive Design, cujas ideias estão muito próximas ao título da Bienal, Design for All.

O tema, escolhido para nortear a edição de 2015, enfatiza o lado democrático do design – para todos. Mas que todos são estes? Os que valorizam a estética, os que estão sempre à procura de mais do mesmo, ou seja, que advogam a profusão e seguem a moda? Aqueles que almejam maior apuro e

>

Design is synonymous with project, in which form and function are the implicit attributes. What is not implicit, because it is constantly changing, is the emotional and semantic charge of the object. *Li Edelkoort*

The wealth of Brazilian design, we believe, is this emotional and semantic charge, the freshness of ideas, the cultural diversity. Brazil was shown to the world (and to Brazilians) in the consecutive Design Biennials, as well as the world was shown to Brazil, bringing with it past memories and the future. Each Biennial was born with a theme in a different capital city of the country. These characteristics alone bring to mind a melting pot of assumptions worth being analysed.

The vanguard, attentive to design trends and functions, was present in the Florianópolis Biennial, from the seminar, with the participation of important professionals from different countries: among others, professionals such as Dan Formosa, Avril Acola and Manuel Estrada, purveyors of new possible and desirable perspectives on design. And, as such, they spoke of postures arising out of a specific way of placing ourselves towards the future of design.

"Everybody wants to innovate. Nobody wants to change." And "design, now and always," stated Formosa, "it (design) should be intended for people and not objects". These are designers, researchers, consultants and the founder of Smart Design and Inclusive Design, whose ideas are very close to the Biennial's title, "Design for All".

The theme, chosen to guide the 2015 edition, highlights the democratic side of design for all. But who are those "all"? The ones who value aesthetics or the ones who are always looking for more of the same, in other words, people who advocate for the masses and follow the fashion trends? Or the ones

>

who are fostering greater skillfulness and tecnological advancement? The ill or disabled, the very poor, the victims of environmental disasters, the aging population, the city dwellers, the rural residents? It is not what we see.

Design for All is a Foundation, originated in Spain, and also a profession of faith in the belief that its principles might serve design as an instrument to improve product and project quality. The origin being in Europe, and its expansion to developed countries has directed the foundation to goals that can differ from the basic needs of poor countries, or the ones still centred on low technology, countries, where "all", or the majority of the population, have very diverse demands, and where the real service for design would be addressed to needness. This should be a political priority, but the awareness or the possibility (especially financial support) for professionals to dedicate themselves to social design has not yet thrived in our country.

This is the reason I chose the flying tricycle (Velocípede Voador) as the best product of the Design for All exhibition. The product was developed at Rede Sara in Brasília, and addressed child rehabilitation. In addition to this one, we also found two good examples which might be considered "for all" – the logos for the Olympic and Paralympic Games 2016, created by Fred Gelli.

And, if the Florianópolis Biennial did not find a major expression in this specific aspect – especially because the examples in the area are scarce – it could deliver, in its seven exhibitions, a vision on what we still call "future of design", but it is already — let's face it! — the present moment, which flourishes at a steady speed and is sought by all professionals and by conscious users.

The examples of Coletivos Criativos, with humor and lightness, proposed to meet specific needs of the city, leaving the products after the end of the event as a permanent legacy. The curators Bianka Frisoni, Simone Bobsin, Katia Veras and Isabela Sielski thought of creating urban and leisure equipment, some of which already in use in the city, and even a handrail in a very steep slope that also has seats for people to rest on their way uphill. The Makers, a movement that is now the forefront of cutting edge announced a future already been developed — and very well— in Brazil. A comprehensive Biennial, as all the events of this sort might be.

"Design is not only about products, but relationships. By the means of their language and the use of techniques, good design expresses not only the zeitgeist (spirit of the time) but also a deep awareness of its past," states the designer of the Dutch studio Unfold in an article published in the Mexican magazine Código. This statement reminds us of Lina Bo Bardi, the most Brazilian of our designers, when she declares: "Not all the cultures are rich, not all had inherited directly from large funds. Deeply excavating the remains of a civilization, the simplest one that can be, we discover its common roots to be able to understand the history of a country. And a country in which the culture of a people is in its base is a country where you find a myriad of possibilities."

Especially in the exhibitions Design Catarina, the Makers and Coletivos Criativos, the goals, summarized in the Biennial title, have been achieved with mastery. Design Catarina, with curatorship by Roselie Lemos, showed the strength of the industry of Santa Catarina, in various sectors, even in the tradition of the local crafts. Wood, ceramics, textiles, metal, threads and lace, put side-by-side, seem to show that its strength comes from the diversity. We believe this was the one of the greatest values of the show with the "made in Santa Catarina" products, where it's possible to see the unique culture of this part of the country. The quality of all the products catches one's eye, the complexity of many projects and the range of typologies are a big surprise factor. For this exhibition, 12 different categories of industries were selected and, among them, standing out the high-performance ceramics sector, Brazil being the second largest producer in the world after Italy.

avanço tecnológico? Os doentes ou incapacitados, os muito pobres, as vítimas de catástrofes ambientais, a população mais idosa, o habitante da cidade e o do campo? Não é o que vemos.

Design for All é uma fundação, com origem na Espanha, e também uma profissão de fé: acredita que seus postulados poderão servir ao design como instrumento para aperfeiçoar produtos e/ou projetos. Sua origem na Europa, e a expansão em países desenvolvidos, a tem direcionado para objetivos que divergem das necessidades primordiais dos países pobres ou daqueles que ainda trabalham com baixa tecnologia. Países nos quais o "todos", ou a maioria da população, sofre com exigências bem diversas, e o grande serviço do design poderia ser dirigido a situações de carência. Estas deveriam ser prioridade política. Mas a consciência, ou a possibilidade (principalmente o apoio financeiro) para que profissionais possam se dedicar ao design social ainda não floresceu em nosso país.

Esta é a razão de elegermos como o grande produto da mostra Design para Todos, o velocípede voador, desenvolvido pela Rede Sara, em Brasília, e endereçado à reabilitação infantil. Mas, além desse, encontramos também dois belos exemplos do que podemos considerar "for all" – os símbolos das Olimpíadas e das Paraolimpíadas de 2016, projeto de Fred Gelli.

E, se a bienal de Florianópolis não teve maior expressão nessa específica vertente – inclusive porque os exemplos são raros – soube trazer, no conjunto das suas sete exposições, uma visão do que ainda chamamos de futuro do design, mas que já é – convenhamos – o momento presente, que floresce com velocidade e é almejado por todos os profissionais e usuários conscientes.

Os exemplos da mostra Coletivos Criativos, com humor e leveza, se propuseram a suprir necessidades pontuais da cidade e deixar um legado permanente. As curadoras Bianka Frisoni, Simone Bobsin, Katia Veras e Isabela Sielski pensaram na criação de equipamentos urbanos de lazer, alguns já em uso na cidade, e até em um corrimão em rua de ladeira muito íngreme, que recebeu assentos para descanso em meio à subida! Os *makers*, movimento que é hoje a vanguarda da vanguarda, anunciava um futuro que já se desenvolve – e muito bem – no Brasil. Uma bienal abrangente, como deveriam ser todas as manifestações desse gênero.

"O design não trata apenas de produtos, mas de relações. Por meio de sua linguagem e o emprego de técnicas, o bom design expressa tanto o *zeitgeist* (espírito de seu tempo) quanto uma profunda consciência de seu passado", declaram os designers do estúdio holandês Unfold em matéria da revista mexicana Código. Frase que nos faz pensar em Lina Bo Bardi, a mais brasileira de nossas designers, quando declara, "Nem todas as culturas são ricas, nem todas são herdeiras diretas de grandes sedimentações. Escavar profundamente em uma civilização, a mais simples, chegar às suas raízes populares, é entender a história de um país. E um país em cuja base há a cultura de um povo, é um país de grandes possibilidades."

Na mostra Design Catarina, nos *makers* e nos Coletivos Criativos, principalmente, os objetivos – e o título da bienal – foram alcançados com maestria. Design Catarina, com curadoria de Roselie Lemos, mostrou a força da indústria catarinense, nos mais diversos setores, sem esquecer a tradição do artesanato local. Madeira, cerâmica, têxteis, metal, fios e rendas, colocados lado a lado, pareciam mostrar que a força vem da diversidade. Acreditamos ser este um dos grandes valores da mostra com os produtos "made in Santa Catarina", onde é possível ver a peculiar cultura desta parte do Brasil. A qualidade de todos os produtos salta aos olhos, a complexidade de muitos projetos e a gama de tipologias é um fator de surpresa. Para a mostra foram selecionadas doze categorias diversas e, entre elas, sobressai o setor cerâmico de alta performance, do qual o Brasil é o segundo produtor mundial, só tendo a Itália à frente.

Actually, Florianópolis used to be considered the capital of design in Brazil, when the Brazilian Laboratory of Industrial Design (1983-1997) was active having participants such as Gui Bonsiepe and Freddy van Camp, now responsible for the exhibition displaying documents of that important institution.

It's worth adding here a remarkable data from the 2012 year: the Brazilian Creative GDP then was already fifth in the world, something around 110 billion BRL, behind only the USA, UK, France and Germany.

We believe that it is deserved to mention in this introduction of the BDB 2015 the exhibition "Os Makers e a Tecnologia Digital de Impressão 3D", or the Third Industrial Revolution, that has already overcome doubts and uncertainties and is here to stay. "This is the moment," according to the curator of this exhibition, the designer and researcher-scientist Jorge Lopes, leading name of the Laboratório de Tecnologia 3D da PUC-Rio "in which the makers do not depend anymore on the industry to build their prototypes, or even their final products, from jewelery to cars to houses to medicine to vaccines and, even more difficult to imagine, food, as well as the creation of objects that translate human emotions... and whatever else the imagination, or necessity, will achieve. The field for using the 3D technology seems to be inexhaustible.

In the exhibition (which will certainly "travel" to other events), the perfect reproduction of an Apollo's head, sculpted between the III and I centuries a.C.; ceramics virtually modelled by the Belges Verbruggen, Warnen and Knaper, using a program that captures the energy of the hands; the reproduction of fetuses in various stages of pregnancy, from the transformation of ultrasound 3D files and CAT scans; the 3D prototypes of the animation film "Feather Pillows", by Specker Nys, with the executive production by Maria Emília de Azevedo; Brazilian designers such as Guto Requena and Antonio Bernardo (with 3D images of his jewellery), produced by Noiga, from Curitiba, are displayed among other items.

"What we see in this exhibition is only a taste of the technology that is to come, but the big advantage is that it's already available and accessible to anyone," states Freddy van Camp, the Biennial's general curator. In Europe, it is even possible to buy a basic 3D printer in parts and assemble it at home. "It is a real revolution, and apparently the possibilities are endless."

These are new horizons, which are arising and embracing the useful and the basic objects of daily life and even the most important advances in medicine. By the way, it is the preferred field of work for Jorge Lopes, one of the pioneers in 3D technology in Brazil.

And this is, we believe, one of the main functions or purposes of a Biennial: to annouce and move towards a better future, to think and produce a user-friendly design, respectful of the nature and man, useful and necessary... and, if possible, stimulating the technological advancement of the country.

And now we ask: "What is more important: the sustainability of a model or a model of sustainability?" Bruce Mau, author of the book Massive Change, answers with his famous phrase: "What is important is not the world of design, but the design of the world."

Maria Helena Estrada
Journalist
Founder and director of Arc Design magazine
Design critic. Lecturer. Curator.
Curator of BDB/Belo Horizonte

Florianópolis, na verdade, já foi considerada a capital do design, durante a vigência do Laboratório Brasileiro de Design Industrial (1983-1997), que contava com a participação de Gui Bonsieppe e de Freddy van Camp, responsável pela mostra – memória dessa importante instituição.

Vale acrescentar aqui um dado espantoso, referente ao ano de 2012: o PIB Criativo Brasileiro já é o quinto maior do mundo, algo em torno a 110 bilhões de Reais, ficando atrás apenas dos EUA, GB, França e Alemanha.

Acreditamos que mereça destaque especial nesta introdução à BBD 2015, a mostra "Os *Makers* e a Tecnologia Digital de Impressão 3D", ou Terceira Revolução Industrial, que já superou dúvidas e incertezas e chegou para ficar. "É o momento", segundo o curador da mostra, o designer e cientista pesquisador Jorge Lopes, figura de proa do Laboratório de Tecnologia 3D da PUC-Rio "no qual os *makers* não dependem mais da indústria para construir seus protótipos, ou mesmo produtos finais, desde joias a carros e casas, a remédios e vacinas e até (difícil de imaginar) comida, bem como a criação de objetos que traduzem emoções humanas... e o que mais sua imaginação – ou necessidade – alcançar". O campo de utilização da tecnologia 3D parece ser inesgotável.

Na mostra (que deverá "viajar" para um outro evento), vemos a reprodução perfeita de uma Cabeça de Apolo, esculpida entre os séculos III e I A.C.; cerâmicas modeladas virtualmente pelos belgas Verbruggen, Warnen e Knaper, por meio de um programa que capta a energia das mãos; a reprodução de fetos em vários estágios da gravidez, a partir da transformação de arquivos de ultrassonografias 3D e ressonâncias magnéticas, entre outros, como os protótipos tridimensionais criados para o filme de animação "Almofada de Penas", de Specker Nys, com produção executiva de Maria Emília de Azevedo; designers brasileiros como Guto Requena e Antonio Bernardo (com imagens do joalheiro em 3D), produção Noiga, de Curitiba.

"O que vemos nessa exposição é somente um prenúncio da tecnologia que está por vir, mas a grande vantagem é que já está disponível e acessível a qualquer um", afirma Freddy van Camp, curador geral da Bienal. Na Europa é possível até comprar uma impressora 3D elementar em fascículos e montá-la em casa. "É uma revolução de verdade, e as possibilidades, aparentemente, não têm limites".

São novos horizontes que se apresentam, abraçando desde os úteis ou fúteis objetos cotidianos até os mais importantes avanços da medicina. Campo de atuação, aliás, que é um dos preferidos por Jorge Lopes, um dos pioneiros na tecnologia 3D no Brasil.

E é esta, acreditamos, uma das principais funções ou objetivos de uma Bienal: anunciar e avançar em direção a um futuro melhor, pensar e produzir um design amigável, respeitoso da natureza e do homem, útil e necessário... e, se possível, estimulando o avanço tecnológico no país.

E então indagamos: "O que é mais importante? A sustentabilidade de um modelo ou um modelo de sustentabilidade?" Responde Bruce Mau, autor, entre outros, do livro *Massive Change*, com sua célebre frase: "O importante não é o mundo do design, mas o design do mundo".

Maria Helena Estrada
Jornalista
Fundadora e diretora da revista Arc Design
Critica de design – Conferencista – Curadora
Curadora da BBD/Belo Horizonte

Biennial design – for whom?

The Brazilian Design Biennial is effectively the largest national design event focused broadly on the production of various sectors of our industries our trade and our services, displaying a high degree of quality, innovation and competitiveness in our design. Consequently, it is received with an extremely significant meaning for our industry and our professional design, which today plays a role that is increasingly strategic and integrated in the initial stages of decision-making in the chain of development of products, services and even new businesses and public policies. Biennial therefore intrinsically brings a strategic character in and of itself, by its magnitude, representativeness, and the record that does so much for history as well as serving as a benchmark for the market, a platform for experimentation and discussion and the launching of new ideas and products.

To be attributed to this edition of Brazilian Design Biennial, the theme "DESIGN FOR ALL" looked to emphasize a number of principles on which good design relies. Therefore, it was not talking about a broader way to design, but about creating a very specific focus. It referred to a design that includes, extends its reach, establishes connections, integrates, provides equal opportunities, considers the broad spectrum of users and "not just personas," in the words of Dan Formosa (one of the participants of the International Seminar). In this universe, one should consider (and include) design with all, where you take the role of co-participant in the creation of new products and services and assigning values to these proceedings. This does not make everyone designers – the world would be intolerable if that were the case – but to distribute among everyone equally, democratically and in a civilized manner, the responsibility of building our future through objects, products, services that we consume and use. It causes all of us to think about the rational use of resources, energy, over the life of the products, on the economic value of production, about cultural values, on coexistence between what is different.

But there are other dimensions that must also be considered in this theme, and that permeates the very idea of a major exhibition representing national design. As was well-displayed by Ralph Wiegmann, another of the international guests during the opening seminar, Design for All, first and foremost, is not design for designers only. We know that an international seminar on design will attract an audience of mainly designers – professionals, researchers and students in the field – as these are the main stakeholders to discuss and advance in their field. However, it is necessary to take increasingly effective steps to have a better understanding of the potential that design brings to the industry, commerce, services, and government – and of course, even by extension, for the whole society. Therefore, there is the need to extend the scope so that more entrepreneurs, governments, legislators, members of the executive power, students of all levels and all fields, housewives, civil servants, workers from all fields, become interested in knowing what design is - and what benefits it can bring to everyone.

In the current political and economic environment, in which it makes sense to invest in design, innovation and increased competitiveness, what we have seen in design, is a constant reduction in government support. The strategic role of design in Europe today, which is encouraged through programs originated in the EC management and replicated by its member countries, has often been disregarded

Bienal de design – para quem?

A Bienal Brasileira de Design é hoje o maior evento de design efetivamente nacional voltado de maneira ampla para a produção dos diversos setores da nossa indústria, comércio e serviços, exibindo o alto grau de qualidade, inovação e competitividade do nosso design. Consequentemente está imbuída de um significado extremamente relevante para a nossa indústria e para nossos profissionais de design – que desempenham hoje um papel cada vez mais estratégico e integrado aos estágios iniciais e decisórios na cadeia de desenvolvimento de produtos, de serviços e até mesmo de novos negócios e de políticas públicas. A Bienal traz, portanto, um caráter intrinsecamente estratégico em si própria, pela sua magnitude, representatividade, e pelo registro que faz tanto para a história como para servir de *benchmark* para o mercado, além de plataforma de experimentação, discussão e lançamento de novas ideias e novos produtos.

Mas há outras dimensões que devem ser consideradas também dentro deste tema, e que perpassam a própria ideia de uma grande exposição representando o design nacional. Como bem chamou atenção Ralph Wiegmann, outro dos convidados internacionais durante o seminário de abertura: Design Para Todos, antes de mais nada, não é design para designers apenas. Sabemos que um seminário internacional sobre design vai atrair principalmente um público de designers – profissionais, pesquisadores e estudantes da área – pois estes são os principais interessados em debater e fazer avançar a sua área de atuação. No entanto, é necessário que se deem passos cada vez mais efetivos para haver um melhor entendimento sobre o potencial que a disciplina do design traz para a indústria, para o comércio, para os serviços, e para o governo – e obviamente, até por extensão, à toda a sociedade. Existe a necessidade de estender o alcance para que mais empresários, governantes, legisladores, membros do Poder Executivo, estudantes de todos os níveis e de todas as áreas, donas de casa, funcionários públicos, operários, trabalhadores de todas as áreas, se interessem em saber o que é design – e que benefícios ele pode trazer.

No atual cenário político e econômico, em que caberia investir em design, inovação e aumento da competitividade, o que se tem visto na área do design é uma redução constante do apoio governamental. O papel estratégico desempenhado pelo design hoje na Europa, e incentivado por meio de programas originados nos organismos de gestão da CE e replicados pelos seus países-membros, tem sido frequentemente desconsiderado nas esferas públicas no Brasil. Até mesmo programas que alcançaram relativo sucesso foram recentemente desmobilizados ou desestruturados, e sente-se a falta de um instrumento eficaz de gestão das políticas nacionais de design, como de resto existe em diversos países onde o design é considerado uma ferramenta estratégica imprescindível – Reino Unido, Finlândia, Coreia do Sul, Taiwan, para citar apenas alguns.

Pudemos observar a mobilização e o entusiasmo com que a Federação das Indústrias de Santa Catarina abraçou o evento para torná-lo viável, junto com outros importantes parceiros do governo estadual e federal. No entanto, não posso me esquecer da experiência vivida há quase vinte anos num congresso do ICSID no Canadá, quando a Coreia do Sul disputava o privilégio de sediar congresso semelhante em Seul. Para defender a candidatura, além do apoio (e investimento) massivo da indústria coreana, a

in the public spheres in Brazil. Even programs that have achieved some relative success were recently demobilized or deconstructed, and one feels the lack of an effective tool for managing national design policy, as there is in many countries where design is considered an indispensable strategic tool – UK, Finland, South Korea, Taiwan, to name a few.

We can see the mobilization and the enthusiasm with which the Federation of Industries of Santa Catarina embraced the event to make it viable, along with other important partners of the state and federal government. However, I cannot forget the experience I had almost twenty years ago in an ICSID Congress in Canada, when South Korea disputed the privilege to host a similar conference in Seoul. To defend the candidacy and the support (and investment) of the massive Korean industry, the delegation had brought two state ministers. There was a clear political intention to make use of design as a tool to leverage the Korean industry to new heights of innovation and competitiveness, the results of which we all know today. It is very important to emphasize this episode: they were not senior officials who had been displaced from their country to represent the government – but two members of the top level of the Korean government, a clear statement of the importance that the president and his ministers attributed to design. This official endorsement of the international event was part of a larger plan that aimed to economically elevate the country – this objective was fully achieved. We need to achieve this level of understanding and commitment by our leaders in Brazil. I have seen and read statements coming from politicians of the first executive level – federal, state and local authorities – that demonstrate that the sensitivity to the subject does exist, but we still need more commitment, more space in agendas. It is up to us designers – and entrepreneurs and politicians engaged and committed to this agenda – the responsibility of bringing the different levels of government the awareness of the strategic role of design, through actions focused on these segments. A greater number of entrepreneurs also need to be reached and touched. There are several possibilities to explore – many of them starting from the very project of the Biennial.

Brazil has received so many international design awards that it caused the British Design Council in 2008 to appoint our design as a "serial award-winner" – a huge compliment in a report that marked the new international trends that should be observed. Since then the number of awards received only increased – the logical consequence would therefore be to explore taking our products to be exposed and consumed in other markets. A sign of maturity of our design and our industry, that exposure to a highly competitive international market produces admittedly an upward spiral of quality, positioning our products favorably in the international market. In this regard, the Brazilian Design Biennial brings a great opportunity: just as we have received representation from invited countries (this year, the Netherlands), we should take advantage of the huge and costly survey effort of domestic production and take at least part of the main event for a disclosure itinerary in Brazil and abroad. Their exploration in the country would serve to enhance and amplify their goals to bring society the understanding of what design is and show significant production in the country. Taking it abroad, to fairs, shows and museums would serve to prospect new markets, demonstrating the maturity of our companies and our design.

Thinking locally, the nearly 150 side events that have invaded the city along with the seven major events of the Brazilian Design Biennial have certainly left an important legacy for Florianópolis: a better

delegação trazia dois ministros de estado. Havia ali uma clara intenção política de fazer uso do design como uma ferramenta para alavancar a indústria coreana a novos patamares de inovação e competitividade, cujos resultados todos conhecemos hoje. É muito importante enfatizar este episódio: não eram funcionários graduados que haviam se deslocado de seu país para representar o governo – mas sim dois representantes do primeiro escalão do governo coreano, numa clara afirmação da importância que o presidente e seus ministros atribuíam ao design. Este endosso oficial ao evento internacional fazia parte de um plano maior que tinha como objetivo alavancar economicamente o país – objetivo este plenamente alcançado. Precisamos atingir no Brasil este grau de entendimento e comprometimento por parte de nossos governantes. Já presenciei e li declarações vindas de políticos do primeiro escalão executivo – em instâncias federais, estaduais e municipais – que comprovam existir sensibilidade ao assunto, mas ainda precisamos de maior comprometimento, de mais espaço nas agendas. Cabe a nós, designers – e aos empresários e políticos engajados e comprometidos com esta agenda –, a responsabilidade de levar às diversas instâncias de governo o conhecimento sobre o papel estratégico do design, por meio de ações focadas nesses segmentos. Um maior número de empresários também precisa ser atingido e sensibilizado. Existem diversas possibilidades a explorar – muitas delas a partir do próprio projeto da Bienal.

O Brasil tem recebido uma tal quantidade de prêmios internacionais de design que em 2008 o *Design Council* Britânico apontou o nosso design como *serial award-winner* – um enorme elogio dentro de um relatório que apontava novas tendências internacionais a serem observadas. De lá para cá só fizemos aumentar o número de prêmios conquistados – a consequência lógica seria expor nossos produtos em outros mercados. Sinal de maturidade do nosso design e da nossa indústria, essa exposição a um mercado internacional extremamente competitivo produz reconhecidamente uma espiral ascendente de qualidade, posicionando nossos produtos favoravelmente no mercado internacional. A Bienal Brasileira de Design traz uma grande oportunidade: da mesma forma que temos recebido representações de países convidados (este ano, a Holanda), deveria se aproveitar o enorme e custoso esforço de levantamento e fichamento da produção nacional e levar ao menos parte da mostra principal para um itinerário de divulgação no Brasil e no exterior. Sua itinerância no país serviria para potencializar e amplificar seus objetivos de levar à sociedade o entendimento do que é design e mostrar a significante produção do país. Levá-la ao exterior, em feiras, mostras e museus, serviria para a prospecção de novos mercados, demonstrando a maturidade de nossas empresas e do nosso design.

Pensando localmente, os quase 150 eventos paralelos que invadiram a cidade somados aos sete eventos principais da Bienal Brasileira de Design certamente deixarão um legado importante para Florianópolis: um melhor entendimento da população, de empresários e da esfera pública sobre o que é design e qual o seu potencial em transformar realidades. Uma compreensão de que o design vai muito além do seu aspecto estético; não é um componente apenas de produtos de luxo. Que design não é custo, mas investimento – e que traz um retorno bastante significativo, como diversos estudos nacionais e internacionais comprovaram nos últimos anos.

Esta bienal é para todos – e não apenas de e para designers – mas tem ainda o importante papel de apontar caminhos para o governo, para os empresários, e para a sociedade. Para que estes

understanding of the population, entrepreneurs and public sphere about what design is and what potential it has to transform realities. An understanding of design goes far beyond its appearance. That design is not just a component of luxury goods. That design is not a cost, but an investment – and it brings a very significant return, as several national and international studies have shown in recent years.

This Biennial is therefore for everyone – and not only to and for designers – it still has an important role in showing the government, businesses and society some different paths, so that they can recognize and believe in the power of transformation and the promotion of economic, industrial, and social growth that design brings into its disciplinary capacity. We need to ensure that they see design not only in its aesthetic aspect, but mainly for its innovative and strategic importance. A well-conducted design process streamlines production and the use of materials, reaches the market more easily and effectively by empathically recognizing the user, reduces risks by internally assimilating a trial as a project. Happy designing to the entrepreneur and to the user, to the environment and to the development of society. Happy designing to all!

Gabriel Patrocínio
PhD in Design and Innovation Policies
Adjunct Professor, IFHT/UERJ
Director, ADG Brazil
Co-Curator of Design, MAM-RJ

possam reconhecer e acreditar no poder de transformação e de promoção de crescimento econômico, industrial, e social que o design traz em sua capacidade agregadora e transdisciplinar. Precisamos assegurar que se enxergue no design não apenas o seu aspecto estético, mas principalmente o seu potencial inovador e estratégico. Um processo de design bem conduzido, que racionaliza produção e uso de materiais, alcança mais fácil e efetivamente o mercado por reconhecer empaticamente o usuário, reduz riscos ao assimilar internamente a experimentação como método de projeto. Bom design para o empresário e para o usuário, para o meio ambiente e para o desenvolvimento da sociedade. Bom design para todos!

Gabriel Patrocínio
PhD, Políticas de Design e Inovação
Professor Adjunto, IFHT/UERJ
Diretor, ADG Brasil
Co-Curador de Design, MAM-RJ

Design for All

This is the theme of the Brazilian Design Biennial, held from May 15th to July 12th 2015, in Florianópolis, Santa Catarina. Through exhibitions, workshops, seminars and side events, we have demonstrated that good design serves as a basic factor of the current material culture and is intended to meet the needs, visible or not, of every individual or social group.

There are numerous situations in which a citizen does not have free and unrestricted access to certain items and services. This issue can worsen, especially if we think about the physical and biological diversity and economic differences that make up our ever so unequal society. Biennial has demonstrated that there is a possibility to meet, by means of these design requirements, by displaying products and service messages scaled for such.

Technological resources, while also facilitating the life of some, introduce a new component: the difficulty of attaining this knowledge for certain parts of the population. Everyone, however, craves access to all that is offered, whether or not they are able to do so. The showing of these new technologies was a diffusion factor that design can have in our society in an almost individualized way. We demonstrate that this society can also manifest and contribute to its own comfort by practicing participatory design, another aspect that Biennial has exercised in an academic form.

With over half a century of design experience between us, we could not forget the history of design in our country and in the state of Santa Catarina. In two symbolic exhibitions, it was made clear that both the history and current practice of design are complementary and both have demonstrated success and the success of the its adoption by local economy.

Despite being a national event, Biennial could not ignore other realities. The international presence both in the workshop and in the Dutch exhibition gave the viewer a comparison, which shows that even in today's difficult conditions, design continues to point to a scenario of a more pleasant and comfortable reality for our population at all levels.

Brazilian Design Biennial 2015 Floripa established that design for everyone reveals an aspiration to which everyonehas a right and a quality factor way beyond any technical quality. In design for everyone, the human being is the center of concern for the sole purpose of improving our lives.

Freddy Van Camp
General Curator
Designer
Professor at ESDI/UERJ
VanCampDesign co-owner

Design para Todos

Esse foi o tema da Bienal Brasileira de Design, que aconteceu de 15 de maio a 12 de julho de 2015, em Florianópolis, Santa Catarina. Por meio de exposições, *workshops* e seminários, e eventos paralelos demonstramos que o bom desenho configura um fator básico da cultura material vigente e se destina a atender às necessidades, visíveis ou não, de cada indivíduo ou grupo social.

Há inúmeras situações nas quais o cidadão não tem acesso livre e irrestrito a determinados itens e serviços. Tal questão se agrava especialmente se pensarmos na diversidade física e biológica e nas diferenças econômicas que compõem nossa sociedade tão desigual. A bienal demonstrou que há a possibilidade de se atender, por meio do design, a estas necessidades, exibindo produtos, mensagens e serviços dimensionados para tal.

Os recursos tecnológicos, ao mesmo tempo que facilitam a vida de uns, introduzem um novo componente: a dificuldade de absorção desse conhecimento por certas camadas da população. Todos, no entanto, almejam ter acesso a tudo o que nos é oferecido, havendo ou não condições para isso. A mostra das novas tecnologias foi um fator de difusão que o design pode exercer em nossa sociedade de forma quase que individualizada. Demonstramos que essa sociedade também pode se manifestar e contribuir para seu próprio conforto praticando o design participativo, mais um aspecto que a bienal exerceu, quase que de forma didática.

Com meio século da existência do design entre nós, não poderíamos esquecer a história desse mesmo design no país e no estado de Santa Catarina. Em duas exposições emblemáticas ficou expresso que tanto a história como a prática atual se complementam e demonstraram o sucesso e o acerto de sua adoção pela realidade econômica local.

Mesmo sendo um evento nacional, a bienal não poderia ignorar outras realidades. A presença internacional, tanto no seminário como na exposição holandesa, deu ao espectador um comparativo que demonstra que, mesmo na condição difícil da atualidade, o design continua apontando para um cenário de uma realidade mais amena e confortável para nossa população em todos os níveis.

A Bienal Brasileira de Design 2015 definiu que o design para todos revela uma aspiração a que todos temos direito e um fator de qualidade muito além da técnica. No design para todos, o ser humano está no centro das preocupações, com o único objetivo de melhorar nossas vidas.

Freddy Van Camp
Curador Geral
Designer
Professor ESDI/UERJ
Sócio Proprietário VanCampDesign

DESIGN PARA TODOS
PARA UMA VIDA MELHOR
DESIGN FOR ALL – FOR A BETTER LIFE

O conceito de Design para Todos (*Design for All*) pode ser entendido como design universal, ou o design que promove um acesso irrestrito e democrático dos indivíduos a produtos, espaços e serviços – públicos e privados – levando-se em consideração tanto sua diversidade física, biológica, cognitiva e cultural, como também a sua acessibilidade econômica.

Essa visão estendida do design, voltada para a democratização social de funções de produtos, ambientes e serviços com propostas de usos para as mais diversas camadas sociais, grupos com restrições físicas e usuários de serviços públicos e privados, pretende atender as necessidades da maior parcela possível da população. Isso faz da acessibilidade uma palavra-chave no conceito de Design para Todos, e foi apresentado nessa edição da Bienal Brasileira de Design 2015.

O design é um processo que começa com uma ideia (uma proposta), segue seu desenvolvimento com um método e adquire uma forma e linguagem que expõem uma fácil compreensão de uso. Esse conceito básico foi utilizado para a escolha dos produtos expostos. O Design para Todos, na concepção da exposição principal dessa bienal, propõe os seguintes pontos de vista:

Design Democrático ⇢ Aspecto democrático que pretende disseminar o uso de produtos para todas as camadas sociais e especialmente para a nova classe emergente no país.

Design Especial ⇢ Respeitando a diversidade do ser humano possibilita também acesso de grupos excluídos por suas características físicas, biológicas, cognitivas e culturais ao uso de produtos, serviços e mensagens.

Design Público ⇢ Projetos da esfera pública que atendam ao direito das populações urbanas em se locomover, ao conforto e ao entretenimento e à interação com o meio urbano. Abrange produtos, ambientes, mensagens e intervenções no ambiente construído, que incluem especificamente a educação e a saúde.

Design Participativo ⇢ O fator participativo desloca o seu olhar para o processo de desenvolvimento das idéias, promovendo o *co-working* e a participação de atores com habilidades diversas com o objetivo de atender necessidades explicitadas por grupos específicos.

O objetivo maior desta seleção de produtos, conceitos, ideias, mensagens, ambientes e serviços é demonstrar que há soluções disponíveis em todos os setores da economia e em grande parte do território nacional, com inegáveis contribuições dos profissionais formados no país.

O design é uma ferramenta importante para a melhoria da qualidade de vida das pessoas, objetivando oportunidades iguais no seu contato com a nossa cultura material, proporcionando-lhe o maior grau de independência possível.

Freddy Van Camp, Curador geral

Design for All can be understood as universal design, or a design that promotes unrestricted and democratic access to individuals, products, spaces and services — public and private — taking into account the physical, biological, cognitive and cultural diversity as well as the economic accessibility.

This extended view of design focused on social democratization of the product, environment and service functions with proposals of use for all the different social classes, groups with physical disabilities and users of public and private services, intends to respond to the needs of the largest possible part of the population and make accessibility the key word for the "Design for All" concept, which is addressed in this edition of the ***Brazilian Design Biennial 2015 Floripa.***

Design is a process that starts with an idea (new proposal), proceeds to its development using a method and acquires shape and language to expose an easy understanding of its use. We adopted this basic concept to select the displayed products.

The approach for "Design for All" – name of the main exhibition – in the Brazilian Design Biennial 2015 Floripa proposes the following points:

Democratic Design ⇢ *The democratic aspect intends to disseminate the use of products to all the social strata and especially to the new emerging class in the country.*

Special Design ⇢ *The respect of the human diversity allows access to the excluded groups, because of their physical, biological, cognitive or cultural characteristics to products, services and messages.*

Public Design ⇢ *Public sphere projects address the right of the urban population to mobility, comfort and entertainment and the interaction with the urban environment. These projects cover products, environments, messages and interventions in the urban area, including education and health.*

Participatory Design ⇢ The participatory factor shifts its look to the process *of idea development, promoting the coworking and the participation of players with different skills for the purpose of responding to the needs clearly stated by specific groups.*

The main purpose of the selection of products, concepts, ideas, messages, environments and services was to show the available solutions in all the economy sectors and in the large part of our national territory, with undeniable contributions of the professionals trained in the country.

Design is an important tool for the improvement of people's quality of life, seeking equal opportunities in the contact with our material culture, providing the highest level possible of independence.

***Freddy Van Camp**, General Curador*

MASC – Museu de Arte de Santa Catarina – CIC (Centro Integrado de Cultura) ⟶ 15 de maio a 12 de julho de 2015

FOTOS *PHOTOS* SANDRA PUENTE

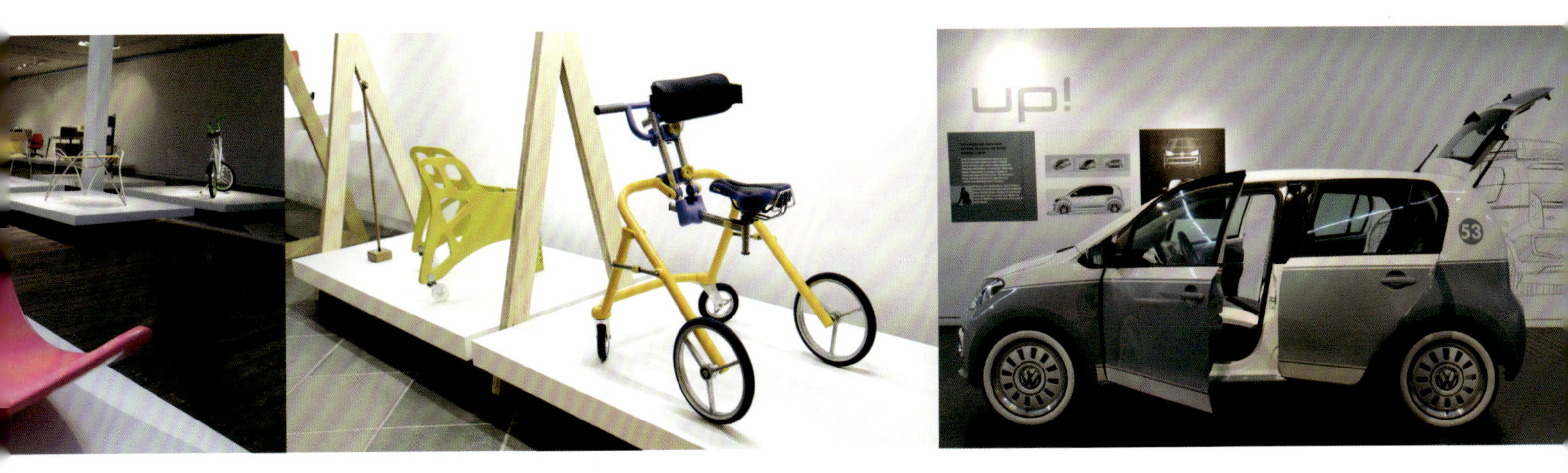

MASC – Santa Catarina Museum of Art – CIC (Integrated Cultural Center) ⇢ May 15 to July 12, 2015

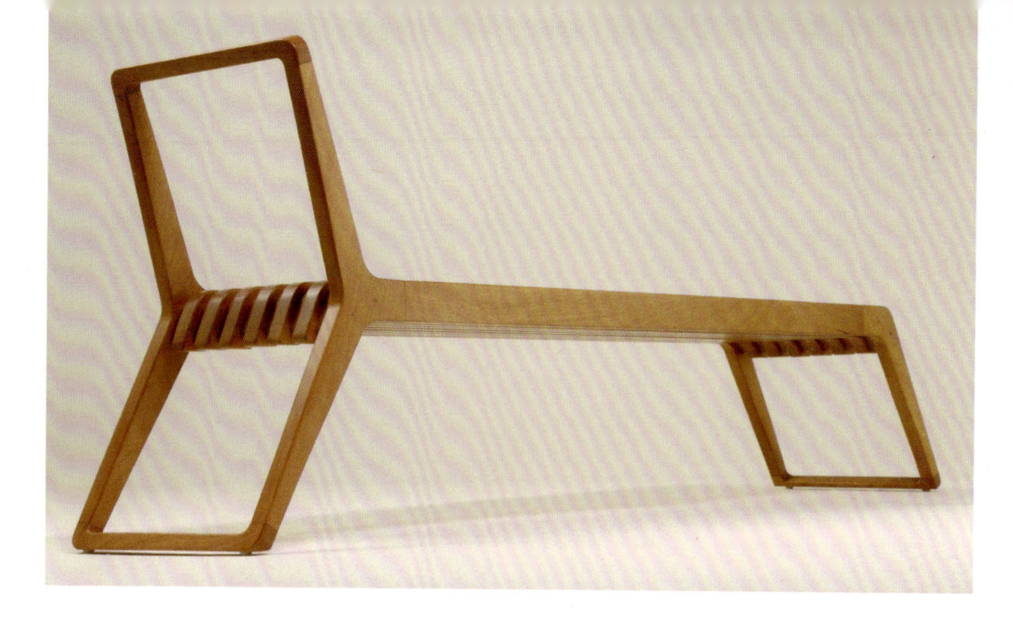

BANCO BÚZIOS, 2011
Empresa *Company* Indio da Costa A.U.D.T
Cidade *City* Rio de Janeiro/RJ
Design Guto Indio da Costa, Jonathan Robin, Till Pupak, André Lobo, Guilherme Baere, Pedro Antunes

O banco Búzios apresenta um desenho de extrema leveza e simplicidade, assim como o balneário cujo nome serviu de inspiração e para qual o modelo original foi desenhado. O desenho permite variações com ou sem braço, três tamanhos (1,60m, 1,80m e 2,00m) e diferentes acabamentos. ⇢ *The Búzios bench presents a design of extreme lightness and simplicity, like the seaside town that inspired the name and for which the original model was designed. The design allows variations like armrests and three sizes (1,60 m - 1,80 m and 2,00 m) and different finishings.*

BANCO INFINITO, 2015
Empresa *Company* Indio da Costa A.U.D.T
Cidade *City* Rio de Janeiro/RJl
Design Guto Indio da Costa, Jonathan Robin, Till Pupak, André Lobo

O banco Infinito, cuja forma se traduz no nome, apresenta linhas elegantes e fluidas num movimento contínuo de transição das ripas horizontais para as verticais. Um vão livre com o apoio de uma leve treliça de inox provoca a percepção, prende o olhar, desafia. O desenho permite três tamanhos (1,60m, 1,80m e 2,00m) e diferentes acabamentos. ⇢ *The Infinito bench, with a shape translated by its name, presents elegant and fluid lines in continuous movement of transition of its horizontal slats to the vertical ones. An open gap supported by a light stainless steel lattice work provokes insights, catches the eye, challenges the viewer. The design allows three sizes (1,60 m - 1,80 m and 2,00 m) and different finishings.*

BANCO ESCADA TATU, 2012

Empresa *Company* França/Amadio Ltda.
Cidade *City* São Paulo/SP
Design Lucia França, Roberto Romano Amadio
Foto Cadu Lopes

Um banco compacto que vira uma escada, uma estante ou uma mesa de apoio. ⇢ *A compact stool that can turn into a ladder, a bookcase or a side table.*

BANCO SELA, 2012

Empresa *Company* Butzke Móveis
Cidade *City* Timbó/SC
Design Flávia Pagotti Silva
Foto Actonove

Móvel versátil com diversas funções: banco, apoio de pés, como degrau. Se adequa a diversos usuários. ⇢ *Versatile furniture with various functions: stool, footrest, a step. Adaptable to different users.*

BANQUETA LOLA, 2014

Empresa *Company* Estúdio 566 comércio
Cidade *City* Florianópolis/SC
Design Célio Teodorico dos Santos, Felipe Dausacker da Cunha, Ricardo Antônio Álvares Silva, Altino Alexandre Cordeiro Neto

A Banqueta Lola apresenta originalidade nas possibilidades de mudança de assento: de um estofado em couro sintético a uma plataforma alta feita com sobras de tecidos. Este jogo permite composições que dão ao produto um caráter formal próprio, que somado aos pés em diferentes tipos de acabamentos ampliam o conceito de personalização e estilo do produto. O reaproveitamento de sobras de tecidos permite o envolvimento de costureiras terceirizadas no processo produtivo, contribuindo para geração de renda. ⇢ *The Lola Stool shows originality in the possibility of changing the seats: from an upholstered synthetic leather seat to a high platform made with fabric scraps. This set allows compositions that give to the product a proper formal character with feet in different types of finishings. This increases the customization concept and style of the product. The use of fabrics scraps allows for outsourced seamstresses in the production process, thereby contributing to income generation.*

BANQUETA MARAKATU, 2014

Empresa *Company* Sérgio J. Matos Estúdio Design
Cidade *City* Campina Grande/PB
Design Sérgio J. Matos

Peça inspirada na flor que estampa a roupa do caboclo que dança o Maracatu. Sua trama é produzida de forma artesanal, revestindo a estrutura de metal que configura a forma básica do produto. ⇢ *he piece was inspired by the flower in the prints of the "caboclo" (a person of mixed indigenous Brazilian and European descent) costume in the Maracatu dance. The wefts are handmade encasing the metal structure that constitutes the product's basic shape.*

UNI, DUNI, TÊ, 2013

Empresa *Company* Elon Móveis de Design
Cidade *City* Petrópolis/RJ
Design Freddy Van Camp, Thiago Boa

Unir as disponibilidades da empresa, grandes sobras de MDF em pequenas dimensões, equipamento CNC com certa ociosidade e acabamento de qualidade com laca alto brilho. As tres alturas tornam os banquinhos adequados a diferentes perfis de usuários. O conjunto permite flexibilidade de uso, além de não haver produtos que formem um conjunto com estas funções disponiveis no mercado. ⇢ *Combining the company's materials, large scraps and MDF in the small dimensions, with CNC equipment and idleness and quality finishing with high gloss lacquer. The three heights make the stools suitable for users of different heights. The set allows flexibility of use, besides there are no products that form a set with these functions in the market.*

NÓS! BANQUINHOS, 2014

Cidade *City* Florianópolis/SC
Design Paula Gargioni
Foto Cláudio Brandão

O projeto NÓS! Banquinhos celebra a diversidade dos corpos humanos. Oferece opções de assento a pessoas com diferentes características físicas e necessidades, além de representá-las visualmente, por meio de suas formas antropomórficas em tamanhos e proporções variadas. É um mobiliário lúdico e versátil. As peças, que formam um conjunto inseparável, podem ser usadas também como mesas para adultos e crianças, apoio para pés ou uma escada divertida. Podem ser agrupadas nas mais diversas combinações de modelos, posições e quantidades, conforme o local e o contexto de uso. ⇢ *The NÓS! Banquinhos (US! Stools) project celebrates the diversity of human bodies. It offers a range of seats for people with different physical features and needs, in addition to representing them visually, by means of anthropomorphic shapes in various sizes and proportions. It is playful and versatile furniture. The pieces, forming an inseparable unit, can be used also as tables for adults and children, as a footrest or as a funny ladder. They can be grouped in different model combinations, positions and quantities according to the local and the context use.*

CADEIRA AMAZONAS – PROJETO DESIGN TROPICAL DA AMAZÔNIA, 2012

Empresa *Company* FUCAPI
Cidade *City* Manaus/AM
Design Iuçana Mouco, Luiz Galvão

Na concepção da cadeira, houve uma preocupação em valorizar a identidade regional, com base na cultura e na estética amazônicas, enfatizando a arte e cultura cabocla. A utilização sustentável de matéria-prima natural também valoriza as técnicas e habilidades artesanais tradicionais. O design sendo utilizado como ferramenta estratégica para criar produtos inovadores e de alto valor agregado. ⇢ *During the conception of this chair, there was a concern for preserving the value of the regional identity, based on the Amazonian culture emphasizing art and indigenous culture. The sustainable use of natural raw materials provides also value to the techniques and traditional skills. Design here was used as a strategic tool to create an innovative product with a high added value.*

CAVALETTI PRO, 2012

Empresa *Company* Cavaletti S/A Cadeiras Profissionais
Cidade *City* Erechim/RS
Design Ricardo Rangel Morrison da Silva

O produto foi desenvolvido com foco na durabilidade, ergonomia e competitividade com custo acessível. ⇢ *The product was developed focusing on durability, ergonomics and competitiveness with an affordable price.*

CADEIRA GUARÁ, 2015

Empresa *Company* França/Amadio Ltda.
Cidade *City* São Paulo/SP
Design Roberto Romano Amadio e Lúcia França
Foto Cadu Lopes

O conceito adotado no projeto da cadeira faz referência à fauna brasileira, e foi inspirado no lobo-guará. Com uma morfologia delgada, não deixa de transmitir firmeza, além de ser empilhável. Possui duas versões, com ou sem braço, e o seu desenho é leve e ágil. O resultado do produto considera os critérios de conforto, ergonomia, design e estabilidade. ···> *In the adopted concept of the chair, reference is made to the Brazilian fauna, inspired by the Guará wolf. The morphology is slim yet conveying firmness, in addition to being stackable. This chair has two versions: with or without armrests, and the design is light and bright; the product takes into account comfort, ergonomics, design and stability.*

ICZERO1, 2009

Empresa *Company* Indio da Costa A.U.D.T
Cidade *City* Rio de Janeiro/RJ
Design Guto Indio da Costa, André Lobo, Felipe Rangel

Um arco solto, curvo, que abraça, envolve e acomoda. Uma forma leve, esguia e fluida. Uma tecnologia inovadora, somando a plasticidade de um polímero à resistência da fibra de vidro coinjetada. Uma cadeira de fibra, perene e durável, 100% reciclável. Sua forma é quase minimalista, atemporal, buscando a perenidade necessária para conviver durante anos em diversos ambientes, residenciais e comerciais. ···> *A loose, curved arc, that embraces, envelops and accommodates. A light shape, slender and fluid. An innovative technology, adding the plasticity of a polymer to the resistance of the co-injected fiberglass. A chair of fiber, that is perennial, durable, and 100% recyclable. Its shape is almost minimalist, timeless, seeking the necessary perenniality to last for many years in several environments, residential and commercial.*

IVY CHAIR, 2013

Empresa *Company* Erico Gondim
Cidade *City* Fortaleza/CE
Design Érico Gondim Oliveira
Foto *Photo* Nicolas Gondim

A cadeira Ivy é um objeto para breve descanso, interação e leitura ideal para ambientes contemporâneos. Surgiu por ter como base projetual explorar a potencialidade de uma nova estrutura e a técnica proveniente do trabalho artesanal e referências da natureza. ⟶ *The Ivy chair is an object for a short rest, interaction and reading. Ideal for the contemporary ambience. It was created because the project objective was to explore the potentialities of a new structure and the technique deriving from handicrafts inspired by nature.*

SOFÁ CHICO, 2013

Empresa *Company* Fernando Jaeger Atelier
Cidade *City* São Paulo/SP
Design Fernando Jaeger

As costuras do encosto, nos braços e nos pés feitos em madeira natural maciça, a junção de linhas retas e enxutas, a mistura de materiais e um desenho original são as principais características do sofá Chico. Juntam-se a elas os pés em eucalipto maciço com acabamento em verniz à base d'água, espuma e tecido de algodão linho. ⟶ *The main features of the Chico sofa are its backrest seams, the arms and legs made of solid natural wood, the junction with straight and lean lines, the mix of materials used and an original design. In addition, its legs are in solid eucalyptus wood finished with water-based varnish, foam and cotton linen fabric.*

MULTIPALLET ORIGAMI, 2013
Cidade *City* Rio Negrinho/SC
Design Meu Móvel de Madeira

Inspirado em um pallet, é totalmente multifuncional. Pode ser dobrado e usado de diversas maneiras: como mesinha de centro ou lateral, poltrona, banquinho, espreguiçadeira, cama auxiliar e mais o que sua imaginação criar. Possui 3 módulos articulados, que permitem dobrá-lo e guardá-lo sem ocupar muito espaço. Superprático. ⇢ *Inspired by a completely multifunctional pallet that can be used in different ways: as a coffee table or a side table, an armchair, a stool, lounge chair, a guest bed and anything else that you imagine. It has 3 distinct modules, allowing it to be folded and stored without taking up too much space. Very practical.*

IBASE PARA MESA JUNINA, 2013
Empresa *Company* Oppa
Cidade *City* São Paulo/SP
Design Estudio Oppa
Foto *Photo* Estúdio Oppa

Base para mesa composta de quatro peças idênticas de cores diferentes, estruturada e fixada pelo centro. Remete à brincadeira infantil de "pega-varetas" e às cores das bandeirinhas de festa junina. ⇢ *Base for table made up of 4 identical pieces in different colors, structured and fixed in the center. It alludes to the child's game "mikado"* and the colors of the "festa junina" (June celebration) flags.*

* *"Mikado" is a pick-up sticks game originating in Europe.*

G.SP, 2014

Empresa *Company* Nolli
Cidade *City* São Paulo/SP
Design Andrea Macruz
Foto *Photo* Ana Mello

O conceito adotado no projeto para a concepção das mesas é que fossem formadas por uma única peça de metal cortada e gravada com uma CNC ou a *laser* e dobradas. A inspiração se baseou nos desenhos concêntricos de crescimento dos troncos de madeiras e algumas deformações no *grid* destas linhas. ⇢ *The concept adopted for the project of these tables was that they had to be one single piece of metal, cut and engraved with a CNC or a laser and then folded. The inspiration was in the concentric circles that we can see in the tree trunks when they are growing and some deformation in the grid of these lines.*

MANCEBO – MÁQUINA SIMPLES, 2014

Empresa *Company* Quadrante Studio Ltda
Cidade *City* São Luis/MA
Design Júnior Ramos, João Santos, Jaana Pinheiro, Marcelo Figueiredo

A proposta partiu de um estudo que teve como objetivo desenvolver peças de design prático e funcional sem cair em modelos óbvios recorrentes no universo do design minimalista. O produto não possui componentes complexos, o que simplifica sua fabricação e montagem. Pode ser usado em diversos ambientes. Seu sistema articulado permite a redução do volume de transporte, permitindo uma boa estocagem, fácil distribuição e envio postal. ⇢ *The idea came from a study aimed to develop works of practical and functional design without falling into obvious and recurrent models in the universe of minimalist design. The product has no complex components that simplify its production and assembly. It can be used in several environments. Its distinct system allows the reduction in the volume to be transported, allowing a good storage, easy distribution and postal delivery.*

VIRA MEXE, 2010

Empresa *Company* Tok & Stok
Cidade *City* Rio de Janeiro/RJ
Design Bel Lobo

A linha de produtos Vira Mexe de móveis e acessórios é composta de vários itens para ambientes funcionais, descontraidos e contemporâneos. São 14 peças produzidas em madeira clara (Pinus), com aplicação de cores diversas e que podem ser compostas conforme o gosto e necessidade. ⟶ *The line of furniture and accessories Vira Mexe is composed of various items for functional, informal and contemporary environments. There are 14 items produced in light wood (Pinus) with various colors applications that can be combined according to the taste and needs of the client.*

LINHA CONECT, 2014

Empresa *Company* Maq. ID – Maqmóveis Ind. e Com. Móveis
Cidade *City* Taquaritinga/SP
Design Edesign Studio – Everaldo Rodrigues

Sistema de mobiliário modular para escritórios composto por elementos que se adequam à necessidade de cada usuário, contemplando desde ambientes compactos até grandes corporações, com soluções para arquivos, pastas, equipamentos etc., além de tornar o ambiente mais agradável e humanizado para o uso diário. Torna o espaço mais humanizado pela aplicação de cores alegres e contrastantes, além do jogo de texturas com brilho e fosco. ⟶ *Modular furniture system for offices, composed by elements that correspond well to the needs of each user, from compact to big spaces, with solutions to store files, folders, equipment, etc., in addition to make a more pleasant place for daily use. Cheerful and contrasting colors and a texture combination of gloss and matte makes the place more friendly.*

LIVING OUT, 2014

Empresa *Company* Rotoplastyc Indústria de Rotomoldagem
Cidade *City* Carazinho/RS
Design Diego Fernando Waltrick

O projeto objetivou, por meio do design, auxiliar uma empresa de rotomoldagem, do norte do Rio Grande do Sul, a diversificar sua área de atuação. Após uma série de análises sobre a empresa, resultou no desenvolvimento de uma linha de móveis específicos para áreas externas e de lazer. ⇢ *The purpose of the design project was to help a rotomolding company from Rio Grande do Sul, to diversify its area of use. The result of the analysis carried out in the company was the development of a furniture line specific for outdoor and recreational areas.*

CONJUNTO DE PRATELEIRAS MTO, 2013

Empresa *Company* Cusco Studio
Cidade *City* Porto Alegre/RS
Design Fernando Carlini Guimarães, Guilherme Parolin, Beatriz Azolin

MTO é um sistema de mobiliário desenvolvido para famílias de baixa renda, por meio da oferta de uma alternativa "faça você mesmo" barata, de bom acabamento e qualidade estética. Além de seu baixo custo, o sistema conta com uma ampla versatilidade de uso, permitindo ao usuário modificar facilmente o seu móvel conforme suas necessidades. ⇢ *MTO is a system of furnishings developed for low income families, offering a low cost do-it-yourself alternative with good finishing and aesthetic quality. In addition to its low cost, the system has a wide versatility, allowing the users to easily modify the furniture according to their needs.*

TAPETE BROINHA, 2010

Empresa *Company* Claudia Araujo Tecelagem Manual
Cidade *City* Caldas/MG
Design Claudia Araujo

Premiado no House & Gift de Design, o produto foi desenvolvido com aproveitamento de material e técnica construtiva tradicional da região de Minas Gerais, alcançando um resultado final diferenciado em qualidade e beleza. ⇢ *The award-winning product in the GFIT DE DESIGN was developed with the maximum use of materials and the constructive technique traditional in the Minas Gerais region resulting in a beautiful object.*

TAPETE ÁGUEDA WINTER, 2014

Empresa *Company* Avanti Tapetes
Cidade *City* Rio de Janeiro/RJ
Design Beatriz Lettiére, Márcia Bergmann
Foto *Photo* Juliano Colodeti (MCA Estúdio)

O tapete Águeda Winter foi projetado pensando na manutenção da temperatura interna do ambiente, na melhoria da qualidade do ar em ambientes internos, amortecimento no caso de quedas, e na absorção de ruídos. Sua superfície cria um diálogo contínuo entre passado e presente, revisitando momentos da história da azulejaria portuguesa. ⇢ *The Águeda Winter rug was designed to keep the room's temperature constant, improve indoor air quality, and absorb shock in the case of a fall. Its surface creates an ongoing dialog between past and present, revisiting the history of Portuguese tiles.*

TAPETE MANAHA CONCRETO, 2014

Empresa *Company* Avanti Tapetes
Cidade *City* Rio de Janeiro /RJ
Design Beatriz Lettiére, Márcia Bergmann
Foto *Photo* Juliano Colodeti (MCA Estúdio)

O tapete Manaha Concreto foi projetado pensando na manutenção da temperatura interna do ambiente, na melhoria da qualidade do ar em ambientes internos, e amortecimento no caso de quedas, e na absorção de ruídos. Sua superfície foi inspirada em Seychelles, na costa africana, no Oceano Índico, local de beleza natural deslumbrante. ⇢ *The Manaha Concreto rug was designed to keep the room's temperature constant, improve indoor air quality, and absorb shock in the case of a fall. Its surface was inspired by Seychelle in the African coast of the Indian Ocean, a place of stunning natural beauty.*

TRAVESSAS REFRATÁRIAS, 2009

Empresa *Company* Oxford Porcelanas S/A
Cidade *City* São Bento do Sul/SC
Design Camila Hinke
Foto *Photo* Documentos Oxford Porcelanas S/A

Essa linha é composta por louças resistentes a altas temperaturas, que podem ser usadas em todos os tipos de fornos (micro-ondas, industrial, a lenha, a gás ou elétrico), além de suportarem mudanças bruscas de temperatura. Seu design favorece o manuseio prático e seguro das travessas. ⇢ *This line consists of crockery resistant to high temperatures that can be used in all kinds of ovens (microwave, industrial, wood-fired, gas or electric), in addition they can withstand a sudden change of temperature. The design allows for practical and safe handling of the platters.*

APARELHO DE JANTAR/CHÁ/CAFÉ SHIFT WISK, 2012

Empresa *Company* Oxford Porcelanas S/A
Cidade *City* São Bento do Sul/SC
Design Karim Rashid
Foto *Photo* Documentos Oxford Porcelanas S/A

O termo inglês *Shift*, representa, entre outras coisas, "deslocar, alterar, mudar de posição". Assim, o nome da linha representa a forma gráfica pensada pelo designer ao deslocar o fundo do prato para as extremidades, criando uma forma inovadora, com a dupla de cores mais clássica que existe: o preto e branco. ⇢ *The English term Shift, among other things, represents "displace, alter, move", thereby the line's name represents the graphic form of shifting the bottom of the plate to the outer edges, creating an innovative shape with the classiest duo of colors: black and white.*

MORINGA GLOB, 2012

Empresa *Company* Oxford Porcelanas S/A
Cidade *City* São Bento do Sul/SC
Design Karim Rashid
Foto *Photo* Documentos Oxford Porcelanas S/A

Uma referência sutil aos odres velhos, a forma orgânica parece ser formada pelo seu conteúdo líquido. Possui variações do produto em branco, rosa e bicolor, em azul e verde. ⇢ *A subtle reference to the old goatskin vessels. The organic shape seems to be made up of its liquid contents. The item comes in white, pink and blue-green colors.*

CANECAS KNUKLES, 2012

Empresa *Company* Oxford Porcelanas S/A
Cidade *City* São Bento do Sul/SC
Design Karim Rashid
Foto *Photo* Documentos Oxford Porcelanas S/A

No caso da Knukles, a inovação se encontra na asa (alça) da caneca. Seu formato diferenciado remete a um soco inglês. Além de colocar ao alcance da população a genialidade do designer Karim Rashid, famoso internacionalmente por sua ousadia, traços e visão futurista. ⇢ *In the case of Knukles, the innovation is in the mug's handle. The unique shape resembles brass knuckles or simply knuckles. In addition, this mug puts the genious of the internationally renowed designer Karim Rashid, known for his boldness, his distinctive lines and futuristic vision, within the consumer's reach.*

APARELHO DE JANTAR E CHÁ FLOREAL MARAJÓ, 2012

Empresa *Company* Oxford Porcelanas S/A
Cidade *City* São Bento do Sul/SC
Design Sara Brum da Silveira
Foto *Photo* Documentos Oxford Porcelanas S/A

Inspirada na mais antiga arte cerâmica do país, a marajoara, a linha Floreal Marajó resgata um saber milenar, localizado na ilha de Marajó, na foz do rio Amazonas, no norte do Brasil. A união da argila preta com os únicos pigmentos presentes na região, o branco e vermelho, fazem da superfície dessa linha a característica mais marcante, além das formas geométricas e elementos simbólicos do povo Marajó. ⇢ *Inspired by the oldest ceramic art in the country, the Marajoara, the Floreal Marajó line recovers a millenary knowledge that existed in the Marajó Island at the mouth of the Amazon River in the north of Brazil. The blend of black clay and the only pigments existing in the region, white and red, make of the surface its most distinctive feature, in addition to the geometric shapes and the symbolic elements of the Marajó people.*

APARELHO DE JANTAR/CHÁ/CAFÉ LINDY HOP, 2013

Empresa *Company* Oxford Porcelanas S/A
Cidade *City* São Bento do Sul/SC
Design Cristiane Leite Pereira
Foto *Photo* Documentos Oxford Porcelanas S/A

A superfície da linha Lindy Hop busca expressar a alegria e entusiasmo contagiantes do ritmo homônimo, por meio das cores e mandalas. Além das formas inspiradas no Art Déco, estilo artístico vigente a época do ritmo Lindy Hop. → *The surface of the Lindy Hop line tries to express the contagious joy and enthusiasm of the homonymous rhythm through its colors and mandalas. In addition to the shape inspired by the art deco style, present at the time of the rhythm Lindy Hop.*

CUBA REDONDA – POESIA, 2013

Cidade *City* Florianópolis/SC
Design Célio Teodorico dos Santos, Felipe Dausacker da Cunha, Ricardo Antônio Álvares Silva, Altino Alexandre Cordeiro Neto, Ivor Braga
Foto *Photo* Sandra Puente

A Cuba Poesia teve como conceito uma abordagem de configurações simples e de fácil assimilação pelos usuários. Sua concepção é leve e minimalista, cuja simetria e transições estereométricas conferem expressividade e leveza ao produto. Já a combinação de raios internos enfatiza nuances de luz e sombra, num jogo de superfícies que também facilita sua limpeza e manutenção. → *The concept of the Poesia vat was based in the approach of simple configurations that can be easily assimilated by the user. Its design is light and minimalist with stereometric symetry and transitions providing expressiveness and lightness to the product. The combination of the internal rays highlights the nuances of light and shades in the playing surfaces and also facilitates cleaning and maintenance.*

TORNEIRA ECOTRON, 2015

Empresa *Company* Indio da Costa A.U.D.T
Cidade *City* Rio de Janeiro/RJ
Design Guto Indio da Costa

A nova torneira eletrônica Vision permite o uso sem nenhum toque através de um sensor de proximidade. Perfeito para banheiros públicos e para o uso racional e economia de água. O volume se projeta para frente com uma forma ousada e contemporânea, e os chanfros de sua borda transmitem a sensação de precisão, tecnologia e qualidade que um produto desse gênero merece. ···› *The new electronic faucet Vision enables its use without any touch through a proximity sensor. It is perfect for public toilets and for saving water. The volume projects itself forward with a bold and contemporary shape, and its edge chamfers convey a feeling of precision, technology and high quality.*

BANHEIRA ALEGRIA, 2013

Empresa *Company* Adoleta Bebe
Cidade *City* São José/SC
Design DoispraUm (Alexandre Turozi, João Eduardo Rabitto, Maurício Scoz Júnior, Frederico Prates Vericimo, Fernando Duarte, Flávia Menegazzo, Vanessa Spanholi)

O produto traz inovações relativas à experiência de banho em crianças, por exemplo, uma canequinha para auxiliar o enxágue da cabeça e corpo da criança, que quando não utilizada se acopla perfeitamente na saboneteira. ···› *The product brings innovation related to the experience of bathing children. It has, for instance, a small cup to help rinse children's heads and bodies, which fits perfectly in the soap holder.*

LINHA BABYTUB (EVOLUTION E OFURÔ), 2013

Empresa *Company* CMRP do Brasil
Cidade *City* Curitiba/PR
Design Equipe Megabox Design

São banheiras especiais para bebês, permitindo conforto e tranquilidade para as mães e cuidadoras, e principalmente para os bebês. ⇢ *They are special bathtubs for bathing babies, allowing for convenience and tranquility not only to mothers and helpers, but especially to babies.*

CABIDES TUTTO, 2010

Empresa *Company* Mr Estratégia em Design Ltda.
Cidade *City* Porto Alegre/RS
Designer Mirela Rosa

Projetar um cabide slim, de alta produção, que organizasse com eficiência todo tipo de roupa, masculina ou feminina. Que permita colocar em um mesmo cabide uma camiseta de alça (e esta não cair por existir uma saliência de conteção), pendurar lenços e cintos no furo próprio e ainda colocar uma camisa ou casaco por cima. ⇢ *To design a slim hanger, of high production, for efficiently organizing all kinds of clothing, masculine and feminine, allowing to put in the same hanger a T-shirt with straps (and without this shape, it would fall out), to hang scarfs and belts in the own boreholes and even a shirt or a jacket on top of everything.*

COLEÇÃO SWEET GARDEN, 2014

Empresa *Company* Tramontina Multi S/A
Cidade *City* Carlos Barbosa/RS
Design Beatris Scomazzon, Tiago Muller, Ana Paula Zolet, Caio Miolo
Foto *Photo* Leticia Remião

A ideia foi criar uma coleção de produtos com design afetivo, colorido leve e acessível, para encantar e resgatar o prazer de trazer a natureza para dentro de casa. A motivação foi o desejo de sensibilizar e estimular as pessoas para o cultivo de plantas e flores, colaborando no cuidado e na valorização da natureza. ⟶ *The idea was to create a collection of colorful, light and accessible "affective design" products, aiming to delight and restore the pleasure of carrying nature indoors. The motivation was to raise the awareness and encourage people to cultivate plants and flowers, contributing to nature's protection and appreciation.*

TALHER CARMEL, 2013

Empresa *Company* Tramontina Multi S/A
Cidade *City* Carlos Barbosa/RS
Design Beatris Scomazzon, Tiago Muller, Liana Chiapinott, Sabrina Esquiam
Foto *Photo* Leticia Remião

O talher Carmel é um produto utilitário, para ser usado no dia a dia, desenvolvido para atingir o mercado de massa, mas proposto com o pensamento estratégico do design. Nosso desafio foi criar um talher popular, porém, através do design, torná-lo um produto amigável e diferenciado para quem o utiliza. ⟶ *The Carmelé cutlery is an utilitarian product, to be used in daily life, developed for the mass market, but proposed with the strategic thinking of design. Our challenge was to create a popular cutlery, but through design, make it a friendly and unique product for the ones who use it.*

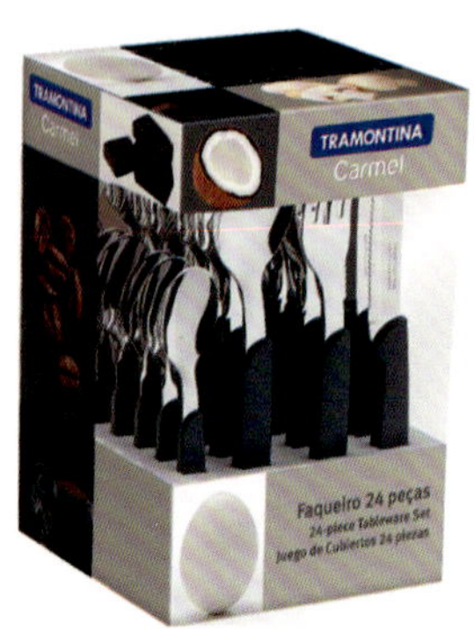

LINHA GOTA DE UTENSÍLIOS DOMÉSTICOS, 2010

Empresa *Company* Quadi
Cidade *City* Rio de Janeiro/RJ
Design Gabriela Vaccari, Augusto Seibel, Felipe Rangel
Foto *Photo* Sandra Puente

A linha Gota é uma família de peças utilitárias em plástico injetado que atende a diversas questões práticas e cotidianas do lar. O trabalho de design foi repensar e questionar a forma de uso desses produtos tradicionais no ambiente residencial. ⇢ *The Gota line is a family of injected plastic utilitarian pieces that meet a series of practical and everyday needs at home. The design task was to rethink and question the usage form of these everyday and traditional products in the home environment.*

LINHA SOBRE PIA DISCOVERY, 2013

Empresa *Company* Martiplast Indústria e Comércio
Cidade *City* Caxias do Sul/RS
Design Tobias Bertussi, Paulo Bertussi,
Vlaniv Wainberg, Betina Brentano
Foto *Photo* Bertussi Design

Explorar o conceito estético de fluidez, trazendo linhas sinuosas e criando relevos inusitados para as funções prosaicas do dia a dia. ⇢ *Exploring the aesthetic concept of fluidity, bringing sinous lines and creating unusual reliefs for the mundane everyday tasks.*

COLEÇÃO FLUTUANTES, 2013

Empresa *Company* Tok&Stok
Cidade *City* São Paulo/SP
Design Mana Bernardes
Foto *Photo* Mauro Kury

Usar um material reaproveitado e por meio do design ressignificar e atribuir características que o enobrecem, ressaltar o aspecto do trabalho manual aliando a isso um material reaproveitado tendo como resultado um produto artesanal e digno. Os utilitários são transparentes, translúcidos e esverdeados. A inspiração veio dos vasos de murano e memórias da infância. ⇢ *Using recycled materials and through design to re-signify and assign characteristics to enhance it, bringing the handicraft work to a dignified result. The products are transparents, translucids and greenish. The inspiration came from the murano vases and the childhood memories.*

FACAS ORK, 2013

Empresa *Company* Organic Knives
Cidade *City* Sete Lagoas/MG
Design Daniel Bahia
Foto *Photo* Davi Mello, Rogério Santiago, Daniel Bahia

São facas especiais em formato, materiais e processo de produção, dirigidas para um público especial de campistas, colecionadores, praticantes de *bushcraft*, sobrevivência na selva ou pescadores. ⇢ *Special knives in shape, material and production process, directed at a special public of campers, collectors, practitioners bushcraft, survival in the jungle or fishermen.*

COLEÇÃO JOANA LIRA, 2014
Empresa *Company* Tok&Stok
Cidade *City* São Paulo/SP
Design Joana Lira

Linha de produtos de cama, mesa, banho e decoração para as lojas Tok&Stok, com estampas exclusivas. → *Line of products for bed, table, bath and decoration with exclusive prints for the Tok&Stok stores.*

PRATELEIRA ORGANIZADORA, 2012
Empresa *Company* Masutti Copat
Cidade *City* Bento Gonçalves/RS
Design Juliana Desconsi
Foto *Photo* Intervento Design

No sentido de entender o usuário e as necessidades mais pontuadas de organização de pequenos objetos nos armários, o projeto teve como propósito inovador e de diferenciação no mercado de soluções em organização para a casa. A linha de prateleiras organizadoras para dormitórios dispõe de uma gama de itens que visam simplificar a organização dos objetos do dia a dia. → *This line of shelf organizers for the bedroom aims to help the user to organize small objects in closets. This collection provides a range of ways to simplify and organize people's everyday life.*

LINHA MILUZ, 2013

Empresa *Company* Schneider Eletric
Cidade *City* São Paulo/SP
Design Questto Nó

Linha de interruptores modulares para atender consumidores de classe C e D. Com acabamento e funcionalidade de destaque, permite diversas configurações e simplicidade na instalação. ⇢ *Line of modular switches that meet the needs of consumers in C and D classes. With finishing and functionality that allows for different configurations and a simple installation.*

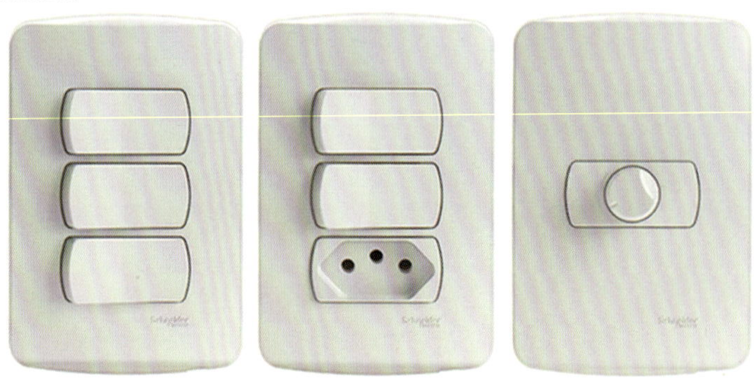

LUMINÁRIA OVO, 2012

Empresa *Company* Tamoios Tecnologia
Cidade *City* São Paulo/SP
Design Raphael Accardo de Freitas
Foto *Photo* Raphael Accardo

A luminária Ovo é uma peça arrojada na sua forma e ecológica em seu material. A luminária comunica com seu design a origem do seu material apresentando a reciclagem do papel ao conceito do projeto. ⇢ *The lighting fixture OVO is a bold piece in its shape and ecological in its material. The design of the lamp communicates the origin of its material; paper recycled for the project's concept.*

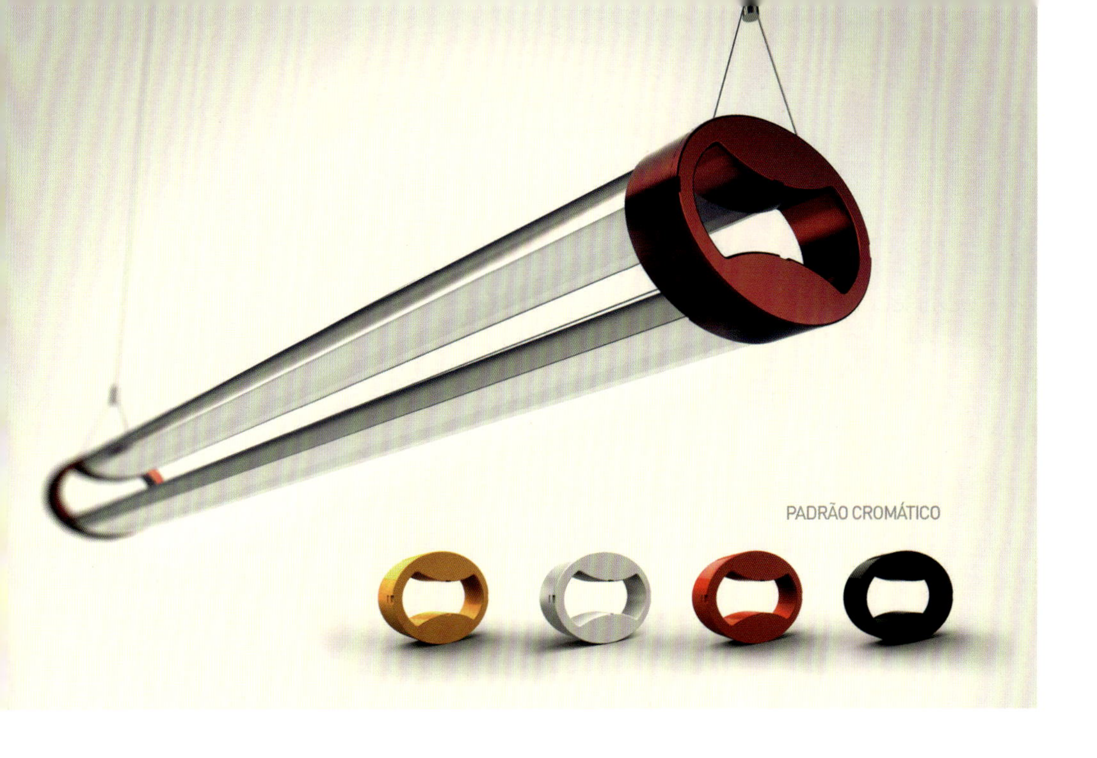

LUMINÁRIA SATURNO INTRAL, 2011
Empresa *Company* Intral
Cidade *City* Caxias do Sul/RS
Design Tobias Bertussi, Paulo Bertussi, Ianiv Wainberg

Desenvolver um modelo de luminária com aspectos menos commoditizados do que os produtos em linha e que fosse capaz de comportar, com modificações mínimas, tanto LEDs como fluorescentes. ⇢ *Developing a lighting fixture with aspects less commoditized than the products on line and ability to use, with minimal changes, LEDs or fluorescent lamps.*

DUCHA FIT, 2013
Empresa *Company* Deca
Cidade *City* São Paulo/SP
Design Ana Lúcia de Lima Pontes Orlovitz, Tobias Bertussi

Chuveiro com um design arrojado e diferenciado, com um preço extremamente competitivo para um público mais amplo. ⇢ *Shower with a bold and unique design with an extremely competitive price for a broader public.*

MÁQUINA DE BEBIDAS BRASTEMP B.BLEND, 2014

Empresa *Company* Whirlpool S.A.
Cidade *City* Joinville/SC
Design *Photo* Whirlpool S.A.

B.Blend é a primeira plataforma de bebidas em cápsulas *all-in-one*. Uma revolução na maneira de consumir bebidas. ---> *B.Blend is the first beverage machine with all-in-one capsules. A revolution for consuming beverages.*

INTERFACE GRÁFICA COOKTOP, 2010

Empresa *Company* Whirlpool S/A
Cidade *City* Joinville/SC
Design Paulo Henrique Nascimento Kielwagen, Simone Zapeline Reis Pereira
Foto *Photo* Paulo Kielwagen/Time de Design da Whirlpool

O principal desafio do projeto foi propor uma interface gráfica diferenciada. Tradicionalmente, os *cooktops* possuem interferência visual apenas para orientação dos manípulos. Nesse projeto, foi trabalhada a liberdade de explorar elementos gráficos também no entorno das bocas, o que resultou num projeto diferenciado e em sintonia com princípios gráficos adotados pela linha Brastemp Clean. ---> *The main challenge in this project was to propose a unique graphic interface. Traditionally, cooktops have only visual references to guide the use of the heat-adjustment knobs. In this project, the designer felt at liberty to also explore graphic elements around the burners, which resulted in a distinct product aligned with the graphic principles adopted by the Brastemp Clean line.*

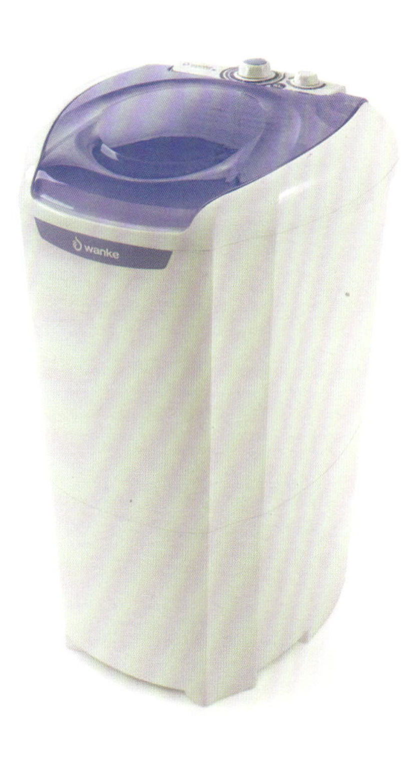

LAVADORA SEMIAUTOMÁTICA WANKE BÁRBARA, 2013

Empresa *Company* Wanke SA
Cidade *City* Indaial/SC
Design Equipe Design Inverso

A máquina de lavar Wanke Bárbara foi desenvolvida com base em dados indicados pelos consumidores para as melhorias e inovações neste tipo de produto. Com alta tecnologia e capacidade para 10 e 11 quilos de roupa, consome menos água do que os modelos da mesma gama. Também apresenta soluções para os retentores de fios e objetos, assim como o dispensador que permite uma melhor utilização do sabão líquido, o sabão em pó ou o amaciante. ⇢ *The Wanke Bárbara washing machine was developed based on data indicated by the consumers for the improvements and innovations in this type of product. With top technology and a capacity for 10 and 11 kilos of laundry it consumes less water than the models of the same range. It also presents solutions for the filter of threads and objects, as well as the dispenser that allows a better use of liquid soap, powder soap or fabric softener.*

TAURUS POWER TOO, 2014

Empresa *Company* Famastil Tauros Ferramentas
Cidade *City* Gramado / RS
Design Bertussi Design Industrial

O objetivo do projeto era redirecionar uma marca de sucesso no segmento militar para uma nova atividade, neste caso, ferramentas elétricas manuais, preservando os atributos da marca como precisão, masculinidade e ergonomia. ⇢ *The aim of the project was to redirect a successful brand of the military segment to a new activity, in this case, manual power tools, preserving the brand attributes such as precision, masculinity and ergonomics.*

VULCANO INVERTER 165DV, 2013

Empresa *Company* Balmer – Fricke Equipamentos de Soldagem
Cidade *City* Ijuí/RS
Design Tobias Bertussi, Paulo Bertussi, Ianiv Wainberg, Pablo Herzog, Guilherme Paralin

Equipamento de solda portátil, projetado para ter peso menor do que os concorrentes viabilizando o uso flexível e variado, por um público-alvo maior. ···› *Portable welding equipment, designed to have a lighter weight than the competitors, making flexibility and varied use by a wider target public possible.*

PROTETOR ELETRÔNICO MICROPROCESSADO, 2013

Empresa *Company* C2M, 2013
Cidade *City* Florianópolis/SC
Design Célio Teodorico dos Santos, Felipe Dausacker da Cunha, Ricardo Antônio Álvares Silva, Altino Alexandre Cordeiro Neto, Ivor Braga

O Protetor Eletrônico Microprocessado C2M foi concebido para garantir proteção total contra descargas em equipamentos eletrônicos, provenientes da rede elétrica. O conceito adotado em seu design permitiu a acomodação de quatro produtos diferentes no mesmo gabinete, trazendo redução do investimento em ferramentaria e uma melhor adequação na aplicação de recursos por parte da empresa. ···› *The Microprocessed Eletronic Protector C2M was designed to ensure total protection against electric discharges coming from the eletrical power network. The adopted design allowed investment reduction in tooling and a better matching in the investment of funds for the company.*

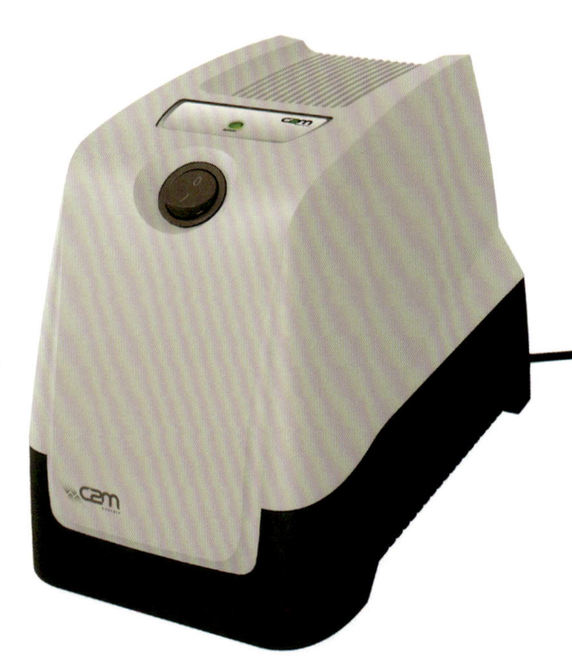

COLEÇÃO GIARDINO, 2015

Empresa *Company* Sorellina
Cidade *City* Florianópolis/SC
Design Bárbara Leite, Gabriela Ramos Martins
Foto *Photo* Guilherme Pazetto

Giardino é a coleção cápsula da Sorellina, que traz em suas estampas e rendas aspectos que remetem aos jardins italianos. Sempre com modelagem diferenciada, recortes e transparências, a Sorellina inova o mercado. Peças que valorizam o corpo feminino sem deixar de ser confortável. Produzimos nossas peças com materiais nacionais e utilizamos mão de obra regional . Viemos para aliar um novo design à moda íntima. ⤑ *Giardino is a small collection of Sorellina, which brings in his prints and lace aspects that refer to the Italian gardens. Always with distinctive modeling, cuts and transparencies, the Sorellina innovates the market. Pieces that value the female body while remaining comfortable. We produce our parts with domestic materials and use regional handcrafted work. Our mission was to create a new design of underwear.*

COLEÇÃO DE JOIAS MARINA SHEETIKOFF, 2014

Empresa *Company* Alunos do curso de design da Unifafibe
Cidade *City* São Paulo/SP
Design Marina Sheetikoff
Foto *Photo* Marina Sheetikoff

Anéis, braceletes, brincos em materiais nobres. As joias são produzidas com tecnologia digital a partir de desenhos precisos e alcançando resultados surpreendentes com o mix de materiais empregados. ⤑ *Rings, bracelets, earrings made with top-grade materials. The jewels are produced using digital technology from accurate drawings, achieving amazing results of the mixture of materials employed.*

PROJETO HOME: UM PROTESTO, 2011

Cidade *City* Belo Horizonte/MG
Design Nina Lima

Manifesto através de coleção de peças de joalheria desenvolvidas com auxílio de 3dprint, somada a técnicas artesanais e tradicionais de ourivesaria. ⇢ *Manifest collection of jewelry pieces developed with the aid of 3D print, in addition to craft and traditional techniques of jewelry.*

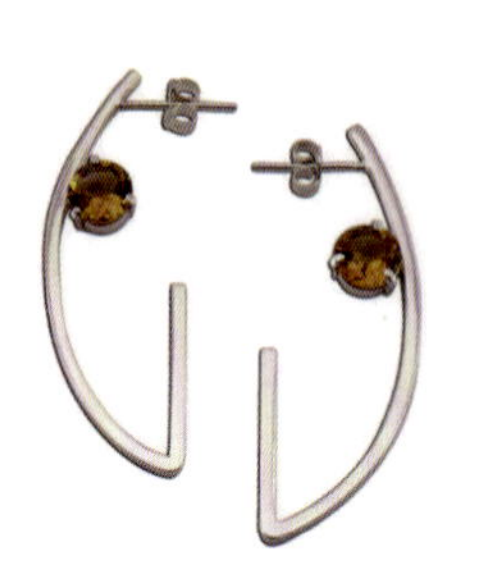

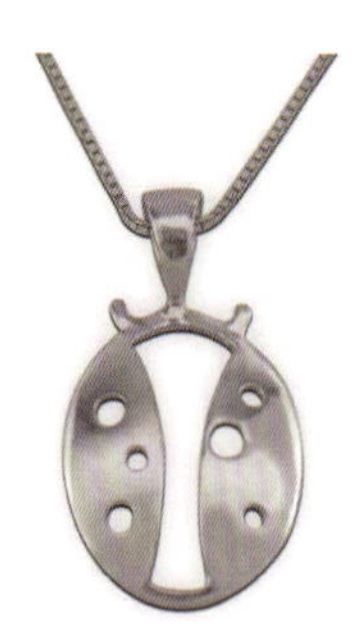

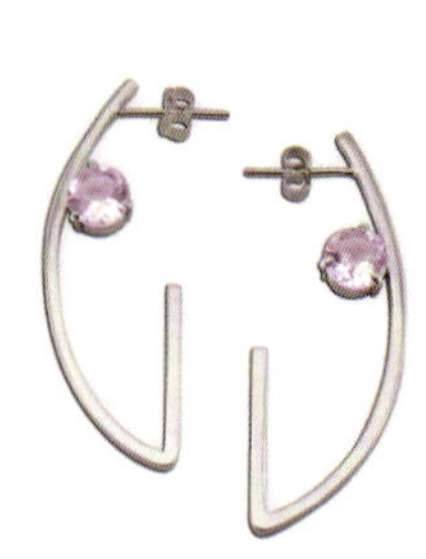

COLEÇÃO SCARAB, 2013

Empresa *Company* De Rolt Joias
Cidade *City* Florianópolis/SC
Design Gabriela Pauli De Rolt
Foto *Photo* Gabriela De Rolt e Ana López

Proporcionar joias genuínas, de ótima qualidade em acabamento, a preços acessíveis a uma classe maior de usuários. ⇢ *Provides genuine jewelry, with high-quality finishing, and an affordable price to a larger user base.*

BIKE PARTS – RUST MINER, 2014/2015

Empresa *Company* Rust Miner
Cidade *City* Jaraguá do Sul/SC
Design Leo Begin, Raphael Fagiolo
Foto *Photo* Nicolas Gondiml

A criação de bijouterias de arte para serem usadas, transformando material descartado ou no final de vida útil, em acessórios que tenham acabamento refinado, mantendo a informação do seu propósito existencial. ⇢ *Artistic custom jewelry made by transforming discarded material or at the end of its useful life into accessories with refined details that keep the information of its existential purpose.*

MELISSA ONE-BY-ONE, 2014

Empresa *Company* Grendene S/A
Cidade *City* Farroupilha/RS
Design Edson Matsuo, Jacira Lucena

O tradicional conceito japonês do Guetá e do Zori — e a simetria minimalista de calçados sem lados direito ou esquerdo definidos — foi a inspiração inicial para a criação de uma Melissa que rompesse com os parâmetros normais de uso, produção e comercialização desse tipo de produto. Este modelo de calçado se caracteriza por não possuir pé esquerdo e pé direito e, sim um pé único, calçando perfeitamente ambos os pés. Dois, três, quatro, cinco, até nove pés, ofertando um leque de arranjos e combinações. ⇢ *The Japanese traditional concept of "geta" and "zori"— and the minimalist symmetry of shoes without a well-defined right or left side — was the initial inspiration to create a Melissa that would break with the standard parameters for use, production and sale of this kind of product. This shoe model is characterized by not having a right or left foot and just a single foot, fitting perfectly both feet. Two, three, four, five, even nine feet ...offering a range of possibilities and combinations.*

CALÇADOS INTERATIVOS ORIGAMI, 2009

Empresa *Company* Ciao Mao Acessórios e Comércio de Calçados Ltda.
Cidade *City* São Paulo/SP
Design Priscila Callegari
Foto *Photo* Studio CIAO MAO

O objetivo do projeto foi desenvolver calçados com acessórios intercambiáveis em versões fechada e aberta nos dedos, para a proteção dos pés e como acessório de moda. Atender a pluralidade do mercado globalizado, com diferentes padrões de medidas e gostos, suprir a demanda por constante renovação de acessórios de moda, conciliar o emprego do rico artesanato brasileiro e a diversidade de materiais para escala industrial, além do uso sustentável dos materiais e valorização da mão de obra, com respeito às normas ambientais. ⇢ *The purpose of the project was to develop a footwear with interchangeable accessories in different versions: proper shoes or open in the toes, for protecting feet and as a fashion accessory. To meet the plurality of the global market, with different standard of measures and tastes, to supply demand for constant renewal of fashion accessories, reconcile employment with the rich Brazilian craftmanship and the diversity of materials for industrial scale, not to mention the sustainable use of materials and enhancement of the workforce regarding the environmental regulations.*

EMBALAGENS MATURI, 2011

Empresa *Company* Maturi
Cidade *City* São Paulo/SP
Design 100% Design

Era preciso atingir o público-alvo diferenciado sem perder a sofisticação do layout. O projeto envolveu uma cor central para identificação do produto e marca, que é o azul, e para cada especificidade há uma cor diferente para rápida identificação da função e foco do produto. O design desenvolvido conta com letras grandes que facilitam a leitura e as cores vibrantes se destacam na gôndola, apropriado para o público de idade avançada. ⇢ *The need to reach a unique target audience without losing the sophistication of the layout. The project involved a central color to identify the product and the brand. The color blue was our choice and for each kind of function there is a different color to allow quick identification. The design has large letters for easy reading and the vibrant colors stand out in the shelf, both choices are suitable for a public of advanced age.*

NESTLÉ FARINHA LÁCTEA – EDIÇÃO ESPECIAL, 2014

Empresa *Company* Sweet & Co
Cidade *City* Porto Alegre/RS
Design Isabela Rodrigues, Mariana Ikuta, Natália Trarbach
Foto *Photo* Isabela Rodrigues

O design das latas promocionais colecionáveis da Farinha Láctea Nestlé teve como objetivo criar um vínculo emocional e colecionável para o consumidor, fazendo com que a embalagem seja reutilizada de forma criativa e decorativa. A marca procurou conversar com o público diverso e utilizar frases de apoio e sucesso nesse diálogo, e também explorar a base dourada para destacar e trazer a riqueza necessária ao produto. ⇢ *The design of promotional collectible cans for the Nestlé Flour Gruel (Farinha Láctea) had the objective to create an emotional bond with the customer by offering a collectible item that could be reused for decorative purposes. The company sought to speak with a diversified public and use their supporting phrases in the design. The label is in gold to highlight the nutritional richness of the product.*

PROJETO BOTIÁ – NINHO PARA ALIMENTOS, 2015

Empresa *Company* Materia Brasil
Cidade *City* Rio de Janeiro/RJ
Design Manuela Marçal Yamada, Natalia Chaves Bruno

A função primária do projeto Botiá é oferecer uma forma de embalar que proteja os alimentos de possíveis impactos e os consequentes danos causados pelo mesmo. Além disso, as embalagens foram projetadas de forma a atrair a atenção do público no ponto de venda, sendo empilháveis formando um desenho. No desenvolvimento das embalagens e do material, todo o processo de produção foi pensado para ser *open source* e de baixo custo, de forma que qualquer pessoa tivesse acesso às embalagens. ⇢ *The primary function of the Botiá project is to offer a way of packaging that protects food from the possible impacts and consequential damages. Moreover, the packages were designed for attracting the public's attention at the sales point, also being stackable forming a design. In the development of the packaging and materials, all the processes of production were thought to be an open source and low cost, so any person could have access to these packages.*

PROJETO SAGÊ, 2014

Empresa *Company* Gráfica RN Econômico
Cidade *City* Natal/RN
Design João Dias De Oliveira, João Paulo Kikumoto, Bernardo Torquato, Hailton Gazzaneo
Foto *Photo* Sandra Puente

O design das embalagens foi desenvolvido para dar vazão à produção de gergelim oriunda da agricultura familiar dos municípios de Lucrécia e Marcelino Vieira, ambos na região do alto oeste do Rio Grande do Norte. O objetivo foi reforçar a importância do design como elemento transformador. Apresentar solução para um problema e proporcionar geração de renda às comunidades carentes através da produção e comercialização de alimentos saudáveis. ⟶ *The design of the package was developed to give a flow to the sesame production coming from family-based agriculture in the municipal areas of Lucrécia and Marcelino Vieira, both in the far west region of the state of Rio Grande do Norte. The purpose was to reinforce the importance of design as a transforming element, as well as to find the solution to a problem and offer an income generator to the poor communities through the production and marketing of healthy food.*

LEMON WINE BAG, 2015

Empresa *Company* Bold°_a Design Company
Cidade *City* Rio de Janeiro/RJ
Design Leo Eyer, Fábio Gaspar

A Lemon Wine Bag é uma bolsa de silicone especialmente concebida para o transporte de vinhos e champagnes. O desafio foi criar algo inteiramente inovador a partir de uma inspiração extremamente popular e repleta de brasilidade, sem esquecer, é claro, de fazer essa transposição a um universo de produção seriada para consumo, com design e fabricação com padrão internacional. ⟶ *Lemon Wine Bag is a silicone bag, especially conceived to carry wine and champagne. The challenge was to create something completely innovative based on the extremly popular inspiration and full of essential parts of Brazilian spirit, not forgetting, of course, to make the transposition to the universe of serial production of international standard design and manufacturing.*

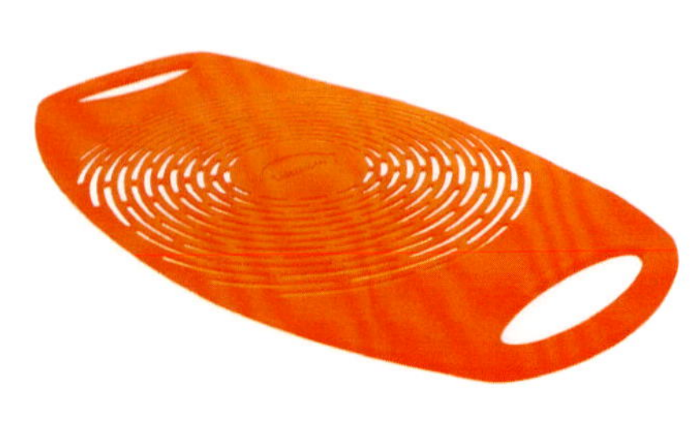

EMBALAGEM SABONETES E SABONETEIRA, 2013

Empresa *Company* Design Possível
Cidade *City* Florianópolis/SC
Design Jessica Celeski
Foto *Photo* Sandra Puente

Este projeto teve como objetivo agregar valor aos sabonetes artesanais com ervas terapêuticas produzidos pela comunidade indígena Mbya guarani do Morro dos Cavalos, em Palhoça, Santa Catarina, representando os aspectos estéticos e simbólicos desta cultura. Foi utilizada metodologia colaborativa da empresa e projeto de extensão Design Possível para o desenvolvimento do projeto. Os dois formatos definidos para os sabonetes artesanais Kunhangue Rembiapó e suas embalagens individuais contêm grafismos em suas laterais que representam abstração de dois elementos: o coração e a cobra jararaca. Ambos possuem significado simbólico para a cultura Mbya guarani. O utilitário em cerâmica pode servir como suporte para utilizar o próprio sabonete, sendo embalado em um kit de edição limitada, com a intenção de possibilitar mais uma fonte de renda para as artesãs da aldeia. Como fontes de inspiração foram utilizados alguns motivos da cerâmica guarani tradicional, que simbolizam a água de maneira geral, elemento essencial para o uso do sabonete. A alternativa representa formalmente o movimento da água, sua fluidez e suavidade. → *This project had the objective to add value to the handmade soaps produced with therapeutic herbs by the indigenous community Guarani Mbya at the Morro dos Cavalos, Palhoça, Santa Catarina, representing the asthetic and symbolic aspects of their culture. For project development, a collaborative methodology was adopted as well as the extension project Design Possível. We defined the formats for the handmade soaps Kunhangue Rembiapó and the individual packages with graphics representing two abstract elements: the heart and the Jararaca snake, both symbols in the Guarani Mbya culture. The ceramics appliance can serve as a holder for the soap and they are packed in a kit, on limited edition, aimed to get one more source of income for the village craftswomen. We used some traditional motifs of Guarani ceramics as inspiration. They symbolize water, an essential element for using the soap. The alternative symbol represents the water movements, its fluidity and serenity.*

CARTILHA — VAMOS COMBATER A ALIENAÇÃO PARENTAL, 2014

Empresa *Company* Associação Brasileira Criança Feliz
Cidade *City* Ivoti/RS
Design Rodrigo Borba Gondim, Victor Garcia, Rebeca Prado

Concepção de projeto gráfico e diagramação de uma cartilha educativa de orientação para pais e escolas tratando da alienação parental, que ocorre quando há briga entre os pais ou responsáveis, após uma separação, trazendo transtornos para a vida da criança. Além da criação da cartilha, também foi desenvolvido um vídeo-resumo totalmente em animação 2D, explicando o que é alienação parental. → *The conception of the graphic project and the typesetting of the educational booklet for parents and schools guidance with the theme parental alienation, which occurs when there is a estrangement between the parents or legal guardians and children, after their separation, causing trouble in the lives of the children. In addition to the booklet, a video was also developed with a 2D animation explaining what parental alienation is.*

FAMÍLIA DE RÓTULOS DE CERVEJA, 2014
Empresa *Company* Firmorama Serviços de Design Gráfico
Cidade *City* Jaraguá do Sul/SC
Design John Karlo Karger, Jackson Roberto Peixer
Foto *Photo* Black House

Contar por meio dos símbolos as histórias que envolvem cada cerveja e também identificar por meio de cores, nomes, símbolos e quais são os tipos e estilos de cerveja. ⟶ *Telling stories through symbols involving each beer, identifying them by color, name, symbol, type and style.*

COLEÇÃO ADÉLIA – DESIGN EDITORIAL, 2010/2011/2012
Empresa *Company* WG Produto
Cidade *City* São Paulo/SP
Design Wanda Gomes
Foto *Photo* Estúdio Flux

Tornar o livro atraente e desafiador para o público com diferentes níveis de percepção visual. Manipular todos os itens do projeto gráfico trabalhando a percepção com vários sentidos. ⟶ *To make the book more appealing and challenging to a public with different visual perception levels, handling all the items of the graphic design toward what we perceive with all of our senses.*

COLEÇÃO IDENTIDADE VISUAL, 2008

Empresa *Company* Corrupiola Experiências Manuais
Cidade *City* São José/SC
Design Leila Lampe, Aleph Ozuas

Produtos diferenciados relacionados a cadernos, cadernetas, papéis de carta, caixas, são fabricados manualmente, em série, mas com nenhuma interferência industrial. ⇢ *Unique products related to notebooks, booklets, stationery and boxes, are produced manually, in a series, without any industrial interference.*

AMIGOS DO PLANETA – JOGO, 2014

Empresa *Company* Centro Universitário Unifafibe
Cidade *City* Bebedouro/SP
Design Májore Stefaneli, Sandra Sara Gimenes, Vinícius Kol de Lima, Bethanya Graick Carizio

O produto destina-se a uso coletivo por se tratar de um jogo de tabuleiro, com até 6 participantes simultâneos. Tem por objetivo, instigar e despertar o interesse da criança para a preservação e conciência ambiental. ⇢ *The product is intended for collective use as a board game, for a maximum of 6 simultaneous participants. The purpose is to stimulate the interest of the children to preserve the environment.*

AQUI JOGA – UM INSTRUMENTO DE COMBATE À DENGUE E CONSCIENTIZAÇÃO AMBIENTAL, 2013

Empresa *Company* Alunos do Curso de Design da Unifafibe
Cidade *City* Bebedouro/SP
Design Flávio Rodrigo Borsato, José Candido de Souza Neto, Alex Geraldo dos Santos, Bethânya Graick Carizio

Aqui Joga, um jogo de tabuleiro educativo para crianças e adolescentes com a finalidade de informar sobre procedimentos relacionados à prevenção ao vírus da dengue e também à conscientização ambiental. Tem como função social a prevenção antiepidêmica, um caráter educativo e lúdico. → *Aqui Joga is an educational board game for children and teenagers aiming to inform on the steps for preventing a dengue virus outbreak as well as to promote environmental awareness. The educational and recreational game has the social function of preventing the epidemic of dengue.*

CARRETA BORÓ,2012

Empresa *Company* Estúdio Baobá
Cidade *City* Rio de Janeiro/RJ
Design Gabriela Vaccari, Augusto Seibel, Felipe Rangel
Foto *Photo* Pedro Loreto

Reaproximar pais e filhos por meio de um produto para uso externo. Proporcionar às famílias brasileiras uma forma diferente e lúdica de transportar crianças e objetos nas redondezas de casa, incentivando atividades ao ar livre retomando práticas simples e ancestrais. → *A product for external use can reconnect parents and children, giving Braziian families a different and playful way to transport children and objects around the house and encouraging outdoor activities that allow for a return to simple and ancestral practices.*

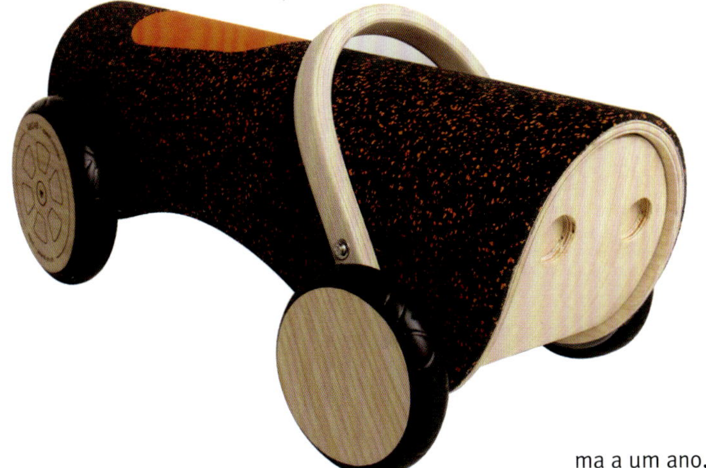

CARRETA TERECO, 2012

Empresa *Company* Estúdio Baobá
Cidade *City* Rio de Janeiro/RJ
Design Gabriela Vaccari, Augusto Seibel, Felipe Rangel
Foto *Photo* Pedro Loreto

O produto é destinado a crianças pequenas com idade próxima a um ano, na fase em que começa a se equilibrar e a descobrir o mundo à sua volta. Inspirado em brinquedos ancestrais e carros alternativos dos anos 1950. Proporciona brincadeiras diversas enquanto a criança desenvolve a coordenação motora e o equilíbrio necessários para os primeiros passos. ⇢ *The product is designed for small children around 1 year of age, at the stage in which they start to balance themselves and discover the world around them. Inspired by traditional toys and alternative cars of the 1950's, it can offer different kinds of plays as the child develops the necessary motor coordination and balance for the first steps.*

TAMPAS DE REÚSO CLEVER CAPS, 2013

Empresa *Company* Clever Pack
Cidade *City* Rio de Janeiro/RJ
Design Claudio Patrick Vollers e Henry Suzuki
Foto *Photo* Sandra Puente

As Tampas de Reúso foram desenvolvidas para selar frascos para a primeira utilização e após o uso, como um desvio de função, permitindo a sua utilização para a montagem de vários objetos, não necessariamente aqueles inicialmente programados para ele, mas proporcionar experiências divertidas e criativas. Seu design construtivo permite combinações como uma peça de Lego, aumentando as possibilidades de uso. O projeto também contribui para o ambiente, utilizando materiais reciclados, ajudando assim a reduzir o descarte como lixo e poluente. ⇢ *The reused caps were developed to seal jars for first use and after use, as a function deviation allowing their use for assembly several objects not necessarily the ones initially programmed for it, but providing amusing and creative experiences. Its constructive design allows combinations like a Lego piece, increasing the possibilities of use. The project also contributes to the environment using recycled materials, thus helping to reduce the disposal like waste and pollutantes.*

VOLKSWAGEN UP!, 2014

Empresa *Company* Volkswagen
Cidade *City* São Bernardo do Campo/SP
Design Marco Antonio Pavone
Foto *Photo* Sandra Puente

O design do up! foi especialmente concebido para o público jovem, com fortes elementos dessa identidade. Um carro democrático, com visual moderno e divertido, acessível a todos. Ele estampa um belo sorriso na parte frontal, suas linhas minimalistas e atemporais trazem um novo conceito ao design da marca com detalhes externos em *chrome effect* e faróis com máscara escurecida. O interior foi projetado para proporcionar conforto com ergonomia. O up! é o primeiro veículo produzido no Brasil a atingir a nota máxima em segurança para adultos e crianças pelo Latin NCAP, entidade especializada em segurança automotiva da América Latina. O projeto foi elaborado pelo brasileiro Marco Antonio Pavone, designer de exterior que trabalha nos estúdios da marca em Wolfsburg, Alemanha. A versão conceitual inédita do up! em exposição nesta Bienal Brasileira de Design foi desenvolvida pela área de Design da Volkswagen do Brasil. ⇢ *The concept of the Up! car was especially designed for targetting the young public using strong elements of this public identity. It is a democratic car with a modern and cheerful look, accessible for all. With a nice smile in the front, minimalist and timeless lines, it shows a new design concept with external details in chrome effect and headlamps with darkened mask. The interior was designed to offer comfort and ergonomy. The Up! car is the first vehicle produced in Brazil to get the max grade in the safety item for adults and children by the Latin America NCAP, specialized body in automotive safety for the continent. The project was drawn up by the Brazilian exterior designer Marco Antonio Pavone, who works at the Volkswagen studios in Wolfsburg, Germany. The Up! concept version on display in this Brazilian Design Biennial was developed by the area of design at Vokswagen do Brasil.*

BICICLETA NUVENZINHA DE BRASÍLIA

Empresa *Company* Commute Bike Studio
Cidade *City* Brasília/DF
Design Samuel Haddad
Foto *Photo* Sandra Puente

O design da Nuvenzinha vem atender um nicho de Mercado, principalmente pelo vínculo emotivo que os moradores de Brasília têm com o produto. O projeto trouxe melhorias em sua estrutura e na aplicação gráfica, que remete a símbolos turísticos e históricos de Brasília. ⇢ *The design of the Nuvenzinha attends to a market niche, mainly because of the emotional bond that Brasília inhabitants had developed for this product. The project had improved the structure and the graphic application that refers to Brasília touristic and historical symbols.*

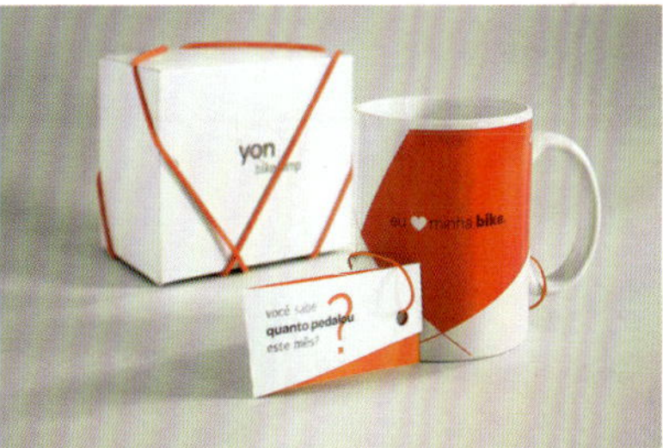

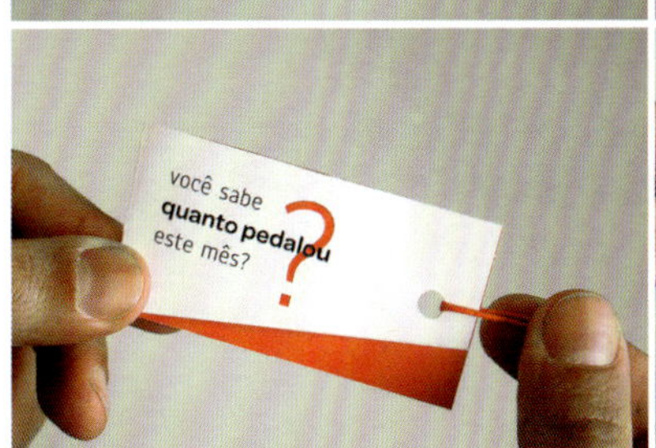

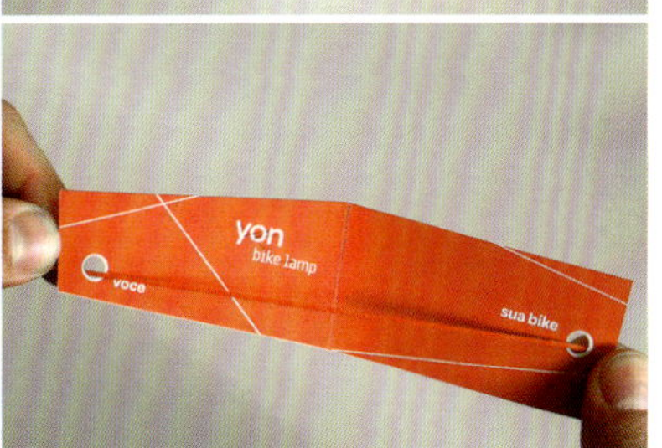

YONBIKELAMP, 2014

Empresa *Company* Nastek
Cidade *City* Campo Grande/MS
Design Equipe Saad Branding+design
Foto *Photo* Lucas Saad, Isabela Nishijima, Carlos Bauer, Renan Ferreira

Sinalizador luminoso e rastreador para bicicletas com funções para acompanhamento de performance, acrescentando um sentimento maior de segurança. ⇢ *Indicator lamp and bicycle tracker with function for performance follow up, providing to the bikers a feeling of greater safety.*

ODONTOPORTÁTIL, 1999

Empresa *Company* Olsen Indústria e Comércio S/A
Cidade *City* Palhoça/SC
Design Equipe P&D Olsen

O Odontoportátil é um equipamento odontológico simples e ao mesmo tempo completo. Sua instalação é extremamente fácil, necessita apenas de um ponto de energia elétrica, dispensando as necessidades de um consultório odontológico padrão como instalações de água, ar e esgoto. Além da cadeira, acompanha um compressor e um mocho. Por estes motivos, o Odontoportátil é certificado pela Otan (Organização do Tratado do Atlântico Norte, com cerca de 25 países) e pelas Forças Armadas Brasileiras, pois pode ser utilizado em locais isolados e de difícil acesso, como regiões de mata, ribeirinhas, indígenas, dentre outras. ⇢ *Odontoportátil (portable dental care lab) is simple dental care equipment and at the same time, complete. Its installation is extremely easy, and it requires just an eletrical power output, with no need to install water, air and sewage colletion systems as in a standard dental care facility. In addition to the chair, there are also a compressor and a stool. Because of that, the Odontoportátil is certified by Nato (North Atlantic Treaty Organization, that gathers around 25 countries) and by the Brazilian Armed Forces, since it can be used at isolated and difficult to access areas, like forests, rivernines and indigenous regions, among others.*

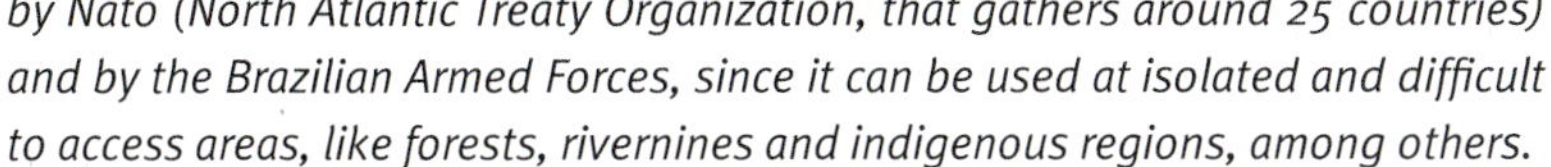

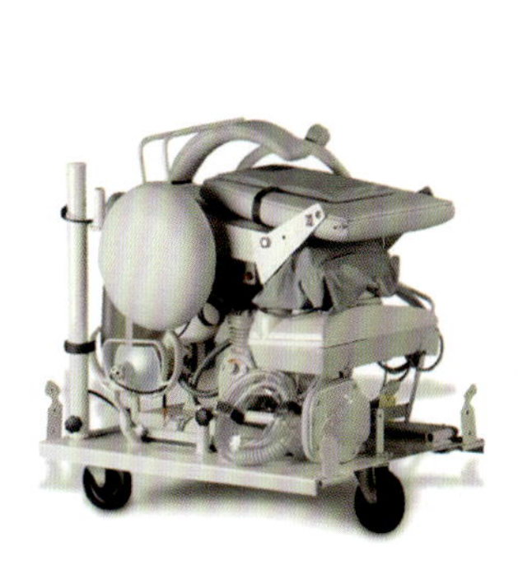

COLEÇÃO HISTÓRIAS DE BAIRROS DE BELO HORIZONTE, 2012

Empresa *Company* Arquivo público da cidade de Belo Horizonte
Cidade *City* Belo Horizonte/MG
Design Gustavo Greco, Tidé, Fernanda Monte-Mor, Ana Luiza Gomes, Bruno Nunes, Dani Pires, Ludmila Hinkelmann, Flávia Siqueira, Eduardo Almeida

A Coleção conta a história da capital de Minas Gerais para as crianças de classe C e D de escolas públicas. O projeto gráfico baseou-se na estética de livros de registros, utilizando recortes de imagens, ilustrações e elementos manuais. Foi definida uma paleta de cores e eleito o elemento mais significativo de cada região, o qual foi transformado em um padrão gráfico para cada volume. Os Cadernos didáticos são destinados a professores da rede pública. ⇢ *The Collection tells the history of the capital of Minas Gerais for children of C and D classes studying in public schools. The graphic project was based in the aesthetics of record books using cutout images, illustrations and manual features. A palette of colors have been established and the most significant element of each region was chosen. These elements were transformed into a graphic pattern for each volume. The textbooks are made for teachers of public schools.*

BRASIL ORIGINAL: ARTESANATO AMAZONAS CATÁLOGO DE PRODUTOS REGIÃO NORTE, 2012

Empresa *Company* FUCAPI
Cidade *City* Manaus/AM
Design Emmanuelle Cordeiro, Hinayana Pinto, Iuçana Mouco, Marcela Sarah F. Farias, Michelle Costa de Lima

O Catálogo de divulgação dos produtos de artesãos amazônicos apresenta o resultado de treinamentos e consultorias para mais de 100 pessoas em Manaus e outros municípios do estado. O projeto de iniciativa do Sebrae Amazonas tinha como meta a preparação e treinamento dos artesãos para a Copa de 2014 e adequação de seus produtos para atender visitantes durante o evento mundial, um mercado diferenciado com um público-alvo diversificado. ⇢ *The Catalogue for promoting Amazonian craftspeople products presents the result of training courses and consultancy for more than 100 people in Manaus and other municipalities of the state. An initiative of SEBRAE Amazonas, the project aimed at preparing and training craftspeople for the 2014 World Cup to adapt their products to the specific needs of the visitors during the world event.*

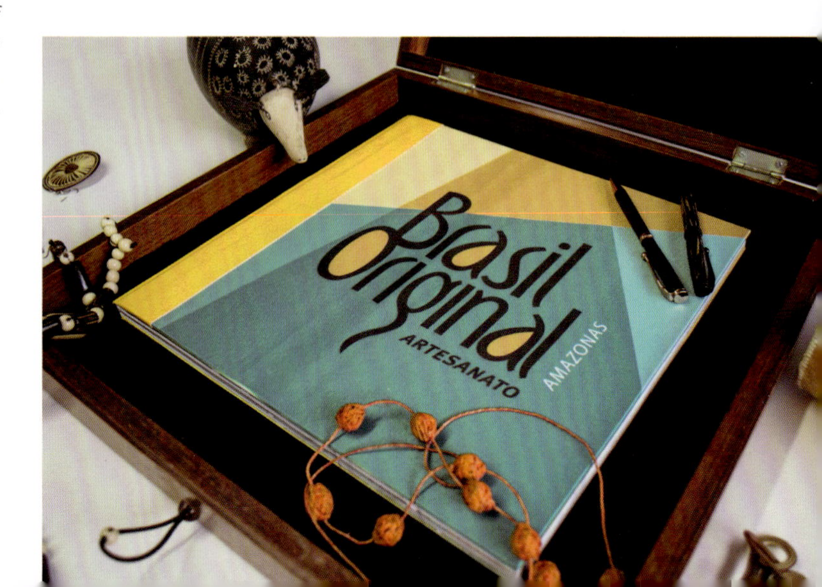

PROGRAMA DE IDENTIDADE VISUAL – GESTCOM, 2014

Empresa *Company* Gestcom – Laboratório de Gestão do Comportamento Organizacional
Cidade *City* Belém/PA
Design Rodrigo Gondim, Victor Garcia

Criar um sistema visual que pudesse estar nivelado com a importância do projeto e que, além disso, conseguisse traduzir visualmente as atividades do Gestcom. A identidade consistiu nas guias de aplicações para a nova logomarca e a papelaria (papel timbrado, cartões de visita, pasta, envelope, cheque e A4). Tivemos o desafio de compreender a essência do laboratório e trazer para a identidade a forma sistemica como eles enxergam, atuam e modificam os ambientes corporativos. ⇢ *The objective was to create a visual system that could be at the level of the project's importance and, in addition to that, how we could translate visually, the GESTCOM activities. The identity consisted of guides for implementing the new logo and stationery (letterheads, business cards, folders, envelopes and A4). Our challenge was to understand the laboratory's nature and bring to the project the systemic way that they see, act and modify the corporate environments.*

BRANDING ARTRIO, 2011

Empresa *Company* Bex Feiras e Eventos Culturais
Cidade *City* Rio de Janeiro/RJ
Design Claudia Gamboa, Ney Valle, Juliana Altoé, Ana Montenegro, Carolina Paredes, Beatriz Leite, Juliana Leite, Paulo Paixão, Silvana Oliveira
Foto *Photo* Marcelo Coelho

A ArtRio surgiu em 2011 com a meta de ser a melhor e a maior feira de arte da América Latina. E, na busca por uma identidade com essência carioca e porte internacional, a inspiração veio dos calçadões de pedra portuguesa da orla, ícones do Rio. Na marca, duas fontes especialmente desenhadas contrastam, mas criam uma combinação única: arquitetura e natureza, gente e tecnologia, preto e branco. O "R" é a base do padrão exclusivo: o calçadão ArtRio. ⇢ *The ArtRio was established in 2011 aiming to be the best and the biggest art fair in Latin America. In search for an essentially "carioca" identity but able to host international events, the inspiration came from the famous mosaic sidewalk made of "Portuguese Stones" in the waterfront. It is an icon of Rio. In the mark, two fonts especially designed, contrast, but create an unique combination: architecture and nature, people and technology, black and white. The "R" is the base of the unique pattern: the ArtRio sidewalk.*

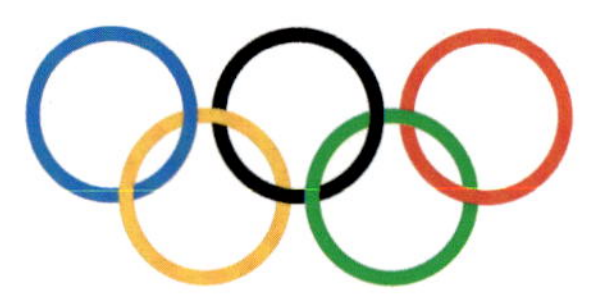

MARCA OLÍMPICA RIO 2016, 2010

Empresa *Company* Comitê Rio 2016
Cidade *City* Rio de Janeiro/RJ
Design Tátil Design de Ideias

O projeto conceitual da marca olímpica busca representar todos os povos, de todas as idades e habilidades, por isso é uma marca em três dimensões. O grande desafio foi representar o povo do mundo todo, de todos os continentes e fazer com que os atletas de todas as modalidades esportivas se sentissem identificados com a marca. Ela se propõe a ser uma marca para se experimentar, podendo ser aplicada como esculturas pela cidade, aberta a interações do público. ⟶ *The Olympic Brand conceptual design tries to represent all people, of all ages and skills, thus a three-dimensional image. The biggest challenge was to represent people from all countries and continents in the world, and show something that the athletes of all sports could identify with. The brand is intended to be accessible to public interaction and can be used as a sculpture all over the city.*

CINEMA NO RIO, 2010

Empresa *Company* Cinear
Cidade *City* Belo Horizonte/MG
Design Mariana Hardy, João Marcelo Emediato, Juliano Augusto, Rafaela Guatimosin

É um projeto que leva o cinema para a comunidade ribeirinha do Rio São Francisco, realizado pela Cinear. Todo o equipamento é transportado em caminhão especial, sinalizado com o projeto de identidade visual produzido em diversos materiais. A linguagem gráfica foi desenvolvida com elementos comuns para a comunidade ribeirinha utilizando desenhos que valorizam a cultura local. ⟶ *It is a project to take movies to the riverine communities in the São Francisco River, carried out by Cinear. The equipment is taken in a special truck, which has the visual identity of the project made with several materials. The graphic language was developed using the communities common elements, with drawings that value the local culture.*

IDENTIDADE VISUAL DO MOVIMENTO BOA PRAÇA, 2014

Empresa *Company* Movimento Boa Praça
Cidade *City* São Paulo/SP
Design Joana Lira

O Movimento Boa Praça é um projeto paulista que mobiliza pessoas, empresas, governos e instituições para ocupar e revitalizar espaços públicos. Este projeto de identidade visual da personalidade gráfica aos eventos aproximando todos os participantes. ⇢ *The Movimento Boa Praça is a project in São Paulo that involves people, companies, government and institutions to occupy and revitalize public spaces. This visual identity project gives graphic personality to events, bringing together all the participants.*

MOEDA SOCIAL SURURU, 2013

Empresa *Company* Banco Solidário Quilombola do Iguape
Cidade *City* Santiago do Iguape/BA
Design Anna Paula Diniz, Camila Botelho

Com o objetivo de dinamizar a economia comunitária dos quilombos do Vale e Bacia do Iguape, criou-se uma nova moeda social com quesitos de segurança e controle individual das cédulas. ⇢ *With the objective to boost the economy of the quilombos communities in the Vale e Bacia do Iguape, a new social currency was created under security requirements and banknotes individually controlled.*

BUZINA FOOD TRUCK, 2013

Empresa *Company* Buzina Food Truck
Cidade *City* São Paulo/SP
Design Lili Design Studio e Tota Food Trucks

O objeto do nome "Buzina" se transforma em um ícone irreverente, com o poder de "gerar e criar" elementos, vozes e conceitos sem limites para comunicar o que a essa marca inovadora e urbana quiser. O Buzina Food Truck oferece comida de qualidade, pelas ruas de São Paulo, e tem como principal função ser um restaurante móvel, com cozinha profissional montada em seu interior e mobilidade para estar em diferentes pontos da cidade diariamente. O projeto foi desenvolvido para atender às necessidades e proporções humanas, e desenvolvido de forma customizada, de acordo com as necessidades dos experientes chefs Marcio Silva e Jorge Gonzalez, que atuam nessa cozinha móvel juntamente com sua equipe com capacidade para até cinco pessoas trabalharem simultaneamente. → *The "Buzina" is an irreverent icon, with the power to "generate and create" limitless elements, voices and concepts to communicate whatever this innovative and urban brand wants to be. The Buzina is a Food Truck offering quality food in the streets of São Paulo, in a mobile restaurant, with a professional kitchen inside the vehicle and able to move on a daily basis to different places in the city. The project was developed to meet the needs of the customers and it was customized according to the experience of the Chefs Marcio Silva and Jorge Gonzalez, who cook in this mobile kitchen together with a team of up to five people working simultaneously.*

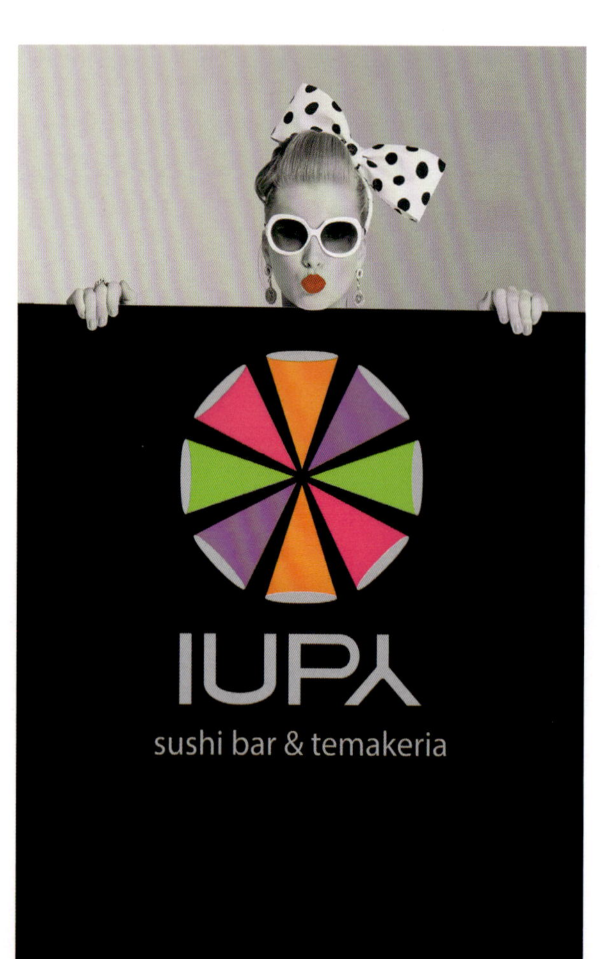

IDENTIDADE VISUAL SUSHIBAR & TEMAKERIA, 2014

Empresa *Company* Iupy Sushibar & Temakeria
Cidade *City* Praia Grande/SP
Design Marcelo Lopes

O encontro da energia brasileira descolada com a compostura japonesa e um toque da pop-art americana. Assim nasce o conceito do Iupy Sushibar & Temakeria na Praia Grande, Litoral Sul Paulista. O objetivo deste projeto de branding era criar um restaurante com ambiente mais atraente, porém para atender também a classe C, com preços acessíveis, acompanhando os da região, utilizando o design como agente transformador, atraindo o público da região e veraneio. → *A meeting of the Brazilian irreverent energy and Japanese composure plus a touch of American pop-art. This was the concept of the IUPY SushiBar & Temakeria at Praia Grande, on the southern coast of São Paulo. This branding project had the purpose of creating a restaurant with a more attractive atmosphere, but also able to cater to lower classes with affordable prices and using the design as a transforming agent, appealing for both the locals and vacationers.*

AQUÁRIO CARIOCA / SUBMARINO CARIOCA, 2007/2013

Empresa *Company* Mesosfera Produções Artísticas
Cidade *City* Rio de Janeiro/RJ
Design Gringo Cardia

Considerando o longo tempo que os pacientes e familiares passam no hospital, houve a necessidade da transformação do ambiente, tornando-o um espaço acolhedor, lúdico e agradável para crianças, adolescentes, cuidadores e profissionais de saúde. A intenção é que esse espaço possa influenciar mudanças nas práticas de produção e promoção da saúde nos hospitais públicos do Rio de Janeiro, minimizando os impactos do tratamento em todos os envolvidos. O Aquário Carioca se propõe a ambientar de forma cenográfica os espaços de oncologia pediátrica dos hospitais públicos do Rio de Janeiro. ⟶ *Considering the long hours patients and their families spend at hospitals, a need was detected for transforming the ambience, making it friendly, fun and agreeable both for children, teenagers, and caretakers, as well as for health professionals. The purpose was to have a space able to influence the changes in the promotion of health at public hospitals in Rio de Janeiro, minimizing the impact of treatments for everyone involved in that. The Aquário Carioca intends to create scenographic spaces for pediatric oncology in the hospitals.*

RACK MÓVEL ENDOSCOPIA, 2014

Empresa *Company* Fleximedical Indústria e Comércio de Equipamentos Médicos
Cidade *City* São Paulo/SP
Design Iseli Yoshimoto Reis, Artur Kenji Utsunomiya
Foto *Photo* Sandra Puente

Rack é um mobiliário móvel específico para endoscópio, desenvolvido para movimentação rápida e eficiente de aparelhagem de alta tecnologia. ⟶ *Rack is movable furniture specific for endoscopies, developed for a quick and efficient moving of the high-tech device.*

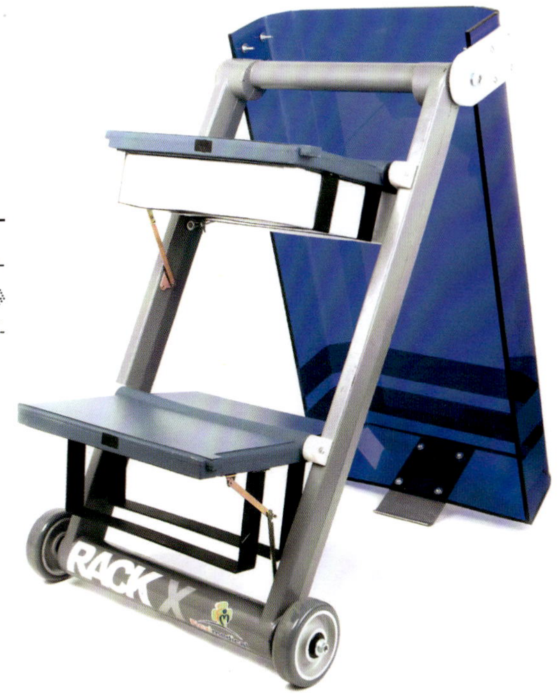

PROJETO SISTDISTA, 2006/2011
Empresa *Company* Estudio Pellanda-Ecker
Cidade *City* Curitiba/PR
Design Aleverson Ecker, Luiz Pellanda, Henrique Serbena, Paulo Dias Batista Junior
Foto *Photo* Sandra Puente

Projeto financiado pela Secretaria da Ciência, Tecnologia e Ensino Superior do Paraná. O sistema modulado e integrado de distribuição de alimentos é destinado para uso inicial da cozinha de grande porte do Pequeno Cotolengo, instituição sem fins lucrativos que abriga pessoas carentes portadoras de deficiências múltiplas. ⤳ *The project is financed by the Science, Technology and Superior Studies Secretariat of the Paraná State. The modular and integrated system for food distribution is destined for initial use in large-scale catering at the Pequeno Cotolengo, non-profit organization that gives shelter to needy people with multiple disabilities.*

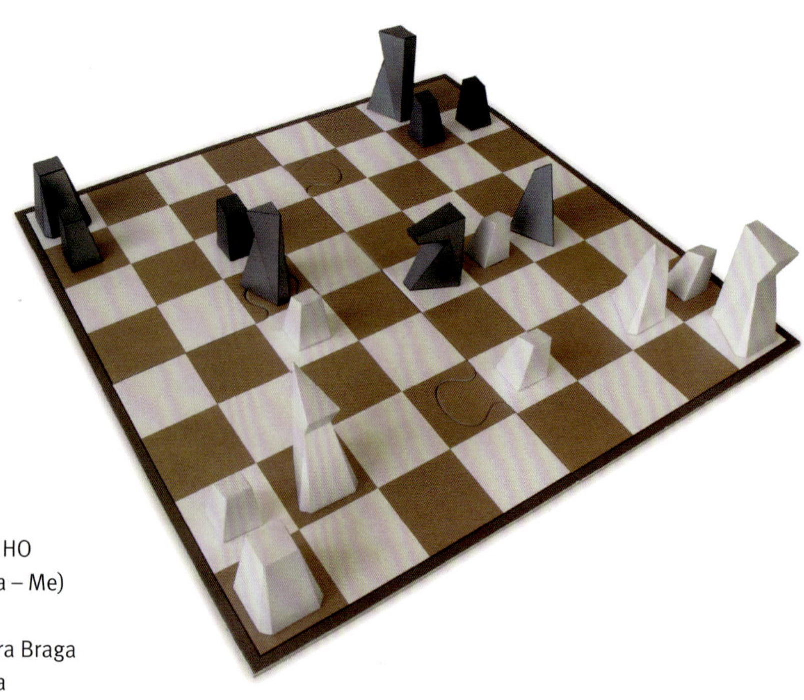

STOM, 2011
Empresa *Company* ENGENHO
(João Paulo Nogueira Braga – Me)
Cidade *City* Fortaleza/CE
Design João Paulo Nogueira Braga
Foto *Photo* Paulo Nogueira

Stom é um jogo de xadrez produzido completamente em papel e comercializado na forma de moldes bidimensionais – como os dados de papel – para montagem das peças pelo próprio usuário. Direcionado ao campo educacional, Stom aborda o processo de montagem das peças como diferencial recreativo, lúdico e pedagógico, onde o usuário assume papel ativo em sua utilização. ⤳ *Stom is a game of chess entirely produced using paper and sold in two dimensional molds – like paper dices – for the user to assemble the pieces. Positioned for the educational field, Stom, approaches the process of assembling the pieces as a recreational, fun and pedagogic principle, in which the user assumes the active role in the game construction.*

TRANSITANDO, O JOGO DO TRÂNSITO, 2014

Empresa *Company* Unifafibe
Cidade *City* Bebedouro/ SP
Design Beatriz de Paula Diniz, Camila Mattos da Silva, Caroline Marciano, Igor Santos Otávio, Bethânya Graick Carizio
Foto *Photo* Bethânya Graick Carizio

Jogo de tabuleiro educativo com a temática — Trânsito. Trata-se de um instrumento de ensino sobre as regras de trânsito, placas, situações diversas e tipos de infrações que acarretam em multas. No âmbito nacional é crescente o índice de acidentes de trânsito e acredita-se que a educação pode contribuir para sua diminuição. Este é um jogo divertido e pode ser utilizado em autoescolas, escolas regulares e no âmbito domiciliar. ⇢ *Educational board game dealing with traffic. It is a teaching aid about traffic rules, signs, showing various traffic situations and types of violations that involve penalties. The number of traffic accidents in the country is increasing, and it is believed that education can contribute for the reduction of them. This type of game is entertaining and can be used in driving schools, regular schools and at home.*

MOVE – SISTEMA DE INFORMAÇÃO AO USUÁRIO BRT DE BELO HORIZONTE, 2014

Empresa *Company* Verdi Design
Cidade *City* Porto Alegre/RS
Design José Antonio Verdi, Manuela Oliveira, Marco Chiela, Cássia Desbesel, Rafael Jungbluth, Henrique Lohmann, Mariana Rocha, Mariane Rodrigues, Matheus Sasso
Foto *Photo* Divulgação BHTrans

Identificar as necessidades dos usuários ao utilizar um sistema de transporte coletivo e traduzir estas necessidades através do design. Traduzir de forma simples e objetiva informações de um serviço essencial à população, aumentando a percepção de qualidade e seriedade no transporte público para atrair novos usuários e manter os usuários atuais. ⇢ *Identifying the customer's needs regarding the mass transit system and interpret them through design, with simple forms and objective information of this essential service for the population, the aim was also to improve user's perception of the quality and seriousness of the public transport in order to attract new customers and maintain use among current users.*

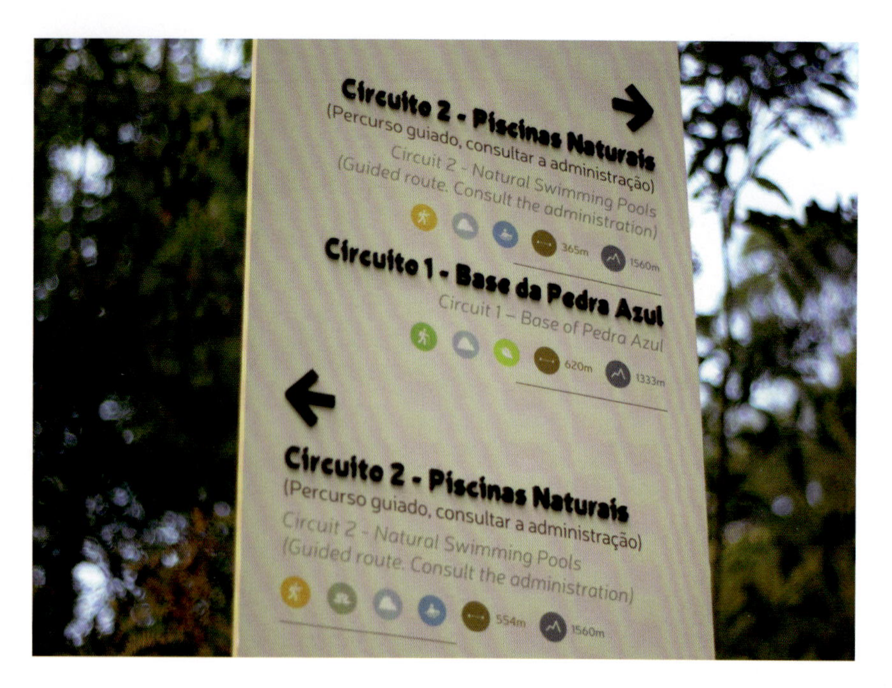

SINALIZAÇÃO DO PARQUE ESTADUAL PEDRA AZUL (PEPAZ), 2013/2014

Empresa *Company* IEMA – Instituto Estadual do Meio Ambiente e Recursos Hídricos
Cidade *City* Vitória/ES
Design ES Design (Ronaldo Barbosa, Jarbas Gomes, Felipe da Silva Gomes, Glaucio Barcelos)

A finalidade do sistema de sinalização do Pepaz foi direcionar os visitantes do parque através de circuitos e trilhas, facilitar o entendimento e fomentar o conhecimento da natureza em uma das últimas áreas de reserva de recursos naturais da Mata Atlântica no Brasil. O projeto é uma mescla do rústico (perceptível principalmente nos suportes das peças e na forma de fixação) com o moderno (dos materiais usados para garantir resistência e baixo custo às peças). ⇢ *The objective of the Pepaz signaling system was to guide visitors across the network of pathways and trails to promote the understanding and encourage awareness regarding nature in one of the last major reserves of natural resources of the Atlantic Forest in Brazil. The project combine the rustic (seen mainly in the piece holders and in the brackets) and the modern (the materials used to ensure resistance and low cost).*

SINALIZAÇÃO DO METRÔ RIO, 2013

Empresa *Company* Metrô Rio
Cidade *City* Rio de Janeiro/RJ
Design Ricardo Leite, Marcos Fontonio, Helena Guedes, Daniel Pan, Sérgio de Carvalho, Guilherme Howat

Com foco no usuário, criamos uma inteligência de fluxo sob o ponto de vista de quem usa e precisa se orientar. Sob um olhar mais amplo, estudamos os arredores das estações e mapeamos os diferentes interesses, destinos e motivações dos usuários. Partindo do princípio "Menos é mais", o sistema de informação ficou mais simples e eficiente, eliminando o excesso de placas e reduziu os custos de sinalização. "Welcome": todas as peças da sinalização tornaram-se bilíngues — os critérios de acessibilidade foram contemplados. ⇢ *Focusing on the user: we have created an intelligence of path from the standpoint of them and in their need to getting oriented. In a broader view, we have studied the surrounding areas of the stations and mapped the different attractions, destinations and motivations of the users. Using the principle of "Less is more", the information system became simpler and more efficient, eliminating the excess of signs and reducing the costs. "Welcome": all the signs are now bilingual. The accessibility criteria in the stations are also contemplated in this project.*

PROJETO VALE EM CORES – ENVIRONMENT BRANDING, 2012

Empresa *Company* Studio Ronaldo Barbosa
Cidade *City* Vitória/ES
Design ES Design (Ronaldo Barbosa, Jarbas Gomes, Felipe da Silva Gomes, Glaucio Barcelos)

O projeto Vale em Cores tem por objetivo humanizar os sites industriais da Vale. Privilegiar as questões da segurança industrial, gerar autoestima aos trabalhadores, seus familiares e terceiros, compreender que a geração de cidadania também é criada através do bem-estar visual e estético. A relação da grandiosidade arquitetônica com as pessoas que circulam tende a minimizar o homem, visto a sua diferença de escalas. Já a relação do homem com o elemento cor é uma experimentação emocional e é registrado mais rapidamente pelo cérebro por ser sensorial e espontâneo. ⇢ *The Vale em Cores project aims to humanize the Companhia Vale industrial sites, giving priority to the industrial safety concerns, generating the self-esteem of workers, their families and others, with the idea that the citizenship generation is also created through the visual and aesthetic well-being. The relationship between the architectural greatness and people's size tends to put men in an inferior position due to the difference in scale. In contrast, the relationship between men and colors is an emotional experience that is recorded quicker by the brain because it is sensorial and spontaneous.*

ESTAR URBANO MOBILIÁRIO PARA ESPAÇO PÚBLICO, 2011

Empresa *Company* Estar Urbano
Cidade *City* Fortaleza/CE
Design Laura Rios, Liana Feingol

As funcionalidades dos projetos residem em ampliar a oferta de espaços públicos e equipamentos destinados à permanência das pessoas nas ruas. É uma forma criativa de proporcionar conforto, interação social e de resgatar o prazer de caminhar pela cidade. O caminho para isso seria desenvolver projetos de intervenção que incentivem novos usos e atendam as necessidades dos pedestres, ciclistas entre outros. ⇢ *The purpose of the project is to increase the amount of space offered for public spaces and to create equipment for people to stay outside. It is a creative way to offer comfort, social interaction and find pleasure in walking through the streets. The way of doing that would be developing projects of intervention to encourage new use and address the needs of pedestrian, cyclists, among others.*

MOBILIÁRIO PARA VESPERATA DIAMANTINA, 2011

Empresa *Company* Prefeitura de Diamantina/MG
Cidade *City* Sete Lagoas/MG
Design Cristina Abijaode, Geraldo Coelho

Vesperata é um evento musical que acontece aos finais de semana na cidade de Diamantina, de acordo com a agenda programada pela prefeitura. O mobiliário foi desenvolvido para acomodar o público composto por turistas, com especial atenção aos de terceira idade. ···› *Vesperata is a musical event performed on weekends in Diamantina City, according to a schedule provided by the municipality. The furniture was developed to accommodate the public of tourists, giving special attention to the elderly.*

PARADA DO LIVRO, 2012

Cidade *City* São Paulo/SP
Design Helena Fernandes Nabuco de Abreu, Helena Paixão de Paula Aranha
Foto *Photo* Helena Aranha

O maior objetivo do projeto Parada do Livro é poder transformar as possibilidades existenciais dos indivíduos por meio do contato com a leitura. O fato de poder desenvolver a sociedade brasileira nos moveu imensamente. ···› *The main purpose of the project Parada do Livro is to be able to transform the individuals existential possibilities through the access to books. The possibility of helping the development of Brazilian society gave us a great deal of motivation.*

PARKLETS, 2013

Empresa *Company* Contain[it]
Cidade *City* Cotia/SP
Design Raoni de Araujo Tapparelli

Parklets são pequenas áreas de lazer e convívio em espaços originalmente destinados a estacionamento de carros. Este conceito representa uma oportunidade de promoção do espaço público qualificado e escasso. O projeto teve como objetivos debater com a sociedade e dialogar com o poder público as condições dos espaços urbanos, seus modos de usos e ocupação em todas as abrangências. ⇢ *Parklets are small recreational areas for socializing, originally used as parking lots. This concept represents an opportunity for converting the limited public space into quality areas. The purpose of the project was to debate with the communities and the public authority the conditions of urban spaces and the ways of occupying them for the well-being of all the citizens.*

MOBILIÁRIO URBANO CIDADE SÃO PAULO, 2013

Empresa *Company* Índio da Costa A.U.D.T.
Cidade *City* São Paulo/SP
Design Guto Indio da Costa, André Lobo, Marcos Costa, Nicholas Muller, Lyssandra Pereira, Luisa Pessoa, Till Pupak

O projeto contempla quatro tipologias que caracterizam a cidade e o estilo paulista de ser: do caos estruturado, do brutalista, do *hi-tech* e do minimalista. Dentro desses conceitos foi desenvolvido um abrigo de concreto de alta performance reforçado com fibras estruturais, material de mínima manutenção. A estrutura contrasta com a leveza dos vidros, do banco flutuante de granito e com a iluminação a LED. O banco, suspenso entre os dois pilares em duas alturas distintas, permite assento ou apoio aos passageiros e é integrado ao painel de informação digital e o painel publicitário. ⇢ *The project involved four typologies that characterize the city and its style: the structured chaos, the brutalist, the hi-tech and the minimalism. Within these concepts, a high-performance reinforced concrete shelter with structural fibers was developed using low maintenance materials. The structure stands out against the lightness of glass, the floating granite bench and the LED lighting. The bench, suspended between two pillars, in two different heights, allow passengers to sit or lean on it and is integrated to the digital information panel and the advertisement sign.*

CENTRO CARIOCA DE DESIGN, 2010
Empresa *Company* Prefeitura da cidade do Rio de Janeiro / Instituto Rio Patrimônio da Humanidade
Cidade *City* Rio de Janeiro/RJ
Design Centro Carioca de Design

O Centro Carioca de Design foi criado para desenvolver políticas públicas para o setor de design na cidade do Rio de Janeiro. A missão é aproximar os profissionais de design para uma abordagem projetual em relação à cidade, e promover a aproximação do setor público em relação ao papel fundamental do design na esfera urbana. *The Carioca Design Center was created to develop public policies for the design sector in the city of Rio de Janeiro. The mission is to bring design professionals together for a projectual approach to the city and promote the approach of the public sector in relation to the key role of design in the urban sphere.*

EQUIPMENTS FOR PERSONAL HYGIENE LEILA
BAMBOO CUTLERY MARIA CLARA
EQUIPMENT FOR WRITING GILMAR
EQUIPMENT FOR WRITING LEILA
EQUIPMENT FOR WRITING S, 2010
Empresa *Company* Centro de Vida Independente do Rio de Janeiro
Cidade *City* Rio de Janeiro/RJ
Design Renata Mattos Eyer de Araújo

Um conjunto de equipamentos para pessoas com deficiência, considerando a diversidade humana, a compreensão das singularidades e a identificação de potencialidades. *A set of equipment for people with disabilities, considering the human diversity, the understanding of singularities and the identification of potentialities.*

ANDADOR VOADOR, 2008/2012

Empresa *Company* Equiphos Sarah – Hospital Sarah Kubitschek
Cidade *City* Brasília/DF
Design Equipe Interdisciplinar do Programa de Reabilitação Infantil
Aloysio Campos da Paz Junior, Katia Soares Pinto, Antônio Cutolo, Claudio Blois Duarte, Henry M. Macário

O desafio principal do projeto é fornecer um meio de locomoção independente que favoreça a autonomia de crianças com lesão cerebral na exploração e interação com o ambiente e a sociedade. Visa aumentar a quantidade de crianças atendidas que poderiam se beneficiar com o uso desse produto. ⇢ *The intention and the main challenge of the project was to provide a means of independent mobility to foster autonomy for children with brain injury for exploring the interaction with the environment and society. It aims to increase the number of children who can benefit from the use of this product.*

ANDADOR REVERSO, 2014

Empresa *Company* Sorri
Cidade *City* Bauru/SP
Design Anthony Nicholl
Foto Anthony Nicholl

O andador desenvolvido auxilia na locomoção dos pacientes, além de proporcionar melhor equilíbrio e apoio postural. Sua estrutura é dobrável, fácil de usar e de transportar. ⇢ *This walker assists patient mobility, in addition to provide a better balance and postural support. It is foldable, easy to use and to carry.*

MARIPOSA – ANDADOR POSTERIOR INFANTIL, 2013
Empresa *Company* Universidade do Estado da Bahia
Cidade *City* Salvador/BA
Design Silvana Grappi, Paulo Selva, Felipe Favila, Ana Beatriz Simon
Foto *Photo* Paulo Selva

O Mariposa foi desenvolvido para estimular o desenvolvimento motor de crianças com paralisia cerebral, com uma construção mais simples, mais barata e de melhor desenpenho que as similares. ⇢ *The Mariposa was designed to stimulate the motor development in children with cerebral palsy. Its construction is simpler, cheaper and has a better performance than others of its kind.*

FONEMA +, 2012
Empresa *Company* Fonoaudióloga Helenise Kraemer
Cidade *City* Porto Alegre/RS
Design Grupo Criativo
Foto *Photo* Grupo Criativo

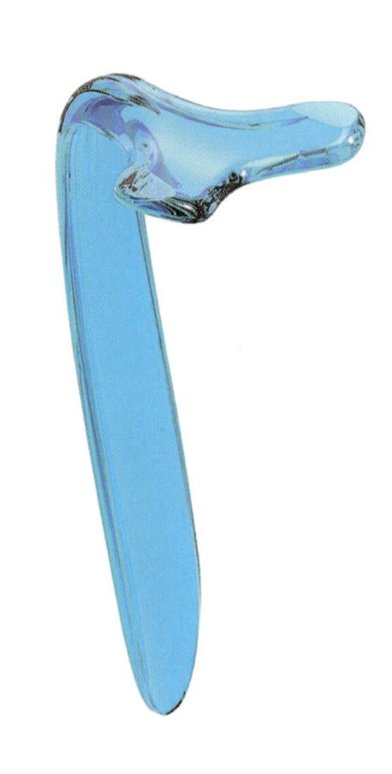

O desafio do projeto foi criar uma peça extremamente acessível, que se adaptasse ao maior número de usuários adultos e crianças de forma confortável. Destinado a auxiliar no tratamento de dificuldades de pronúncia de alguns fonemas por meio de exercícios sublinguais (r, e, s). ⇢ *The project challenge was to create an extremely accessible piece that could fit comfortably in a number of adult and children users. Intended to assist in the treatment on pronunciation difficulties of some phonemes (r,e,s) through sublingual exercises.*

COLEÇÃO DE PANELAS ORBIT, 2011

Empresa *Company* Ye Design
Cidade *City* Bento Gonçalves/RS
Design Leandro Gava, Muriele Vivian
Foto *Photo* Ye Design

Um produto de design universal, que busca a inclusão e privilegia o design para todos. Por meio do exercício de desconstrução da forma e união de linhas simétricas e assimétricas chegou-se à coleção de panelas Orbit. A coleção de panelas foi desenvolvida com foco na inclusão social dos deficientes visuais (2 milhões no Brasil, sem considerar os indivíduos com baixa visão). Com indicações em braille nos cabos com o tipo da panela e litragem na parte interna, os vincos no fundo são para encaixe na grade do fogão. ⇢ *A universal design product, in search of inclusion and design for all idea. Through the shape deconstruction exercise and the union of symmetrical and asymmetrical lines, we created to the Orbit pans collection. The focus was in the social inclusion of the visually impaired (2 million people in Brazil, without taking into account the low sight ones). The pans have directions in Braille on the handle and information about volume in liters inside it. The creases in the bottom are intended to snapping the pan into the stove grid.*

BENGALA ERLANGER, 2009

Empresa *Company* Atelier Fernando Mendes
Cidade *City* Rio de Janeiro/RJ
Design Fernandes Mendes, Roberto Hirth
Foto *Photo* Fernando Mendes

O produto tem a função de auxiliar pessoas que precisam de um leve apoio para locomoção, e o seu design possui formas simples leves e anatômicas, permitindo uma boa empunhadura. ⇢ *The function of the product is to help people who need a light support for mobility. Its design has a simple, light and anatomical shape, allowing a secure grip.*

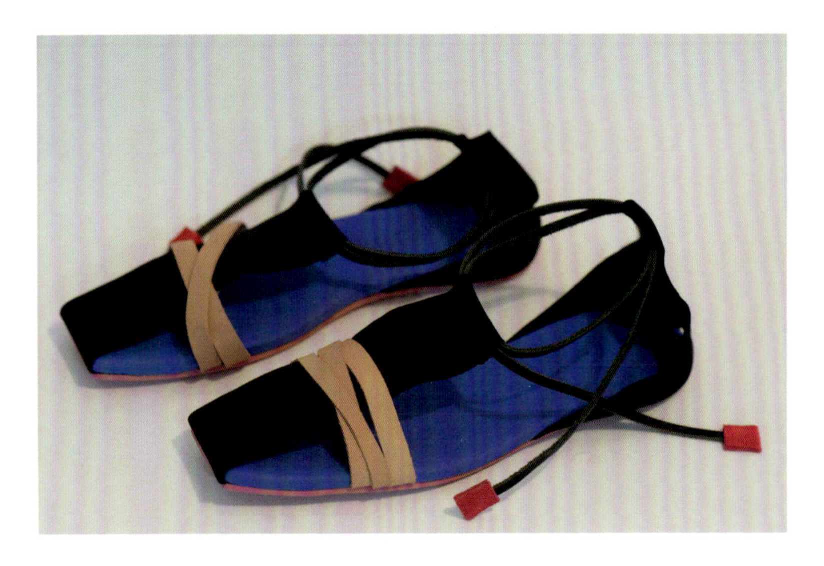

LINHA DE CALÇADOS, 2014
Empresa *Company* Frida sem Calo
Cidade *City* Brasília/DF
Design Rosângela Vieira Oliveira
Foto *Photo* Amanda Ourofino

A preocupação foi atender ao público que busca no vestuário uma maneira de demonstrar sua forma de pensamento e posicionamento cultural, além do conforto. A proposta residiu na criação de uma coleção que pudesse ser de design incomum, diferenciado, mas confortável e funcional para o dia a dia. Os maiores desafios foram de carácter técnico de montagem, para puxar o couro e modelá-lo harmoniosamente na forma. ⇢ *The idea was to offer a product to consumers who wish to show their way of thinking and cultural positioning, in addition to comfort, in their garments. The purpose was to design an unusual, unique collection, but comfortable and functional for daily life. The biggest challenge was the technical issue of assembling the shoes, especially in pulling smoothly the leather into shape.*

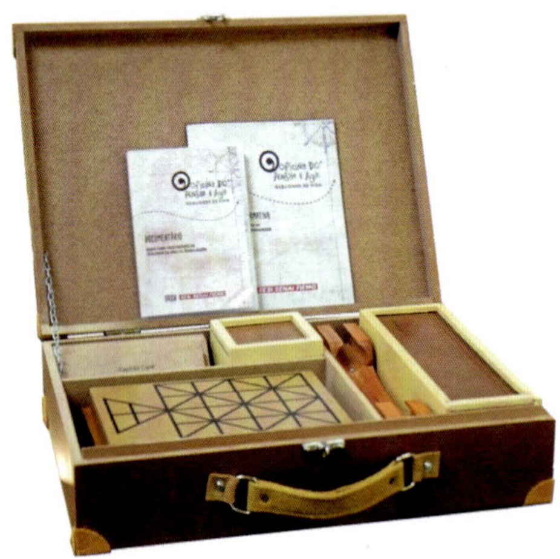

OPA – OFICINA DO PENSAR E AGIR, 2014
Empresa *Company* Origem Jogos e Objetos
Cidade *City* Belo Horizonte/MG
Design Patrícia Maria Hardy Sabino Lima, Gisele Ramos, Maurício de Araújo Lima, Marcelo Manhago

A concepção dos jogos tinha por objetivo desenvolver a capacidade cognitiva e de sociabilidade, combate ao estresse de diagnosticar perfis e competências de crianças. A OPA é um projeto que visa trabalhar a diversidade, sendo utilizado com sucesso em projeto de inclusão de crianças com necessidades especiais por meio da tecnologia assistiva de pequeno porte nas salas de recursos da rede municipal de ensino da cidade de Sabará/MG. ⇢ *The objective of the game was to develop cognitive ability and sociability, fighting stress and diagnosing children profiles and skills. The OPA is a project with the purpose of working on the diversity. It was successfully implemented in inclusion projects for children with special needs using small size assistive technology in the multimedia rooms of the city of Sabará municipal schools.*

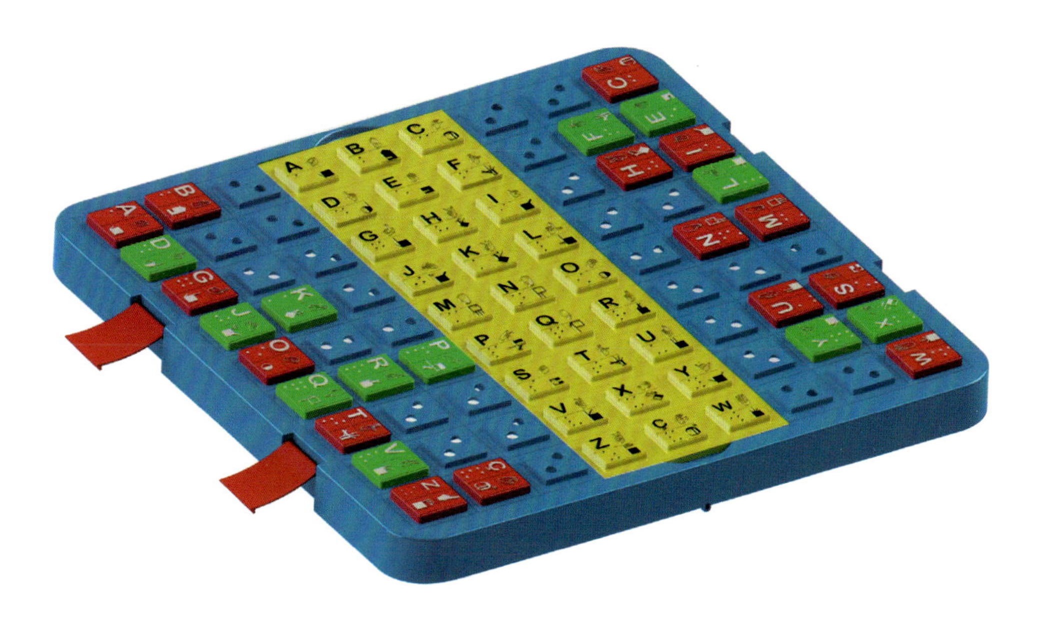

BRINQUEDO EDUCATIVO: TABULEIRO LIBRAS E BRAILLE, 2015

Empresa *Company* Shinsei Tecnologia SA
Cidade *City* Guarulhos/SP
Design Senai/SP (Mario Amato) Fernanda Moreira e Herbert Soares da Silva

Brinquedo educativo para todas as crianças com ou sem algum tipo de deficiência. A evolução do jogo se dá no conceito aprender brincando, onde cada competidor joga de forma estratégica e vai aprendendo os conceitos da régua de conteúdo do brinquedo. Acompanha vários componentes acondicionados em maleta específica. ···> *An educational toy for all children with or without any kind of disability. The concept of the game is in "learn while playing", where each competitor uses a strategy and learns the concepts of the Contents Ruler. The game comes with a specific case where the components are packed.*

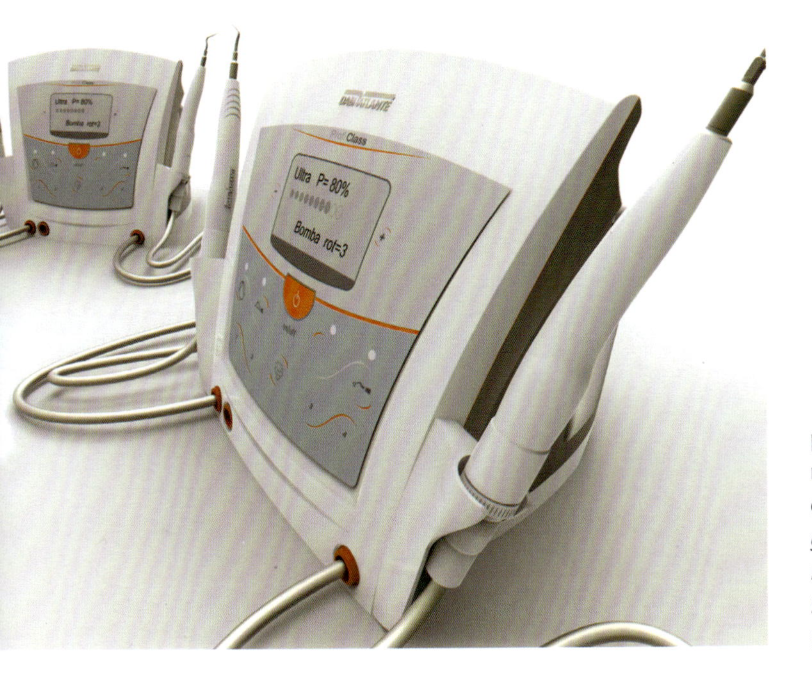

EQUIPAMENTO DE PROFILAXIA, 2005

Empresa *Company* Dabi Atlante
Cidade *City* Ribeirão Preto/SP
Design David Santos, Flávio Leonel, Fábio Fernandes

Este projeto gerou aspectos de novidade a um produto já consagrado no mercado. Nele foi melhorado sobremaneira o ângulo adequado de interface com o usuário, além de incorporar o recipiente para líquidos antissépticos. ···> *This project generated aspects of novelty for a product already available in the market. The improvements were in the appropriate angle of the interface with the user in addition to incorporating a container for the antiseptics agents.*

KIT EVO, 2013

Empresa *Company* Signo Vinces
Cidade *City* Campo Largo/PR
Design Rodrigo Dangelo

O kit EVO é destinado a cirurgias odontológicas, com ferramentas necessárias para auxiliar o cirurgião no processo de implantodontia e outros procedimentos. ⇢ *The EVO kit is designed for dental surgery and has the necessary tools for helping the surgeon in the dental implant process and other procedures.*

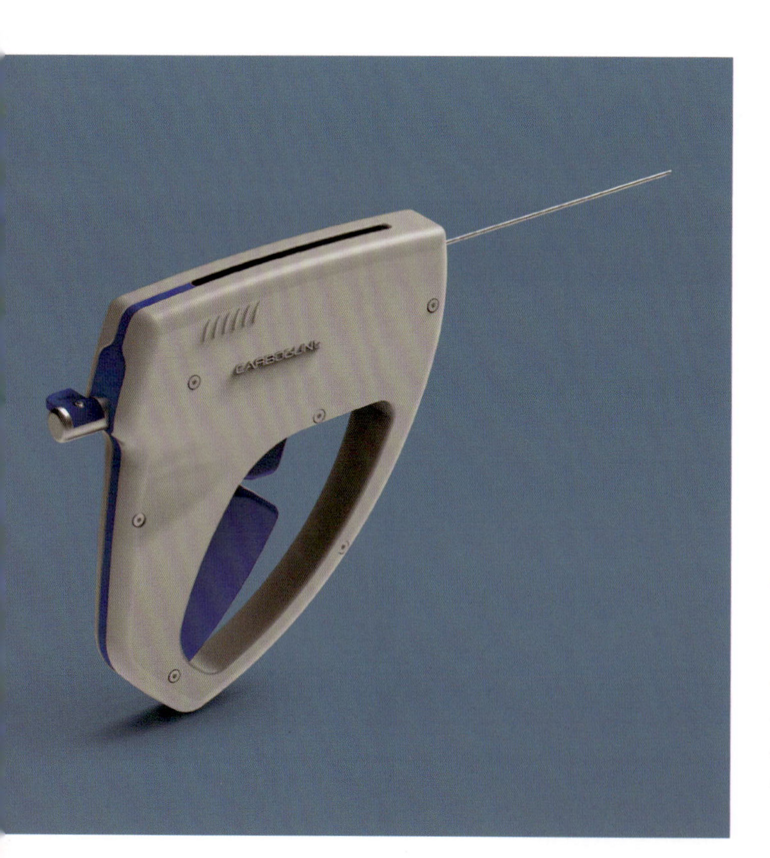

CARBOGUN, 2014

Empresa *Company* Carbogel Indústria e Comércio Ltda.
Cidade *City* São Paulo/SP
Design Senai/SP | Senai Suíço-Brasileira P. Ernesto Tolle/Guilherme Rodrigues de Carvalho, Manuel Patrício da Silva Bisneto
Foto *Photo* SENAI-SP

Dispositivo portátil para recolhimento de material para exame de biópsia, o Carbogun é adaptável a qualquer tipo de agulha disponível no mercado. O formato ergonômico permite melhor manuseio para ser operado com apenas uma das mãos, diminuindo o tempo de procedimentos. ⇢ *Portable device for collecting material for biopsy exams, adaptable to any kind of available needle. The ergonomic format allows a better handling, including the possibility of operation with only one hand, reducing the procedure time.*

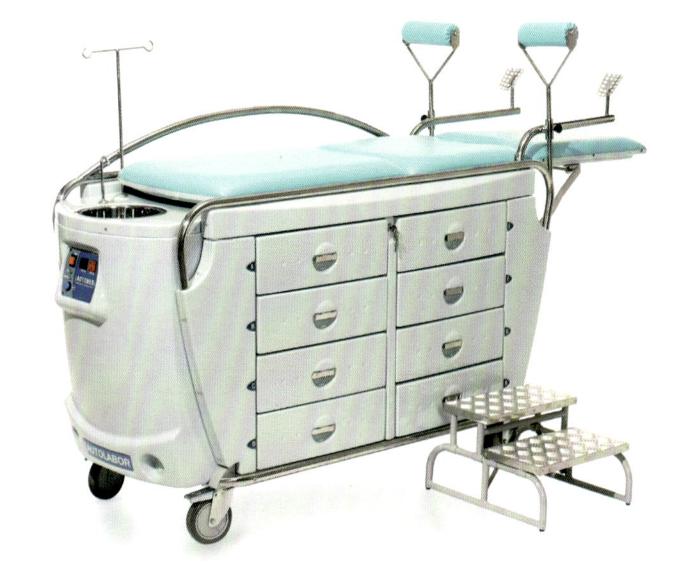

AUTOMED: AMBULATÓRIO COMPACTO MÓVEL, 2006

Empresa *Company* Autolabor
Cidade *City* Florianópolis/SC
Design Célio Teodorico dos Santos e Aldrwin Hamad

Este Ambulatório Compacto Móvel permite a realização de vários procedimentos e exames médicos de diferentes especialidades, além de pequenas cirurgias. Um dos maiores desafios do projeto foi conceber um produto versátil que pudesse ser transportado ou instalado em pequenos espaços, transformando esses locais em postos para atendimento médico. Cada gaveta possui um kit para procedimentos médicos, um tanque para água limpa e outro para água servida com capacidade de 17 litros cada, com possibilidade de ser conectado a um sistema hidráulico local. Possui ainda um *no break* com autonomia de 4 horas para ser acionado em casos de falta de energia. Houve uma preocupação com os aspectos de usabilidade focados no paciente e no médico, melhorando o conforto de ambos nas interações com o produto. O seu dimensional permite a sua passagem em uma porta de 70 centímetros. ⇢ *This compact mobile outpatient clinic make possible various medical procedures and exams in different specialties, as well as to perform small surgeries. One of the biggest challenges of this project was to design a versatile product that could be moved and installed in small spaces, transforming it into a medical station. Each drawer has a kit for medical procedures, a clear water tank and another one for waste water with a capacity of 17 liters each, with the possibility of being connected to the local hydraulic system. It has also a No Break with 4 hours of daily autonomy in energy to be activated in case of power failure. One of the concerns was the usability aspects focused in the patient and the doctor, improving the comfort of both in the interaction with the product. Its size allows its passage through a 70 cm door.*

RECIPIENTE INTERNO PARA DESPACHO DE RADIOFÁRMACO, 2012

Empresa *Company* Villas Boas
Cidade *City* Brasília/DF
Design Gamga Estúdio – Dimitri Lociks, Fabricio Bittencourt, Tiago Mundim, Marcelo Alves, Carlos Medeiros, Rogério Mourão
Foto *Photo* Dimitri Lociks

A ideia central do projeto foi reduzir os custos da embalagem para tornar o tratamento de câncer mais acessível. O projeto de design tornou a embalagem até 850% mais barata, permitindo que classes C e D possam ter acesso ao produto. As funções desse sistema são posicionar e proteger contra impactos esses blindados, além de prover, quando necessário, isolamento térmico. ⇢ *The core idea of the project was to reduce packing costs to make cancer therapy more accessible. The design reduced the costs by up to 85%, allowing people from C and D classes to get the product. The function of this system was to place and shield the product against impacts, in addition to provide thermal insulation, when required.*

BOTA 29 PREMIUM STIHL, 2013

Empresa *Company* Viposa SA
Cidade *City* Caçador/SC
Design Cassiano Driessen Pavelski

O objetivo foi desenvolver um calçado especial, de custo acessível, com qualidade necessária para as funções do público-alvo, em ambientes florestais hostis com o uso de motoserras. ⇢ *The goal was to develop a special footwear at an affordable price and quality necessary for the functions of the target audience in hostile environments forest using chainsaws.*

BANCO GAFANHOTO, 2013

Empresa *Company* Lao Engenharia e Design Ltda.
Cidade *City* Cotia/SP
Design Ciça Gorsli, Lao Napolitano

O objetivo do projeto foi desenvolver um banco com múltiplas funções e propiciar aos usuários cadeirantes momentos de lazer, recreação e descanso. A peça possui um assento, projetado para que um cadeirante possa fazer a transposição de sua cadeira de rodas para o equipamento. Uma vez sentado, ele pode debruçar-se sobre o respaldo, que têm inclinação e alças laterais que promovem conforto, segurança e facilidade para arrastar-se até o topo, proporcionando liberdade para os braços. ⇢ *The objective of the project was to develop a bench with multiple functions and offer to wheelchair user's recreation moments. The item has a seat designed for moving easily from the wheelchair to the equipment. As soon as the user is seated, he/she can lay over the backing part, which has an angle of inclination and handles on each side to provide comfort and security to help him/her to drag on to the top, with their arms free.*

MINERAL TÉCNICA – STOP E GO, 2012

Empresa *Company* Portobello
Cidade *City* Tijucas/SC
Design Luis André Silva
Foto *Photo* Sandra Puente

O conjunto de pisos podotátil foi desenvolvido para atender situações de sinalização advertiva, voltada principalmente para pessoas com diversos níveis de deficiência visual. As peças apresentam dimensões padrão, permitindo a combinação de informações específicas para cada situação, dando continuidade à linha do projeto na sua aplicação. Além do relevo apresentado para cada caso, Direcional: Siga/Go, ou Alerta: Pare/Stop, podem ser produzidos em cores contrastantes ao piso onde serão inseridos. ⇢ *The tile set was developed to meet more attentive signaling situations, mainly aimed at people with different levels of visual impairment. The pieces have standard dimensions, enabling a combination of information specific to every situation, allowing for continuity in final application. In each tiles, the raised surfaces show directionals: Follow/Go or Alert: Pause/Stop, which can be produced in colors that contrast with the floor, where they will be inserted.*

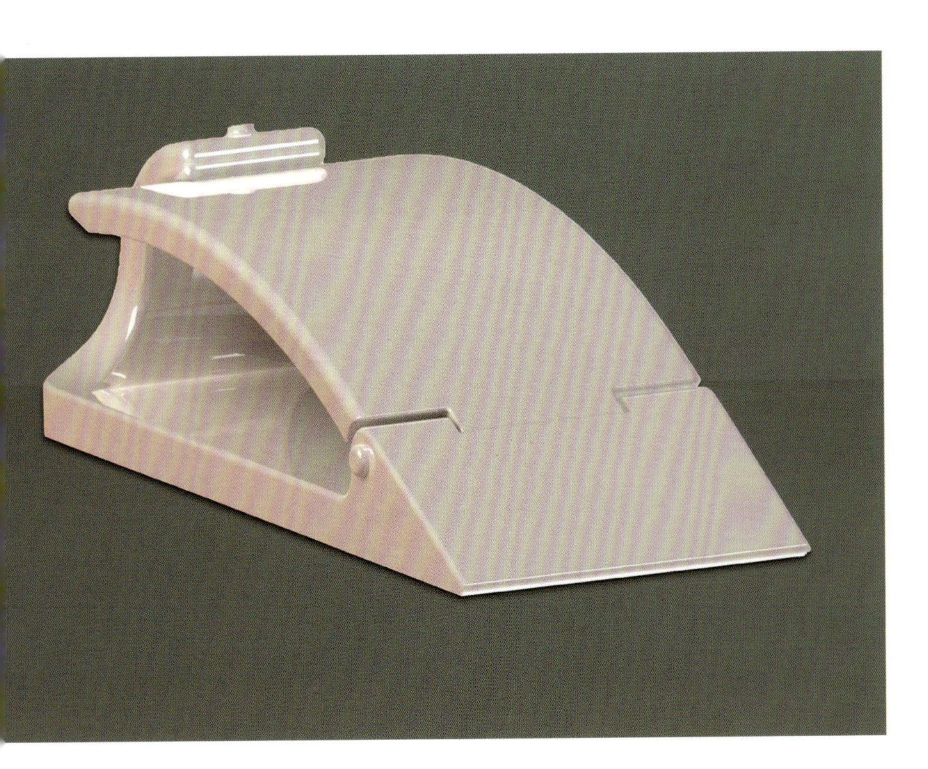

PEDAL PARA ACIONAMENTO DE VÁLVULA DE DESCARGA, 2012

Empresa *Company* Shinsei Tecnologia SA
Cidade *City* Lins/SP
Design Senai/SP | Senai de Lençóis Paulista (Aloisio Paccola)
Foto *Photo* SENAI-SP

Dispositivo mecânico para acionamento de válvula de descarga de banheiros. Pode ser adaptável em banheiros de clínicas, hospitais, públicos, escolas, rodoviárias evitando contaminação das mãos. ⇢ *Mechanical device for activating the toilet discharge valve. It is adaptable to toilets in clinics, hospitals, schools and bus stations, reducing hand contamination.*

CARRINHO ANATÔMICO/ERGONÔMICO PARA TRANSPORTE DE LIVROS, 2011

Empresa *Company* Metalpox Indústria e Comércio de Móveis
Cidade *City* Xanxerê/SC
Design Daniel Bonavigo, Rafael Antônio Calza

O projeto foi desenvolvido buscando solucionar vários problemas encontrados nos produtos disponíveis no mercado. Traz conceitos ergonômicos de usabilidade, processos de produção, montagem, manutenção e limpeza, bem como a redução na emissão de ruídos e dirigibilidade, além da adaptação de inclinação para melhor acesso aos livros, proporcionada a diversos biótipos. ⇢ *This product was designed to solve several problems found in the similar products available in the market. Ergonomic concepts for usability, production processes, assembly, maintenance and cleaning. Noise emission and drivability, inclination angle for a better access to the books and adjustment to different biotypes.*

BRANDING COLABORATIVO, PROJETO TEAR, 2013

Empresa *Company* Projeto Tear
Cidade *City* Guarulhos/SP
Design Alexandre Lopes, Caio Esteves, Ivo Pons, Isadora Candian

Construir uma marca forte que incluísse os participantes do Projeto Tear e transmitisse os valores da saúde mental, da economia solidária e da luta antimanicomial. O Projeto Tear é um projeto de inserção de pessoas com transtornos psíquicos e deficiência intelectual atendidas pelos CAPS (Centro de Atenção Psicossocial). O processo de design foi possível com a geração de uma metodologia colaborativa de branding voltada para o público da saúde mental. ⇢ *Building a strong brand to include the participants of the Project TEAR and convey the values of Mental Health of Solidarity-based Economy of the fight Anti-Manicomial, in a project to integrate people with mental disorders and mentally handicapped, assisted by the CAPS (Center of Psychosocial Attention). The design process was only possible with the approach of a branding cooperation methodology aimed for this special public.*

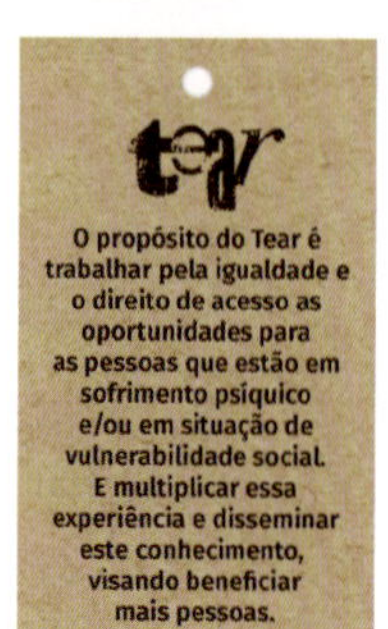

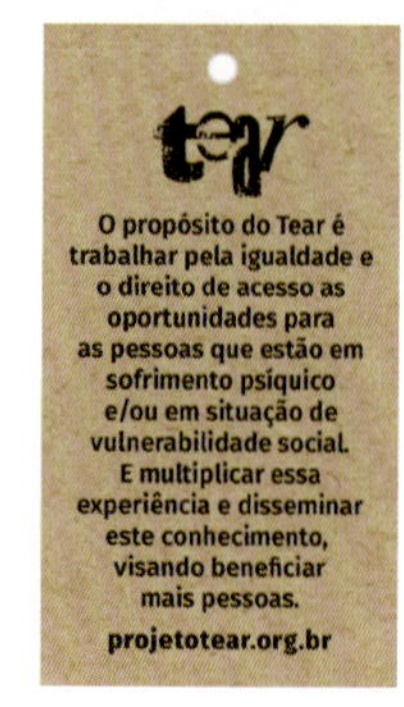

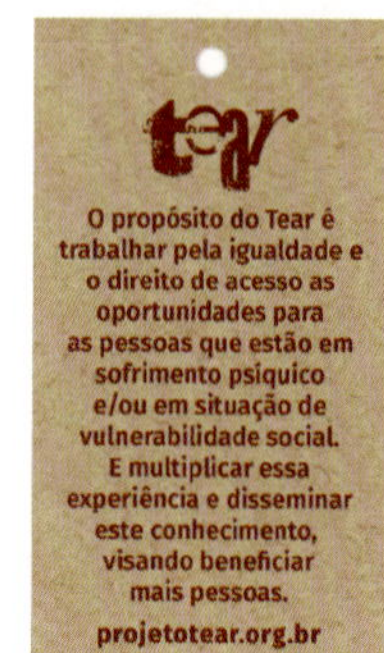

COLEÇÃO VIDA VENTO, 2013

Empresa *Company* Artecan – Associação de Artesãos e Agricultores de Canaan, Associação das Rendeiras e Bordadeiras de Mundaú
Cidade *City* Fortaleza/CE
Design Waleska Vianna, Tadashi Sawaki, Ivanildo Nunes
Foto Sandra Puente

O trabalho desenvolvido é composto por uma coleção de vestidos, blusas, batas, bolsas e acessórios. Os conceitos de design foram repassados para as duas comunidades de rendeiras de Canaan e Mundaú e o processo utilizado foi o de co-criação, no qual cada peça teve a participação e intervenção das artesãs. Nesse processo foram atendidas um total de cem artesãs. O desafio foi criar peças diferentes que refletissem a cultura cearense e o universo visual das rendeiras, com o viés da moda e o diferencial de desenhos singulares na renda de bilro. ⇢ *The work is composed of a collection of dresses, blouses, gowns, handbags and accessories. The design concept was passed on to two lacemaking communities: one in the Canaan town and the other in Mundaú. The process was the co-creation, where the work in each piece was shared by the artisans. A total of 100 artisans worked in this collection. The challenge was to create different pieces that reflect the culture of the people of Ceará State, and at the same time, the lacemakers visual universe, with the bias of fashion and the differential touch of the bobbin lace unique designs.*

IDENTIDADE VISUAL COLABORATIVA DAS ALDEIAS BIGUAÇU, MASSIAMBU E MORRO DOS CAVALOS, 2012

Empresa *Company* Aldeias de Etnia M'bya Guarani de Biguaçu, Massiambu e Morro dos Cavalos
Cidade *City* Palhoça e Biguaçu/SC
Design Isabela Sielski, Ana Cláudia Albernaz, Marília Savi Nicoladelli, Anna Paula Stolf, Pedro Brucznitski, Erica Ribeiro, Maika Pires Milezzi, Jéssic Celeski
Foto *Photo* Maika Pires Milezzi

Desenvolvimento colaborativo de marca e material de identificação e divulgação para produção artesanal com as aldeias de Biguaçu, Massiambu e Morro dos Cavalos. Identificar os produtos e projetos dessas três aldeias guaranis, representando adequadamente seus conceitos e sua cultura. Gerar marcas de qualidade que representassem as comunidades das aldeias atingidas pelo projeto de forma que todos os participantes se apoderassem dos processos de desenvolvimento de marca. ⇢ *Collaborative development of a brand, identification and dissemination of materials for production of the handicrafts for the indigenous villages of Biguaçu, Massiambú and Morro dos Cavalos. Identifying the products and projects of these three Guarani villages, and trying to express properly their concepts and culture in order to generate quality brands that would represent them in a way that all participants could access the processes of the brand development.*

VALE DAS CONQUISTAS, 2012

Empresa *Company* Ferrous
Cidade *City* Belo Horizonte/MG
Design Mariana Hardy, Luiz Felipe Bracarense,
João Marcelo Emediato, Débora Cruz, Paula Cotta

Projeto de identidade visual para uma rede de serviços e produtos da região de Brumadinho direcionada para o turismo de base comunitária. Incluiu a criação de marca, embalagens, sinalização e uniformes. Seu objetivo foi criar uma identidade que valorizasse a riqueza mineira, os valores regionais, as tradições, a afetividade e o compromisso dos participantes na confecção de produtos e prestação de serviços de qualidade. ⇢ *Visual Identity Project for the services and products network in the Brumadinho region, directed to the community based tourism. It includes the creation of a brand, packaging, signaling system and uniforms. With the purpose of developing an identity that preserves the richness of Minas Gerais, such as the regional values, traditions, and affectivity, and the commitment from the participants in making quality products and strengthen service provision.*

XAMBIOÁ, 2013

Empresa *Company* Mulheres empreendedoras do Tocantins
Cidade *City* Xambioá/TO
Design Heloisa Crocco, Fernanda Sklovsky,
Carolina D'Avila, Letícia Remião

Em parceria com o Laboratório Piracema de Design deu-se uma experiência instigante no âmbito da produçãoo artesanal brasileira: a aproximação entre designers e artesãos, visando a permanência da tradição e um salto para a contemporaneidade. ⇢ *In partnership with Laboratório Piracema de Design, a stimulating experience was carried out in the field of Brazilian handicrafts production. bringing together designers and craftspeople, for working, in one hand to the preservation of tradition and in the other, to take a leap forward contemporaneity.*

DESIGN TECNOLÓGICO

OS *MAKERS* E A MATERIALIZAÇÃO DIGITAL

TECHNOLOGICAL DESIGN – THE MAKERS AND THE DIGITAL MATERIALIZATION

A exposição Os *Makers* e a Materialização Digital pretende mostrar o estado da arte das tecnologias digitais na área de design, momento considerado por alguns autores como uma nova Revolução Industrial.

Esse novo cenário tecnológico permite que designers possam digitalmente desenvolver, testar, customizar e até mesmo produzir e comercializar seus próprios objetos, universo que até bem pouco tempo era restrito às indústrias de manufatura.

Na exposição é apresentado um panorama com exemplos do Brasil e do exterior em vídeos e objetos desenvolvidos por meio de tecnologias como impressão 3D, corte a *laser*, escaneamento 3D e outras em segmentos diversos de atuação de designers, como joias, materiais esportivos, vasos, cadeiras e outros.

Jorge Lopes, Curador

The exhibition The Makers and Digital Materialization intends to show the state-of-the-art of the digital technologies, currently considered by some authors as the New Industrial Revolution, applied to the area of design.

This new technologic scenario allows designers to digitally develop, test, customize and even produce and market their own objects, something that not long ago was restricted to the manufacturing industry.

In this exhibition, we offer an outlook of these technologies with examples from Brazil and abroad through videos and objects developed using 3D printing, laser cutting, 3D scanning and others, applied to various segments like jewelry, sports materials, vases, chairs, among others.

***Jorge Lopes,** Curator*

Sala Lindof Bell – CIC (Centro Integrado de Cultura) ⟶ 22 de maio a 12 de julho de 2015

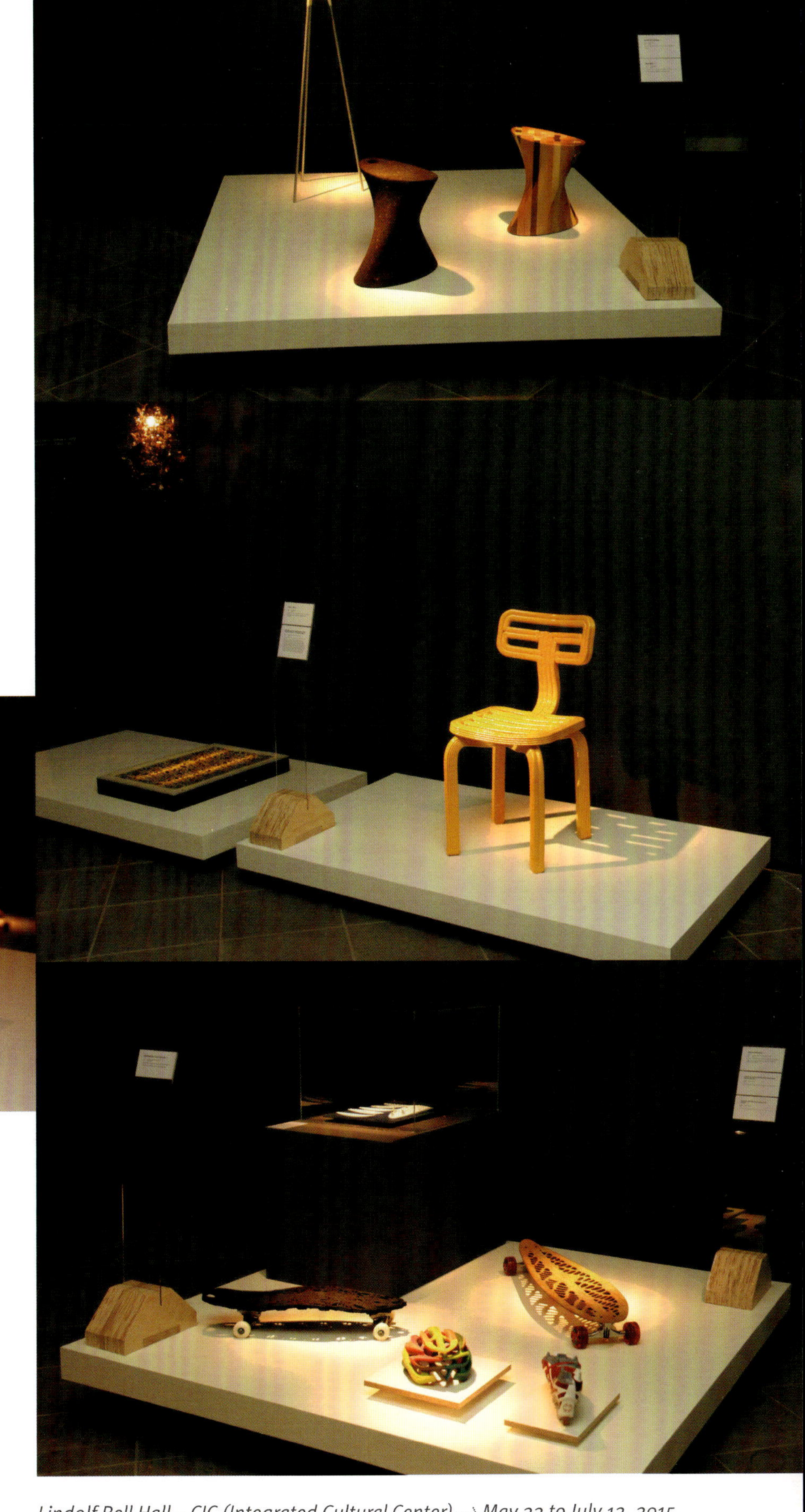

Lindolf Bell Hall – CIC (Integrated Cultural Center) ⟶ May 22 to July 12, 2015

Impressão 3D no Brasil e no mundo
3D printing in Brazil and in the world

1988

→ A nova tecnologia de construção por deposição de materiais chamada "Rapidprototyping" aparece no cenário internacional.

→ *Started in the international scene the new technology for construction by deposition of materials called "Rapid Prototyping".*

1993

→ O MIT no EUA desenvolve a primeira tecnologia de impressão 3D.

→ *The Massachussetts Institute of Technology (MIT) in the USA develops the first 3D printing technology .*

1997

→ No Brasil, durante o governo do Ministro Israel Vargas, o MCT adquire a primeira tecnologia de prototipagem rápida por meio do Instituto Nacional de Tecnologia (INT).

→ *In Brazil, during the administration of the former Minister Israel Vargas of the Ministry of Science and Technology, the Instituto Nacional de Tecnologia — INT — buys the first technology for Rapid Prototyping.*

1998

→ O designer Maurício Klabin utiliza tecnologias digitais de escaneamento a *laser* e impressão 3D no INT para desenvolver produtos.

→ *The designer Maurício Klabin uses digital technologies of laser scanning and 3D printing at the INT – Instituto Nacional de Tecnologia – to develop products.*

1999

→ O designer Israelense Ron Arad visita o INT para conversar sobre a tecnologia de prototipagem rápida.

→ *The Israeli designer Ron Arad visits the INT to speak about the Rapid Prototyping technology.*

2000

→ Ron Arad apresenta em Londres a exposição "Not Made By Hand Not Made in China" no Victoria and Albert Museum, primeira exposição internacional de design baseada inteiramente no princípio da impressão 3D.

→ *Ron Arad show in London "Not Made By Hand Not Made in China" at the Victoria and Albert Museum, first international exhibition on design based entirely on the 3D printing principle.*

2001

→ O designer holandês Marcel Wanders inova conceitualmente com o projeto **Airborne Snotty Vases** ao imprimir em 3D vasos a partir de partículas da gripe.

→ *The Dutch designer Marcel Wanders innovates conceptually with the project* ***Airborne Snotty Vases*** *printing vases in 3D from flu virus particles.*

2003

→ O designer de joias Antônio Bernardo começa a experimentar a tecnologia para impressão 3D adquirida pela Ajorio – Associação dos Joalheiros e Relojoeiros do Estado do Rio de Janeiro no INT.

→ *The Brazilian jewelry designer Antônio Bernardo starts experimenting with the use of 3D printing technology bought by AJORIO – Associação de Joalheiros e Relojoeiros do Estado do Rio (Association of the Jewellers and Watchmakers of the State of Rio) in the INT.*

2005

→ No Reino Unido o dr. Adrian Bowyer cria o projeto Open Source Rep Rap (Replicating Rapid Prototype), uma maquina que se auto replicava.

→ *Launched the Project Open Source Rep Rap (Replicating Rapid Prototype), a self-replicating machine, in the United Kingdom by Dr. Adrian Bowyercria.*

2006

⟶ É lançada a plataforma eletrônica de prototipagem "Arduino".

⟶ Launched "Arduino", an electronic platform for prototyping.

2007

⟶ É criada na Holanda a empresa de impressão 3D "Shapeways".

⟶ Created in the Netherlands the 3D printing company "Shapeways"

2008

⟶ Surge o thingiverse.com, site dedicado a arquivos para impressão 3D.

⟶ Launched the thingiverse.com, a website dedicated to files for 3D printing.

2009

⟶ Criada a empresa "Makerbot" Industries

⟶ Created the company "Makerbot" Industries.

2010

⟶ É impressa em 3D a primeira artéria a partir de material biológico.

⟶ Printed in 3D the first artery from a biological material.

2011

⟶ No Departamento de Artes e Design da PUC-Rio é criado o NEXT – Núcleo de Experimentação Tridimensional com laboratório de impressoras 3D para graduação, pós graduação e pesquisa em design.

⟶ O escritório Brasileiro Tátil Design desenvolve a primeira marca de Olimpíadas e Paraolimpíadas em 3D da história – na qual todos os modelos foram desenvolvidos utilizando tecnologias de impressão 3D.

⟶ Created NEXT (Nucleus for Three-Dimensional Experiments) at the Department of Arts and Design of the PUC-Rio, with a laboratory with 3D printers for under graduation and graduation courses as well as research on Design.

⟶ The Brazilian office Tátil Design designs for the first time in history a 3D logo for the Olympic and Paralympic Games – with models developed using 3D printing technologies.

2012

⟶ É lançado o livro "Makers – the New Industrial Revolution de Chris Anderson.

⟶ Na USP, a Faculdade de Arquitetura e Urbanismo de São Paulo implanta o FAB LAB – Laboratório de Fabricação Digital.

⟶ Released the book "Makers - the New Industrial Revolution " by Chris Anderson.

⟶ Implemented at the Faculty of Architecture and Urbanism of the University of São Paulo the FAB LAB – laboratory for Digital Fabrication.

2014

⟶ É lançada na internet a Amazon 3D printing store.

⟶ Launched the Amazon 3D printing store.

2015

⟶ É apresentada no cenário internacional a nova tecnologia chamada CLIP, inspirada pelo filme "Terminator 2".

⟶ Presented for the first time the new technology called CLIP, inspired by the movie "Terminator 2".

LUMINÁRIA GARLAND E CADEIRA CHUBBY, 2002/2012

País *Country* Holanda
Design Tord Boontje, Dirk Vander Kooij
Foto *Photo* Sandra Puente

A luminária e a cadeira aqui expostas, criadas por designers holandeses, exemplificam a comparação de dois processos de manufatura de produtos que modificaram, nas últimas décadas, nossa forma de criar e materializar a partir de um arquivo digital: a luminária foi desenvolvida a partir da remoção de matéria-prima por corte a *laser* em chapa de aço inox (o produto posteriormente deve ser customizado pelo próprio usuário em volta da lâmpada) e a cadeira foi impressa em 3D em plástico reciclado extrudado e depositado sequencialmente camada a camada por braço robô. ⇢ *The lamp and chair displayed, created by Dutch designers, are an example for comparing two manufacture processes that have changed in recent decades our way of creating and materializing from a digital file: the lamp was developed after the removal of the raw material by laser cutting in a stainless steel plate (subsequently, the product should be customized around the lamp by the own user) and the chair was printed in 3D in a recycled extruded plastic and afterwards, with the help of a robot arm, layer after layer were placed on it.*

IMPRESSÃO 3D DE MODELOS DE FETOS DURANTE A GRAVIDEZ, 2007

País *Country* Brasil, Reino Unido
Design Jorge Lopes
Foto *Photo* Joanna Chatziandreou

O projeto Feto 3D foi desenvolvido como trabalho final de tese de doutorado em Design Products no Royal College of Art, em Londres, sob orientação do designer Ron Arad. O projeto é baseado na transformação de arquivos de ultrassonografia 3D e ressonância magnética em modelos físicos impressos em 3D de fetos durante a gravidez. Projeto pioneiro no mundo, é exibido em diversas exposições internacionais e faz parte da coleção permanente do Science Museum de Londres. ⇢ *The 3D Fetus Project was developed as a PhD thesis in Products Design at the Royal College of Arts, in London, under the designer Ron Arad orientation. The project is based in the transformation of 3D ultrasound and MRI scan files in physical models of fetuses during the pregnancy printed in 3D. Pioneer project in the world, it is being displayed in various international exhibitions and is part of the Permanent Collection of the London Science Museum.*

ESCANEAMENTO 3D ATRAVÉS DE DRONES E IMPRESSÃO 3D DO CRISTO REDENTOR, 2015
País *Country* Brasil
Design NEXT PUC Rio – Departamento de Artes e Design | Coordenação: professores Celso Santos, Claudio Magalhães e Jorge Lopes
Foto *Photo* Sandra Puente

No projeto Cristo Redentor, a estrutura da estátua do Cristo foi escaneada por processo fotográfico através de drones junto com a coordenação do NEXT da PUC-Rio, da Arquidiocese do Rio de Janeiro, da empresa canadense de drones Aeryon e da empresa suíça de processamento de imagens PIX4D. A estátua do Cristo Redentor foi completamente escaneada e desta forma foi possível obter o arquivo 3D pela primeira vez na história e desta forma é possível imprimir em 3D com exatidão física. ⇢ *In the Cristo Redentor project, the structure of the statue was scanned by a photographic process using drones together with the PUC-Rio NEXT coordination, the Rio de Janeiro Archdiocese, the Canadian Aeryon drones company and the Swiss company for image processing PIX4D. The statue was completely scanned and it was possible to get the 3D file for the first time in history and subsequently printed it in 3D with physical accuracy.*

NOIGA – DNA ACESSÓRIOS DE MODA IMPRESSOS EM 3D, 2014
País *Country* Brasil
Design Evelyne Prettie, Renata Trevisan
Foto *Photo* Sandra Puente

Acessórios de moda impressos em 3D (tecnologia SLS). ⇢ *Fashion accessories printed in 3D (SLS technology).*

ANEL SUÍTE, 2014
País *Country* Itália
Design Maria Jennifer Carew
Foto *Photo* Sandra Puente

Jóia impressa em tecnologia 3D feito na Itália. → *3D printed jewelry made in Italy.*

COLAR BERN, 2015
País *Country* Itália
Design Odoardo Fioravanti
Foto *Photo* Sandra Puente

Coleção Designers Maison 203 → *Designers collection Maison 203.*

ÓCULOS CAMBIAMI COM ACESSÓRIOS, 2014
País *Country* Itália
Design D'Arc Studio (Desperate Architects Rome City)
Foto *Photo* Sandra Puente

Acessório impresso em 3D, feito na Itália. ⇢ *3D printed jewelry made in Italy.*

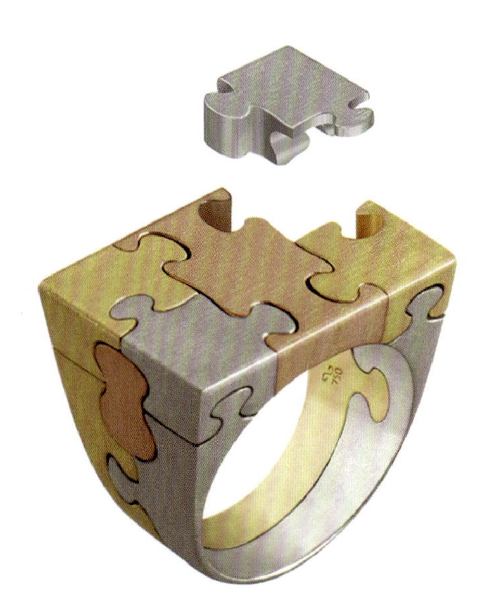

ANEL PUZZLE, 2005
País *Country* Brasil
Design Antônio Bernardo
Foto *Photo* Sandra Puente

Modelos ampliados para desenvolvimento – impressos em 3D em tecnologia SLA – Steriolitografia (INT/MCTI). ⇢ *Enlarged models for development – printed in 3D by SLA technology Steriolitografia (INT/MCTI).*

MARCA DO CLUBE HÍPICO DA BAHIA EM 3D, 1967
País *Country* Brasil
Design Aloisio Magalhães
Foto *Photo* Sandra Puente

Protótipo impresso em 3D na tecnologia EOS P110 em Polyamida: INT/MCTI. ⇢ *Prototype printed in 3D by EOS P110 technology Polyamide: INT/MCTI.*

VASO FUNDIDO EM BRONZE A PARTIR DE PROTOTIPAGEM RÁPIDA, 1998
País *Country* Brasil
Design Maurício Klabin
Foto *Photo* Sandra Puente

Maurício Klabin, provavelmente, foi o primeiro designer a experimentar a combinação das tecnologias de escaneamento a *laser* 3D e a tecnologia de prototipagem rápida – ambos recém-chegados ao Brasil no ano de 1997. Peça fundida em bronze a partir de um protótipo impresso em 3D em tecnologia FDM ⇢ *Klabin was the first designer to try to combine laser scanning 3D and the rapid prototyping technologies, both of which had just arrived in Brazil in 1997. Piece cast in bronze from Prototype Printed in 3D FDM technology.*

LUMINÁRIA TULIP, 2014
País *Country* Itália
Design Cretea
Foto *Photo* Sandra Puente

Impresso em 3D pela tecnologia FDM. ⇢ *Printed in 3D by FDM technology.*

VASO SWOSH, 2014
País *Country* Itália
Design Cretea
Foto *Photo* Sandra Puente

Impresso em 3D pela tecnologia FDM. ⇢ *Printed in 3D by FDM technology.*

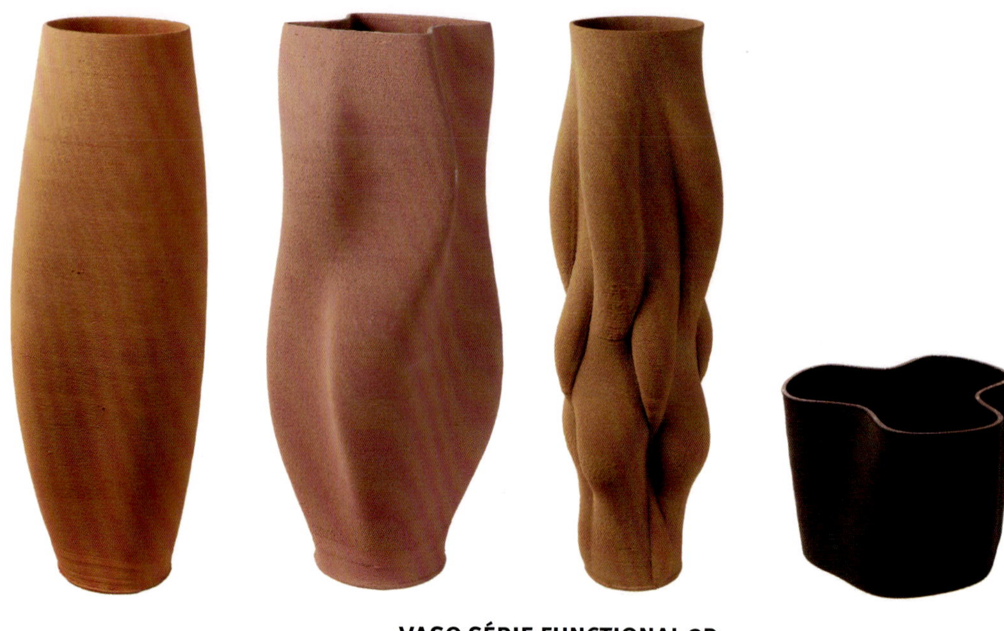

VASO SÉRIE FUNCTIONAL 3D PRINTED CERAMICS, 2015
País *Country* Holanda
Design Olivier Van Herpt
Foto *Photo* Sandra Puente

Impressão 3D em cerâmica por extrusão. ⇢ *3D printing in ceramics by extrusion.*

ROBÔ 3&DBOT – 1º ROBÔ DO MUNDO QUE IMPRIME EM 3D, 2014
País *Country* Brasil
Design Marcela Guerra, João Bonnelli, Dado Sutter, Jorge Lopes
Foto *Photo* Sandra Puente

Robô desenvolvido no NEXT – PUC-Rio com processo de extrusão de material acoplado. ⇢ *Robot developed in PUC-Rio NEXT with extrusion process of attached material.*

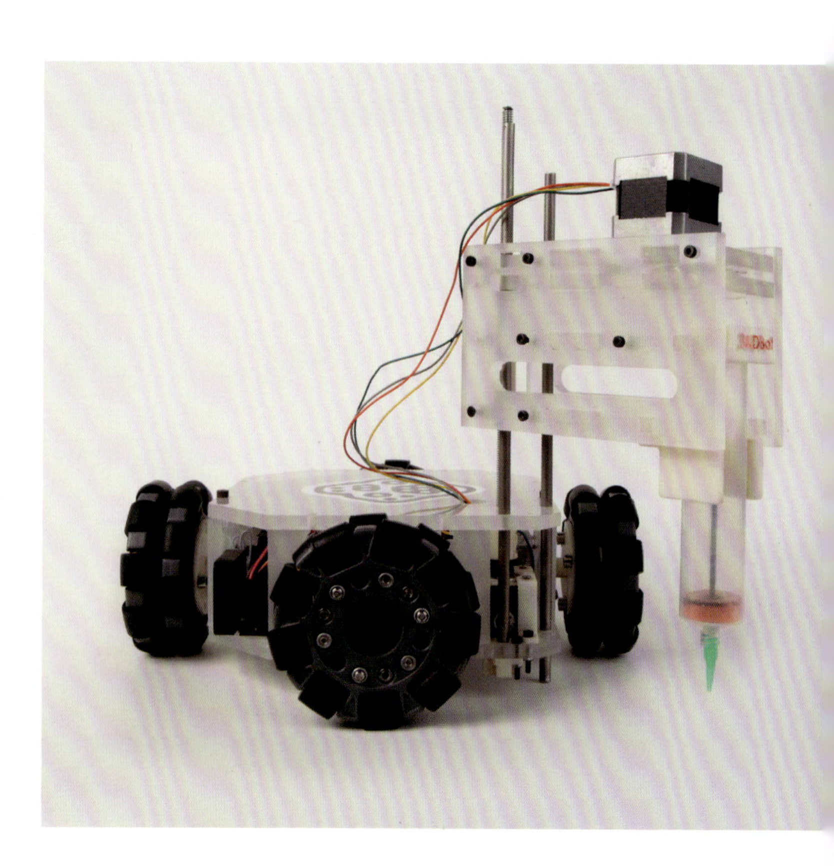

SKATERADIOLORIA – CAVITYSKATEBOARDS, 2014
País *Country* Estados Unidos da América
Design Tas Oszkay, MoHarmon, Jac Currie
Foto *Photo* Sandra Puente

SolidConcepts – Stratasys – impresso em tecnologia FDM. ⇢ *SolidConcepts – Stratasys – printed in FDM technology.*

SKATE VORONOIBOARDS, 2014
País *Country* Brasil
Design Terravixta – Bernardo Amaral, Carina Carmo
Foto *Photo* Sandra Puente

Criado a partir da asa da libélula em parceria com a El Phanteboards e Artes e Ofícios. ⇢ *Creation based on the dragonfly wing in partnership with El Phanteboards and Artes e Ofícios.*

ESTUDO ESTRUTURAL PARA PRANCHA DE SURF IMPRESSA EM 3D, 2015

País *Country* Brasil

Design Laboratório de Modelos Tridimensionais – INT/MCTI

Foto *Photo* Sandra Puente

Modelos impressos em 3D em escala reduzida de estruturas em estudo preliminar – EOS/SLS. ⇢ *Printed models in 3D in a reduced scale in a preliminary structures study – EOS/SLS.*

CAPACETE CONSTRUÍDO EM IMPRESSORA 3D COLORIDA

Empresa *Company* SolidConcepts

Foto *Photo* Sandra Puente

SOLADO DE CHUTEIRA DIGITALMENTE CUSTOMIZADA E IMPRESSA EM 3D
Empresa *Company* SolidConcepts, StratasysDirect Manufacturing
Foto *Photo* Sandra Puente

PROJETO SOLAR SINTER, 2011
País *Country* Reino Unido
Design Markus Kayser
Foto *Photo* Markus Kayser

Em um mundo cada vez mais preocupado com questões de produção de energia e escassez de matérias-primas, este projeto explora o potencial de produção no deserto onde a energia e materiais ocorrem em abundância. Neste experimento, luz solar e areia são usados como energia e matéria-prima para produzir objetos de vidro usando um processo de impressão 3D, que combina energia natural e materiais com tecnologia de impressão 3D. O projeto Solar Sinter visa levantar questões sobre o futuro da fabricação e desencadeia sonhos de plena utilização do potencial de produção da fonte de energia mais eficiente do mundo – o sol. Apesar de não fornecer respostas definitivas, esta experiência tem como objetivo fornecer um ponto de partida para novas ideias. ⇢ *In a world concerned with energy production and scarcity of raw materials, this project explores the potential for production in the desert with the energy and matarials that are in abundance in that environment. In this experiment, sunlight and sand are used as source of energy and raw material to produce objects in glass using the 3D printing. technolgy. The Solar Sinter Project aims to raise questions on the future of manufacture and trigger out dreams for the full use of the production potential from the most efficient source of energy in the world — the sun. Although it does not offer definite answers, this experiment is based on the idea of offering a starting point for new ideas.*

PROJETO L'ARTISAN ELETRONIQUE, 2010
País *Country* Bélgica
Design Unfold Design Studio – Dries Verbruggen, Claire Warniere, Tim Knapen
Foto *Photo* Unfold Design Studio

No Projeto L'artisan Eletronique, foi desenvolvido um torno de cerâmica virtual de forma a oferecer aos visitantes a possibilidade de criar sua própria forma 3D sem contato físico com a argila. Uma vez selecionado o design, o arquivo 3D é enviado para uma impressora 3D que constroi peças em argila, simulando o processo do ceramista, um dos ofícios mais antigos para a criação de objetos. ⇢ *The project L'artisan Eletronique deals with virtual ceramics in order to offer the visitors the possibility of creating their own 3D platform without physical contact with clay. Once the design is selected, the 3D file is sent to a 3D printer, which builds the piece in clay, simulating the potter's process, one of the oldest skills for creating objects.*

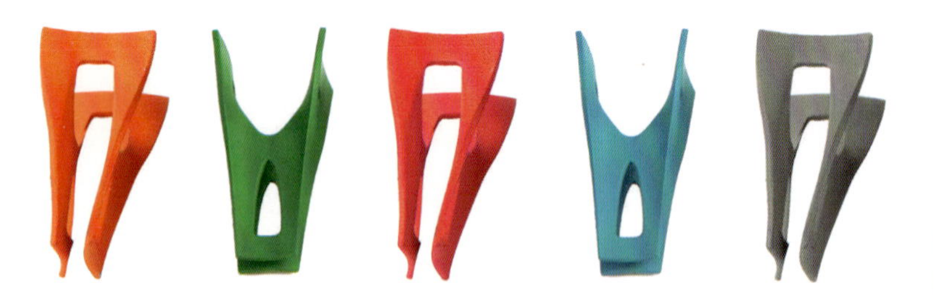

PREGADOR UNUN, 2014
País *Country* Brasil
Design Claudio Magalhães, Mariana Gioia
Foto *Photo* Sandra Puente

NEXT PUC-Rio – impresso em 3D em tecnologia SLS em poliamida tingida. ⇢ *PUC-Rio NEXT– Printed in 3D by SLS technology using dyed polyamide.*

PERSONAGENS IMPRESSOS EM 3D DO GAME "THE ROTFATHER", 2014
País *Country* Brasil
Design Grupo de pesquisa G2E – Grupo de Educação e Entretenimento – UFSC

Processo de impressão 3D resina em steriolitografia – SLA. ⇢ *Printing in 3D process with resin in Steriolitografia – SLA.*

FRUTEIRA IMPRESSA EM 3D LOVE PROJECT, 2014
País *Country* Brasil
Design Guto Requena

Sensores são conectados a convidados que devem narrar sua maior história de amor. Os sensores coletam dados da emoção desse convidado e uma interface gráfica, criada pela D3, faz a leitura desses dados e os utiliza para moldar peças de design, através de uma programação desenvolvida no software Grasshoper. Os objetos resultantes deste processo são fabricados por impressão 3D. ⇢ *Sensors are connected to people who narrate their love story. The sensors collect the emotion data of the person and a graphic interface, created in 3D, reads these data and uses them to mold a design piece, through a programming sofware developed by Grasshoper. The resulting items are made using 3D printing.*

MODELOS IMPRESSOS EM 3D UTILIZADOS NO DESENVOLVIMENTO DO CURTA DE ANIMAÇÃO "ALMOFADA DE PENAS", 2015
Empresa *Company* 2 Plátanos Prod. Cinematográficas
País *Country* Brasil
Design Joseph Specker Nys com produção executiva de Maria Emília de Azevedo
Foto *Photo* Sandra Puente

PROJETO DIMUS – MÚSICA IMPRESSA EM 3D, 2014
País *Country* Brasil
Design Gerson Ribeiro
Foto *Photo* Sandra Puente

O projeto permite ao usuário executar uma música e convertê-la em uma forma impressa em 3D. O projeto é resultado de uma série de experimentos que, baseados na subjetividade do autor, encontram formas de representar a música em uma forma física. Utilizando-se de conceitos como sinestesia, teoria das cores, teoria musical, estudo da forma 3D, utilizaram algoritmos de visualização de dados para transformar sons em formas que os representem. ⇢ *The project allows the user to perform a music and convert it to a 3D printed form. This project is the result of a series of experiments, based in the author's subjectivity, to find shapes for representing music in a physical form. Using concepts like synasthesia, theory of color, music theory, study of the 3D forms, the author used algorithms for data visualization to transform sounds into shapes representing them.*

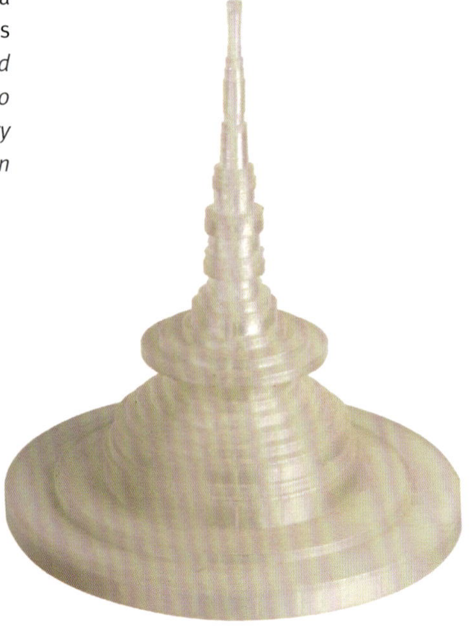

LUMINÁRIA OURISSO, 2014
País *Country* Brasil
Design Ângela Carvalho, Dirk Peter, Mônica Carvalho

Produto desenvolvido combinando sistema de união de peças naturais impresso em 3D. ⇢ *Developed combining the system for bonding natural pieces printed in 3D* .

VASO ANTROPOMORFO SANTARÉM REPRESENTANDO XAMÃ – SÉCULO XII & URNA FUNERÁRIA MARACÁ – SÉCULO XV
Empresa *Company* Museu Nacional
País *Country* Brasil
Design UFRJ – Claudia Rodrigues-Carvalho, Denise Gomes, Jorge Lopes, Simone Belmonte

Modelo em escala reduzida impresso em 3D em cores a partir de arquivo de scanner 3D *laser*. ⇢ *Reduced scale model printed in color 3D from a scanner 3D laser file.*

PROJETO TECNOLOGIAS 3D – MUSEU NACIONAL
País *Country* Brasil
Design UFRJ – Sérgio Alex Kugland de Azevedo, Luciana Barbosa de Carvalho
Foto *Photo* Sandra Puente

Crânio de crocodiloforme do período cretáceo da coleção de paleovertebrados do Museu Nacional – UFRJ. Modelo impresso em 3D a partir de arquivo de tomografia (original ainda na matriz rochosa). ⇢ *Antropomorphic Santarém vessel representing Shaman – XII century - Museu Nacional – UFRJ Collection. Model in reduced scale printed in color 3D from a 3D laser scanner file.*

PROJETO 3D DIMENSÕES: ARTE, TECNOLOGIA E EDUCAÇÃO
País *Country* Brasil
Design Márcio Doctors (Fundação Klabin), Jorge Lopes (NEXT PUC-Rio)
Foto Sandra Puente

Modelo impresso em 3D a partir de escaneamento 3D com tecnologia de luz branca estruturada de escultura de mármore cabeça de apolo – fragmento da grande estatuária, procedente da Magna Grécia, com datação entre os séculos III e I a.C. Coleção Eva Klabin ⇢ *Model printed in 3D from scanning in 3D with structured white light technology of the Head of Apollo marble sculpture– fragment of the big statuary, originating from Magna Graecia, dated between III and I a.C. centuries – Eva Klabin Collection.*

FORÇA + CÓDIGO VÊNUS DE MILO, 2015
País *Country* Brasil
Design Marcelo Pasqua
Foto *Photo* Sandra Puente

Modelos impressos em 3D a partir de escaneamento 3D *laser* com aplicação de forças e dinâmicas digitais resultando em esculturas com formas que remetem a padrões atuais de beleza. ⇢ *Models printed in 3D from laser 3D scanning applying digital forces and dynamics, resulting in sculptures with forms alluding to present beauty standards.*

MODELOS E ANÉIS IMPRESSOS EM 3D PARA VITRINES DAS LOJAS ANTÔNIO BERNARDO, 2010
País *Country* Brasil
Design Antônio Bernardo
Foto *Photo* Sandra Puente

Escaneamento 3D e impressão 3D de corpo humano: INT/MCTI. Impressão 3D de joias em cera na tecnologia Solidscape. ⇢ *Human body scanned and printed in 3D: INT/MCTI. Wax jewelry printed in 3D in Solidscape technology.*

BANCO MARK, 2012
País *Country* Brasil
Design Jader Almeida
Foto *Photo* Sandra Puente

Cortiça e madeira esculpidos em 3D por braço robô. ⟶ *Cork and wood sculpted in 3D by a robot arm.*

MODELO IMPRESSO EM 3D DE PANELA PARA COZIMENTO A VAPOR
País *Country* Brasil
Design Camila Fix
Foto *Photo* Sandra Puente

MODELO IMPRESSO EM 3D
Empresa *Company* SolidConcepts/Stratasys Direct Manufacturing
Foto *Photo* Sandra Puente

LUMINÁRIA RJ21
País *Country* Brasil
Design Celso Santos
Foto *Photo* Sandra Puente

Estrutura impressa em 3D com tecnologia SLS. ⇢ *3D structure printed by SLS Tecnology.*

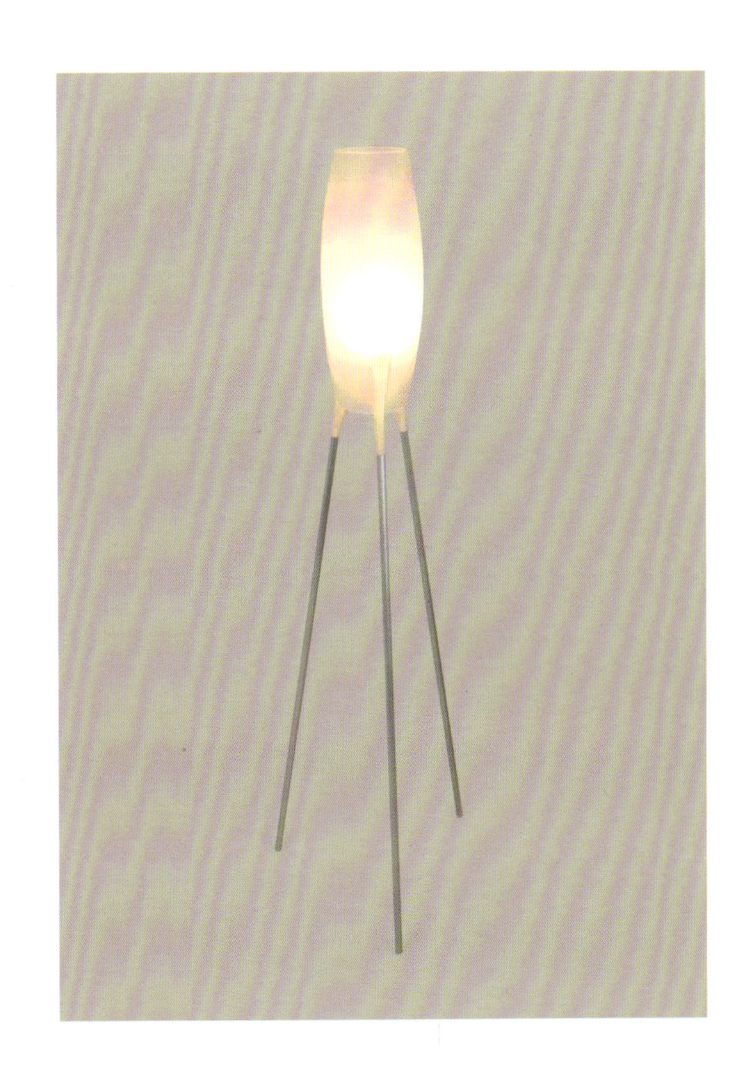

DESIGN PARTICIPATIVO

COLETIVOS CRIATIVOS

PARTICIPATORY DESIGN – CREATIVE COLLECTIVES

O design transformando o espaço

Há muitas maneiras de intervir nos espaços urbanos. Esta exposição é resultado do pensamento de um grupo coletivo sobre o assunto, organizado especialmente para a Bienal Brasileira de Design 2015 Floripa, cujo tema é "Design para Todos", formulado a partir das diretrizes do Design for All Foundation, segundo as quais:

"Design para Todos é a intervenção em ambientes, produtos e serviços com o objetivo de que qualquer pessoa, incluindo as gerações futuras, e independentemente da idade, gênero, aptidões ou background cultural, possa contribuir na construção da nossa sociedade com oportunidades iguais, participando de atividades econômicas, sociais, culturais, recreativas e de entretenimento, e tendo condições de acessar, usar e entender qualquer parte do ambiente com o maior grau de independência possível".

A exposição revela o processo criativo do grupo no desenvolvimento de soluções e equipamentos para intervenções urbanas, e no legado tangível e intangível para a cidade.

A árvore e sua simbologia evidente – associada à vida, à fertilidade, ao arquétipo da verticalidade – foi o elemento forte e ao mesmo tempo singelo que definiu o conceito de espaço/lugar. Um espaço ocupado pela árvore adquire dimensão de lugar quando há intervenção do homem com a inserção do objeto e a relação de identidade e consequente apropriação do local. Transformar o espaço em lugar, por meio da apropriação, foi a principal diretriz do Coletivo Criativo.

A mostra pretende instigar o debate sobre espaço, lugar, apropriação e contribuir para aumentar a percepção, por parte da sociedade em geral, sobre a importância do design no dia a dia das pessoas, o design como elemento transformador do próprio espaço e como a concepção de bons produtos e serviços deve atender aos públicos mais diversos. Essa exposição, e a própria bienal, é um ambiente que espelha a contribuição do design para a sociedade, em termos de inovação, no que concerne ao seu desenvolvimento cultural, social, econômico e ambiental.

O processo coletivo nunca é unânime; ao contrário, o caráter da coletividade é o debate e a construção a partir da diversidade. E a exposição traz à tona as discussões ao apresentar produtos acabados, protótipos, projetos e abre espaço para a participação dos visitantes na Caixa de Ideias, ambiente para deixar registradas ideias de intervenção urbana para a cidade e construir coletivamente os espaços públicos.

Design Transforming Space

There are many ways to work in urban areas. This exhibition is the result of collective group thinking on the subject, specifically arranged for the Brazilian Design Biennial 2015 Floripa, where the theme is "Design for All," made from the guidelines of the Design for all Foundation according to which:

"Design for all is the intervention in environments, products and services with the idea that any person, including future generations, and regardless of age, gender, skills or cultural background, can contribute to the building of our society with equal opportunities, participating in economic, social, cultural, recreational and entertainment activities, and having the conditions to access, use and understand any part of the environment with the greatest degree of independence possible."

The exhibition reveals the creative process of the group in the development of solutions and equipment for urban interventions, and legacy in tangible and intangible assets to the city.

The tree and its evident symbolism – associated with the life, fertility, and the archetype of verticality – was the strong and simple component that defined the concept of space/place. A space occupied by a tree acquires dimension of place when there is human intervention with the insertion of the object, and the relation of identity and consequent ownership of the site. Transforming Space into Place, through ownership, was the main guideline of CollectiveCreativeness.

The presentations intend to instigate debate on space, place, ownership and contribute to increase perception on the part of society in general, on the importance of design in our everyday lives, design as a transforming element of space itself and how the design of good products and services must meet amore diverse public. This exposure, and the Biennial itself, is an environment that reflects the contribution of design to society, in terms of innovation and in terms of its cultural, social, economic and environmental development.

The collective process is never unanimous, on the contrary, the character of collectivity is the debate and the construction of diversity. And the exhibition brings to light the discussions to produce finished products, prototypes, projects and gives visitors an opportunity to participate with the Box of Ideas, a place to leave ideas of urban intervention for the city and to collectively construct public spaces.

MIS – Museu da Imagem e do Som – CIC (Centro Integrado de Cultura) ⟶ 23 de maio a 12 de julho de 2015

FOTOS *PHOTOS* SANDRA PUENTE

MIS – Image and Sound Museum – CIC (Integrated Cultural Center) ⟶ May 23 to July 12, 2015

"O lugar é onde estão os homens juntos, sentindo, vivendo, pensando, emocionando-se".
Milton Santos

"(...) apropriar-se de um lugar não é só fazer dele uma utilização reconhecida senão estabelecer uma relação com ele, integrá-lo nas próprias vivências, enraizar-se e deixar a própria marca, organizá-lo e tornar-se ator de sua transformação".
Enric Pol

"Um lugar é a ordem (seja qual for) segundo a qual se distribuem elementos nas relações e coexistência...".
Michel de Certeau

"A place is where men are together, feeling, living, thinking, being touched."
Milton Santos

"(...) taking ownership of a place is not only to make it a recognized use if not to establish a relationship with it, integrate it into its own experiences, creates roots in it and leave its own brand, organize it and become an actor in its transformation."
Enric Pol

"A place is the order (whatever it may be) according to which elements are distributed in relation and coexistence ... ."
Michel de Certeau

PROJETO SEMI-BANCO/CORRIMÃO *PROJECT SEMI-BENCH/HANDRAIL*

PAUSA EM CORES: EQUIPAMENTOS DE APOIO PARA A SUBIDA DO MORRO NA COMUNIDADE MONT SERRAT *PAUSE IN COLORS: SUPPORT EQUIPMENT FOR THE HILL CLIMB IN THE MONT SERRAT COMMUNITY*

Entre o visível e o invisível, entre o real e o imaginário, o possível e o impossível, surge "Pausa em cores", que convida as pessoas da comunidade a interagir, a completar os bancos, talvez com outros imagináveis, utópicos, pensando em novas possibilidades para o espaço urbano de seu contexto. "Pausa em cores", mais do que uma resposta, quer ser um dispositivo que gere debate e integração.

A proposta desse projeto é facilitar a subida dos pedestres em um trecho da rua General Nestor Passos, no Mont Serrat, cuja topografia íngreme torna o trajeto bastante cansativo. Em observação e conversas com os moradores da comunidade, constatou-se a real necessidade da implantação de um equipamento de suporte para tal tarefa.

Na impossibilidade de instalar "estares urbanos", como solução, buscou-se revitalizar o trecho do conhecido muro da caixa-d'água, por meio da pintura e da instalação de bancos e corrimãos projetados para o local. As estruturas incorporadas ao muro funcionam como uma pausa para descanso.

Com um mínimo de elementos trabalhou-se o espaço reduzido no limite entre a rua e o muro, abrindo espaço para novas proposições e estabelecendo uma ação de design para todos.

Between the visible and the invisible, between the real and the imaginary, the possible and the impossible, emerges the "Pause in colors", which calls on the people of the community to interact, to supplement the benches, perhaps with other imaginable, utopian, thinking of new possibilities for the urban space of its context. "Pause in colors", wants to be more than a response but rather a device that generates discussion and integration.

The aim of this project is to facilitate the pedestrians climb in a stretch of General Nestor Passos Street, on Mont Serrat, whose steep topography makes the course very tiring. In observation and conversations with the residents of the community, there was a real need for the deployment of a mounting equipment for this task.

In the impossibility of installing "urban spaces", as a solution, we attempted to revitalize the passageway of the known "caixa d'água" wall, through the painting and installation of seats and handrails designed for the site. The structures incorporated into the wall function as a pause for resting.

With the minimum of elements we worked with the reduced space in the threshold between the street and the wall, opening space for new propositions and establishing an action of design for all.

PROJETO ESTAR URBANO *PROJECT URBAN LIVING*

ESTAR URBANO *URBAN LIVING*

Conceito → Vagas vivas ou Parklets são pequenos estares urbanos que podem ser equipados com bancos, floreiras, mesas, cadeiras, guarda-sóis, aparelhos de exercícios físicos, paraciclos ou outros elementos de mobiliário, sempre com a função de recreação ou de manifestações artísticas. Surgiram como forma de converter o espaço do estacionamento dos automóveis na via pública em áreas recreativas temporárias, estimulando a discussão do uso dos espaços da cidade de forma mais equilibrada.

Contexto histórico → No Brasil, o conceito de estar urbano surgiu em São Paulo, em 2012. A primeira implantação aconteceu no ano seguinte, liderada por um grupo composto por agentes culturais, arquitetos, designers e ONGs. A ideia hoje foi tão bem-sucedida que os espaços temporários se tornaram perenes. Vale lembrar que nas últimas décadas o automóvel foi protagonista nas cenas urbanas, ficando o ser humano relegado ao segundo plano. Atualmente, vários pensadores propõem soluções para amenizar o impacto que foi gerado e que não atendem mais aos anseios dos habitantes! Na capital de Santa Catarina não é diferente: avenidas, aterros, elevados foram criados. As praças e os lugares amistosos para quem vive ou circula a pé foram esquecidos.

Conceito simbólico → Conceito de "estar urbano" está diretamente ligado a uma cidade mais humanizada, voltada para pessoas e que enxerga nestas a perpetuação de sua cultura urbana.

Lugar proposto → O projeto proposto pretende instalar-se em um sítio com importante valor histórico e afetivo para a cidade. A escolha da rua Luiz Delfino, que interliga as ruas que vêm do mar, perpendiculares a ela, representa um ponto de convergência. É em frente ao número 146 que fica a conexão com a servidão que dá acesso aos portadores de necessidades especiais à Escola Silveira de Souza (edificação tombada e revitalizada em 2012), atualmente Escola Livre de Música. Mais à frente, valoriza também a antiga Casa dos Saraus (tombada) situada na esquina da rua Alves de Brito com a rua Luiz Delfino. Esta sala urbana pretende servir de pivô às edificações de valor histórico da região, além de ser uma referência aos demais conjuntos tombados e para Florianópolis.

→ ***Concept*** → *Living spaces or Parklets are small urban spots that can be equipped with benches, flower beds, tables, chairs, umbrellas, equipment for physical exercises or other elements of furniture, always with the function of recreation or artistic events. They emerged as a way to convert the parking lot areas on public highways into temporary recreational areas, stimulating the discussion of the use of the city's spaces in a more balanced way.*

Historical context → *In Brazil, the concept of urban living was born in Sao Paulo, in 2012. The first deployment was in the following year, led by a group composed of cultural agents, architects, designers, and NGOs. The idea today was so successful that the temporary spaces have become perennial. It is worth remembering that in recent decades the automobile was the protagonist in urban scenes, leaving the human being relegated to the background. Currently, various thinkers propose solutions to mitigating the impact that was generated and which no longer meet the aspirations of the inhabitants! In the capital of the state of Santa Catarina this is no different: avenues, landfills and ramps were created. The squares and the friendly places for people who live and walk were forgotten.*

Symbolic concept → *The concept of "urban being" is directly connected to a more humanized city, pointing to people and those who see in the perpetuation of their urban culture.*

Place proposed → *The proposed project aims to install itself in an area with important historical value and affectiveness for the city. The choice of Rua Luiz Delfino, which interconnects the streets that come from the sea, perpendicular to it, represents a point of convergence. It is in front of the number 146 which is the connection with the bondage that gives access to patients with special needs to Silveira de Souza School (building which was torn down and revived in 2012), currently Free School of Music. Further ahead, it also values the former Home of Soirees (torn down) located on the corner of Rua Alves de Brito with the Rua Luiz Delfino. This urban room intends to serve as a pivot to buildings of historic value of the region in addition to a reference to the other buildings and to Florianopolis.*

PROJETO BANCO ONDA *PROJECT WAVE BENCH*

A ONDA *THE WAVE*

O banco coletivo Onda foi projetado e realizado de forma colaborativa, segundo princípios transdisciplinares, nos quais o convívio, o compartilhamento do processo criativo e a geração de descontinuidades que permitem a prática projetual do design de índole sustentável e radical, suscitem "acontecimentos", ou seja, propiciem não somente a materialização de um produto, mas conjunta e simultaneamente ativem a produção de processos de subjetivação.

Frente às emergências de nosso mundo necessitamos de objetos que produzam sentido. Produtos que desencadeiem novas relações entre o próprio usuário, o sistema produtivo, o meio ambiente, e principalmente entre as pessoas. Isto significa que o campo do design deve estar aberto a usar referentes de outros campos do saber com o propósito de diminuir os riscos que a sociedade do consumo, da imagem e do espetáculo vem impondo em nosso trânsito existencial.

O seu processo criativo proporcionou assim alguns questionamentos que o Coletivo Geodésica Cultural passa agora a compartilhar: os bancos públicos da cidade, estes que estão em praças, pontos de ônibus e jardins, são projetados para gerar espaços de convívio ou somente são instalados para repor as energias de um público que está imerso em um cotidiano massificado e controlado? Será que os espaços públicos da cidade necessitam de mais bancos como o que estamos acostumados a usar, bancos programados para serem utilizados de forma disciplinar e racionalistas? Bancos que apenas regulam um descanso programado, ou será que necessitamos de bancos públicos que produzam outros sentidos, outras formas de produção de subjetividades coletivas, afetivas e solidárias?

A Onda, portanto, é uma descontinuidade. Um banco para que uma multiplicidade de desejos tenham a possibilidade de acontecer. Capaz de gerar contaminação de saberes e onde as diferenças entrem em diálogo. Ou seja, um espaço de encontro que possa contribuir para vivenciar o cotidiano de maneira mais afetiva entre as pessoas e o espaço público.

The collective bench "WAVE" was designed and carried out in a collaborative effort following transdisciplinary principles, where the conviviality, the sharing of the creative process and the generation of discontinuities that allow the projectable practice of Design of sustainable and radical nature, generate "events", i.e. stimulates not only the embodiment of a product, but that bring together and simultaneously activate the production processes of subjectivities.

Facing the emergencies of our world we need objects that produce meaning. Products that initiate new relationships between the user himself, the productive system, the environment, and especially, among the people. This means that Design must be open to using knowledge from other fields with the purpose of decreasing the risk of the consumer society, the image and the spectacle that is imposing on our existing transit.

During its creative process, "WAVE" has provided some questions that the Collective Cultural geodetic now share: public benches of the city, those that are in squares, bus stops, and gardens, are designed to generate living spaces, or are they only installed to restore the energy of an audience that is immersed in a such a controlled routine? Will the public spaces of the city need more benches such as that we are accustomed to using, benches planned to be used in a disciplinary and rationalist manner? Benches that only regulate a programed break, or do we need public benches that produce other senses, other forms of production of collective, affective and solidary subjectivities?

"THE WAVE" therefore is a discontinuity. A database for which a multiplicity of desires have the possibility to happen. Able to generate contamination of knowledge and where the differences enter into dialog . In other words, a space of encounters that can contribute to experience daily life that is way more affective between people and public spaces.

PROJETO BALANÇO NINHO ***PROJECT BALANCE NEST***

BALANÇO NINHO OVO *NEST EGG BALANCE*

INSPIRAÇÃO → A ÁRVORE

Quando encontramos uma árvore no meio urbano somos convidados a nos conectar com a natureza, com nossa verdadeira essência. Sentimos seu frescor e sua vida através do ar leve que paira ao seu redor, das cores produzidas pelo encontro das folhas com a luz do sol, dos desenhos formados no chão por sua sombra suave com os mais ricos padrões de desenho.

As árvores são as casas da natureza, abrigam outras plantas e animais. Nas árvores os pássaros constroem seus ninhos, confiam na sua estabilidade para garantir sua sobrevivência.

Em torno de uma árvore temos um ambiente especial para as cidades contemporâneas. A cada dia percebemos a importância da valorização dos elementos naturais, mesmo que sejam pequenas ilhas capazes de nos trazer um momento de pausa no ritmo incessante de nossas vidas.

O ninho Ovo é um convite à parada no tempo, à contemplação da árvore e todo o seu significado. Quem nunca se embalou na sombra de uma árvore? Podemos ser livres como as crianças e os pássaros, parar um instante para sentir o vento no rosto. O balanço está pendurado nas árvores, assim como são os ninhos de alguns pássaros.

→ INSPIRATION → THE TREE

When we found a tree in the urban environment we are invited to connect with nature, with our true essence. We feel its freshness and life through the thin air that hangs around it, the colors produced by the encounter of the leaves with the light of the sun, the drawings formed on the floor by its smooth shadow with the richer patterns of drawing.

The trees are the houses of nature, they shelter other plants and animals. In the trees, the birds build their nests, they rely on its stability to ensure their survival.

Around a tree we have a special environment for the contemporary cities. Every day, we realize the importance of the natural elements, even if they are small islands capable of bringing a moment of pause to the endless rhythm of our lives.

The nest EGG is an invitation to stop in time, the contemplation of the tree and all its meaning. Who has never rested in the shade of a tree? We can be as free as children and birds, stop for a moment to feel the wind on your face. The balance is hung up in the trees, just like the nests of some birds are.

GEODÉSICA ITINERANTE *ITINERANT GEODETIC*

A Bienal Brasileira de Design, por meio da exposição Coletivo Criativo, contou com a *expertise* do Coletivo Geodésica Cultural Itinerante e construiu uma estrutura que serviu de dispositivo móvel para a realização de diferentes projetos para difundir a criatividade visando a reinvenção de relações sociais, culturais e ambientais.

A estrutura Geodésica Itinerante foi montada em dois lugares diferentes durante a Bienal Brasileira de Design e com a ação de profissionais e estudantes nas áreas de artes visuais, música, teatro, design, arquitetura e agroecologia promoveu um espaço de convivência e valorização de trocas de experiências, desejos e saberes entre as pessoas.

Neste espaço foram realizados debates sobre os assuntos ligados ao tema Design para Todos, Design Participativo, Criação Coletiva, entre outros. A intenção foi abrir o diálogo com a comunidade e fazer com que a mesma conhecesse um pouco mais a vertente social do design. Além disso, foram desenvolvidas algumas oficinas para ensinar alguns ofícios da área de design para a comunidade. A geodésica agora fica como mais um legado para a cidade de Florianópolis e a missão de continuar travando essas discussões.

The Brazilian Design Biennial Exhibit, through the exposure of Creative Collectiveness, shown by the expertise of the Cultural Collective Itinerant geodetic and built a structure that served as a mobile device for the implementation of different projects to spread the creativity to the reinvention of social, cultural and environmental relations.

The geodetic structure was buillt in 2 different places during the Brazilian Design Biennial and with the action of professionals and students in the areas of visual arts, music, theater, design, architecture and agroecology. It has promoted a space for coexistence and value of the sharing of experiences, desires and knowledge among the people.

In this area, there were debates on subjects related to the theme Design for all, Participatory Design, Collective Creation, among others. The intention was to open up the dialog with the community and to ensure that they learn a little bit more about the social aspect of Design. In addition, some workshops were developed to teach some Design courses for the community. The geodetic now is like a legacy to the city of Florianopolis and the mission is to continue having these discussions.

CURADOR GERAL ***GENERAL CURATOR***
Freddy Van Camp

COLETIVO CURATORIAL ***CURATORIAL COLLECTIVE***
Bianka Cappucci Frisoni
Isabela Sielski
Katia Véras
Simone Bobsin

COLETIVOS CRIATIVOS [IDEALIZAÇÃO, CONCEPÇÃO, DESENVOLVIMENTO E DETALHAMENTO TÉCNICO] ***COLLECTIVECREATIVENESS [IDEA, CONCEPTION, DESIGN, DEVELOPMENT AND TECHNICAL DETAILS]***
Abreu Júnior
Adriano Miranda
Adson Loth
Aires de Souza
Aline Buss
Angélica Marques
Antônia Walling
Bernardo Bahia
Bia Kubelka
Bianka Cappucci Frisoni
Bruna Maresch
Camila Argenta
Carlos Lopes
Carolina Barreiros Carnevale
Carolina Thurmann
Clarice Wolowski
Duanny Morais
Felipe Lima
Felix Boeira
Fernando José Goncalves
Gabriel Dockhorn Caetano
Gabriela Delcin Pires
Lucas Polidoro
Rafael Alzemiro Rios Soares
Guilherme Llantada
Gustavo Tirelli Ponte de Sousa
Helton Patricio Matias
Isabela Bronaut
Isabela Mendes Sielski
Carolina Correia Favero
João Calligaris Neto
José Luiz Kinceler – Geodésica Cultural
Juliana Castro
Junior Soares
Karine Cordeiro
Katia Véras
Leonardo Lima da Silva
Lucas Sielski Kinceler
Márcio Costa
Marina Blasi
Nathalia Tonin
Paulo Renato Damé
Paulo Villalva
Raphael Duarte Alves
Sabrina Silveira
Simone Bobsin
Tatiana Rosa
Tiago Rodrigues
Viviane Dalla Rosa
Wilton Pedroso

PRODUÇÃO EXECUTIVA DOS PRODUTOS *EXECUTIVE PRODUCTION OF PRODUCTS*

EQUIPAMENTO PARA O BAIRRO DE MONT SERRAT – SEMIBANCO ***EQUIPMENT FOR THE DISTRICT OF MONT SERRAT – SEMI BENCH***

COLETIVO GRUPO DESIGN POSSÍVEL

Collective Group Possible Design
Isabela Sielski

BALANÇO NINHO OVO ***NEST EGG BALANCE***

COLETIVO JA8 ARQUITETURA E PAISAGEM

Collective JA8 Architecture and Landscape
Juliana Castro

ESTAR URBANO ***URBAN LIVING***

COLETIVO GRUPO DELFINO *Collective Group Delfino*
Abreu Jr.

BANCO ONDA E ESTRUTURA GEODÉSICA ***BENCH WAVE STRUCTURE AND GEODETIC***

Coletivo Geodésica Cultural *Collective Cultural geodetic*
José Luiz Kinceler

TEXTO DE ABERTURA ***OPENINGTEXT***
Simone Bobsin

PROJETO EXPOGRÁFICO ***PROJECT EXPOGRAPH***
Guilherme Llantada

ASSISTENTE DE PROJETO EXPOGRÁFICO ***PROJECT ASSISTANT EXPOGRAPH***
Katia Véras

COORDENAÇÃO EXECUTIVA ***EXECUTIVE COORDINATION***
Bianka Cappucci Frisoni

DESIGN GRÁFICO DA EXPOSIÇÃO ***GRAPHIC DESIGN OF THE EXHIBITION***

OF DESIGN – OFICINA ACADÊMICO DE DESIGN DA UNIVALI

OF DESIGN – Academic Workshop Design by Univali
Arnildo Ghering Jr.

Sta Monica

HISTÓRIA DO DESIGN

MEMÓRIA DO LBDI

DESIGN HISTORY – LBDI MEMORY

História do design

Com mais de 50 anos de implantação no país, o design brasileiro já tem muita história. O conhecimento desta história é quase tão importante como exercê-la, especialmente em um país em desenvolvimento, onde perdemos muito do nosso potencial por ignorar os exemplos anteriores e nos voltarmos sempre para o novo. Na Bienal Brasileira de Design 2015 escolhemos resgatar o trajeto de uma instituição exemplar que existiu no pais, por meio da exposição **Memória LBDI – A origem da pesquisa de design em um país periférico.**

O **LBDI Laboratório Brasileiro de Desenho Industrial,** sediado em Florianópolis, foi um dos principais institutos de pesquisa em design na América Latina, estabelecido com o patrocínio do CNPq, Conselho Nacional de Desenvolvimento Científico e Tecnológico, durante o período de Lynaldo Cavalcante como seu presidente e como parte da "Ação Programada para o Desenvolvimento Industrial". Realizava cursos, de aperfeiçoamento e especialização, atendendo a solicitações da indústria, desenvolvia projetos, editava publicações, alem de realizar eventos e pesquisas acadêmicas. Realizou intercâmbios nacionais e internacionais, de docentes e pesquisadores, durante toda sua existência. A pesquisa sobre o LBDI resgata o seu histórico, especialmente seus resultados, seus projetos e suas principais realizações, tentando transmitir ao público um panorama desta instituição emblemática para a atividade e para o país. A pesquisa justificou-se pelo quase total desaparecimento de documentação e de registros oficiais de sua existência nas entidades que o originaram e sediaram. Muitos dos seus resultados tiveram que ser reeditados especialmente para esta exposição.

O LBDI foi fundado por um convênio entre o CNPq, Finep – Financiadora de Estudos e Projetos, a Universidade Federal de Santa Catarina e o Governo do Estado de Santa Catarina. Chamava-se inicialmente Laboratório Associado de Desenvolvimento de Produtos/Desenho Industrial de Santa Catarina (LADP/DI-SC) e foi concebido e coordenado pelo designer Gui Bonsiepe, que anteriormente exercia a Coordenação de Desenvolvimento Industrial do CNPq. Bonsiepe permaneceu na coordenação do LADP/DI-SC pelo período de 1984-1987. Em 1988 mudou seu nome para LBDI Laboratório Brasileira de Desenho Industrial, passando a ser coordenado pelo designer Eduardo Barroso Neto, durante o período de 1988-1997. Neste período realizaram inúmeros eventos, seminários e conferencias, além dos cursos e uma grande quantidade de projetos de atendimento a indústria. Participaram da equipe do LBDI, dentre outros: Célio Teodorico dos Santos, Marcelo Rezende, Marco Túlio Boschi Pedro Paulo Delpino, Regina Álvares, Tamiko Yamada, e os estrangeiros Petra Kellner, Holger Poessnecker, Lacides Marquez, Federico Hess, Jorge Gomes Abrams, Ignacio Urbina, todos profissionais e docentes que se destacam no Brasil e nos seus países de origem, pela sua atuação posterior à estada no LBDI.

Com o encerramento dos convênios originais com o CNPq, o LBDI foi mais tarde incorporado ao Senai-SC, onde sua equipe foi responsável pela criação do Programa Catarinense de Design. No período 1997-1999, sua equipe se dedicou apenas à realização de projetos de atendimento a indústria num esforço em se tornar um grupo autossustentável. Por falta de patrocínio foram extintas as suas atividades definitivamente no início de 2000, encerrando-se assim um dos períodos mais férteis da atividade em nosso país.

Um resumo desta exposição, que foi montada no Museu da Escola Catarinense MESC-Udesc, está apresentada nas paginas a seguir.

Freddy Van Camp, Curador

Design history

With over 50 years of deployment in the country, Brazilian design already has history, a lot of history. It has knowledge of this history is almost as important as practicing it, especially in a developing country like ours, where we have lost much of our potential by ignoring previous examples and always resorting to something new. At the Brazilian Design Biennial 2015, we have chosen to bring back the path of an exemplary institution used to exist in the country, through the exhibition ***Memória LBDI – The origin of design research in a peripheral country.***

LBDI (Brazilian Laboratory of Industrial Design) *based in Florianópolis, Brazil was one of the leading research institutes in design in Latin America, established under the sponsorship of the CNPq National Council for Scientific and Technological Development, during Lynaldo Cavalcante's period as its president and as part of the "Industrial Development Programmed Action." It held specialized courses in training and expertise, meeting the industry's demands, while also developing projects, editing publications, in addition to performing academic events and research. It also held national and international exchanges for university professors and researchers, throughout its existence. This research on the LBDI brings back its history, especially its results, projects and main achievements trying to convey to the public an overview of this iconic institution for the design and for the country. The research was justified by the almost total disappearance of documents and official records of their existence in the entities that had originated and hosted it. Many of its results had to be reedited especially for this exhibition.*

LBDI was founded by an agreement between CNPq, Finep – Financier of Studies and Projects, the Federal University of Santa Catarina and the state government of Santa Catarina. It was initially called Product Development Associated Lab /Industrial Design Santa Catarina (LADP/DI-SC), and it was designed and coordinated by designer Gui Bonsiepe at the beginning, who previously held the Industrial Development Coordination of CNPq. Bonsiepe continued coordinating the LADP/DI-SC during the 1984-1987 period. In 1988, it changed its name to LBDI Brazilian Laboratory of Industrial Design, and began to be coordinated by designer Eduardo Barroso Neto during the 1988-1997 period. During this time, they performed numerous events, seminars and conferences, in addition to courses and a lot of projects answering the needs of the industry. The members of the LBDI team were: Célio Teodorico dos Santos, Marcelo Rezende, Marco Tulio Boschi, Pedro Paulo Delpino, Regina Alvarez, Tamiko Yamada, and between foreigners, Petra Kellner, Holger Poessnecker, Lacides Marquez, Federico Hess, Jorge Gomes Abrams, Ignacio Urbina, among others. All of them are professionals and teachers who stand out in Brazil and in their countries of origin, after their subsequent work with LBDI.

With the closure of the original agreements with CNPq, LBDI was later incorporated into Senai-SC, where its team was responsible for creating the Santa Catarina Design Program. During the period of 1997-1999, this team devoted itself only to performing projects for the industry in an effort to become a self-sustaining group. However, due to lack of sponsorship and funds, its activities were canceled definitively in early 2000, thus ending one of the most fertile periods of design activity in our country.

A summary of this exhibition, which was shown at the Museum of the Catarinense School Mesc-Udesc is presented in the pages that follow.

Freddy Van Camp, *Curator*

MESC – Museu da Escola Catarinense ⟶ 26 de maio a 12 de julho de 2015

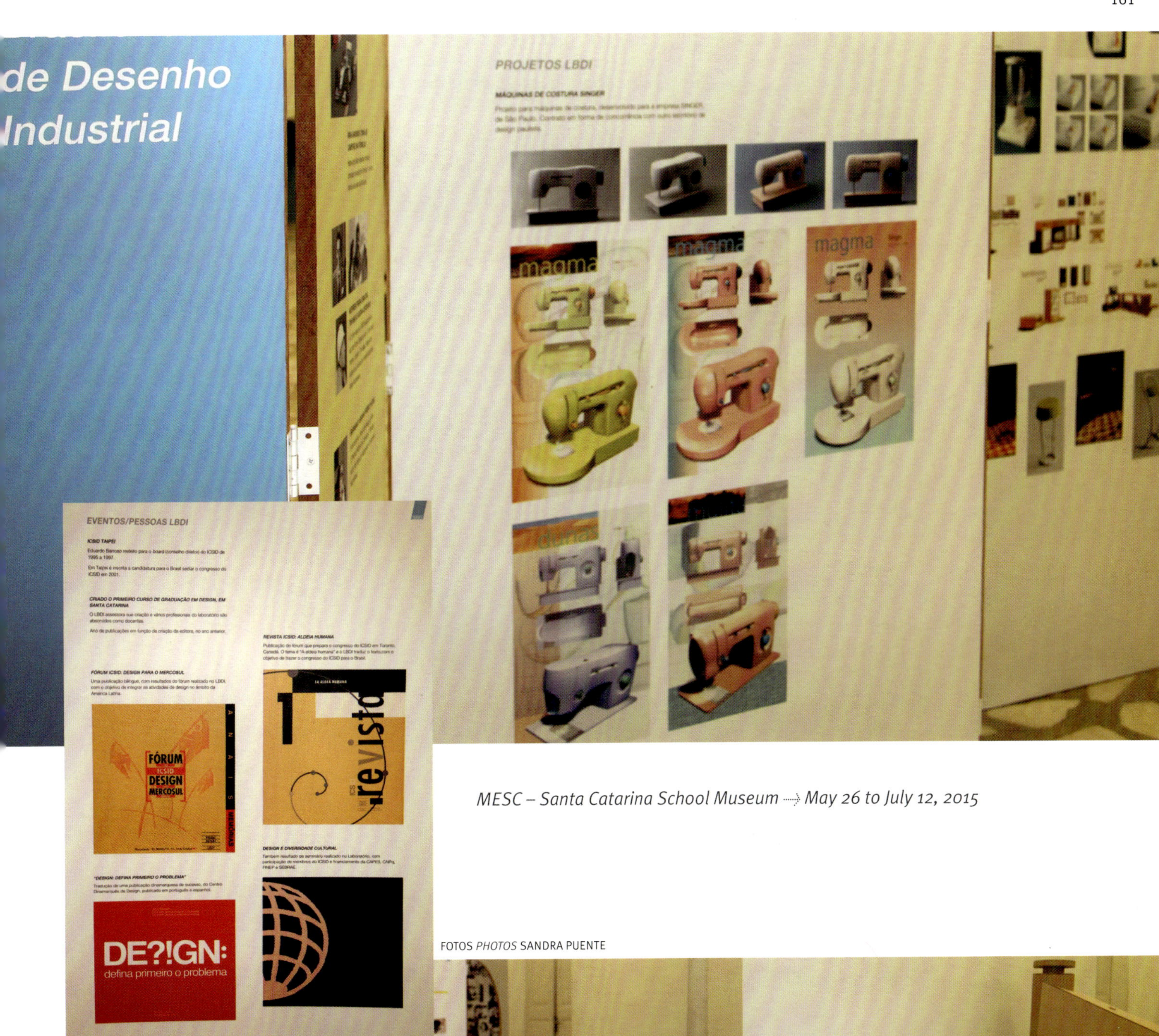

MESC – Santa Catarina School Museum ⇢ *May 26 to July 12, 2015*

FOTOS *PHOTOS* SANDRA PUENTE

LBDI
DESIGNPARATODOS 2015 FLORIPA
1983 - 1999
LABORATÓRIO DE
DESENHO INDUSTRIAL
DE SANTA CATARINA
bienal
brasileira
de design
Laboratório
Brasileiro
de Desenho
Industrial
1994

2015 FLORIPA
1999
EVENTOS/PESSOAS LBDI
PROJETOS LBDI
LBDI
LBDI

design / dɪ'zajn/ [ing.] s.m. 1. a concepção de um produto (máquina, utensílio, mobiliário, embalagem, publicação etc.) especialmente no que se refere à sua forma física e funcionalidade. para prep. relaciona por subordinação e expressa os sentidos: 1. direção 2. proximidade 3. intenção 4. propriedade 5. utilidade 6. propósito. todos pron. indef. pl. 1. todas as pessoas, toda gente, todo mundo. (houaiss, antônio e villar, mauro de salles. dicionário houaiss da língua portuguesa. rio de janeiro: objetiva, 2001).
IGN PARA TODOS
UMA CIDADE para TODOS
o coletivo é plural.
DESIGN PARA TODOS
DESIGN PARA TODOS?
DESIGN FOR ALL?

A mostra reúne vinte cartazes autorais desenvolvidos com a temática da quinta edição da Bienal Brasileira de Design – *Design para Todos/Design for All* – levando em seu quase homônimo título um provocador ponto de interrogação justamente para instigar a reflexão e o questionamento de seus visitantes sobre sua relevância.

Para contribuir com uma salutar diversidade de pontos de vistas e linguagens visuais, foram convidados vinte nomes de distintas gerações e segmentos de atuação profissional, baseados em nove estados do país, mas que em comum possuem – além de uma aplaudida presença no atual cenário brasileiro de design, comunicação e artes – a capacidade de articular um discurso crítico por meio de uma peça tão sintética, impactante e hoje cada vez mais multiplataforma como o cartaz.

O processo de desenvolvimento dos cartazes incluiu um *workshop* de imersão criativa realizado durante três dias de setembro de 2014 no Il Campanário Resort em Jurerê, Florianópolis, onde os cartazistas e os curadores da mostra puderam discutir as diferentes realidades e necessidades específicas dos usuários de um projeto de design na nossa sociedade contemporânea.

O resultado é um conjunto forte de peças de comunicação que incorpora a mesma pluralidade evocada nos muitos aspectos e destinatários do Design para Todos ao esclarecer, incomodar ou inspirar o visitante.

Boa reflexão.

Bruno Porto e Rico Lins, Curadores

The exhibition brings together twenty posters developed with the theme of the fifth edition of the Brazilian Design Biennal – Design for all – carrying in its almost homonymous title a provocative question mark precisely to instigate reflection and questioning visitors about its relevance.

To contribute to a healthy diversity of views and visual languages, twenty names of different generations and professional market segments were invited. Being based in nine different states of the country, what they all have in common is – besides the presence of praise in the current Brazilian design scenario, communication and arts – the ability to articulate a critical discourse through a piece, so concise, impactful and now increasingly multiplatform, such as the poster.

The development process of the posters included a Creative Workshop immersion held over three days in September 2014 at the Il Bell Resort in Jurerê, Florianópolis, where the poster creators and the curators were able to discuss the different realities and needs of users of a design project in our contemporary society.

The result is a strong set of communication pieces that incorporates the same plurality evoked in the many aspects and recipients of design for all: to clarify, discomfort or inspire the visitors.

Happy reflecting.

***Bruno Porto e Rico Lins,** Curators*

Parque de Coqueiros, Jurerê Open Shopping, e Trapiche da Beira Mar ⟶ 17 de maio a 12 de julho de 2015

FOTOS *PHOTOS* SANDRA PUENTE

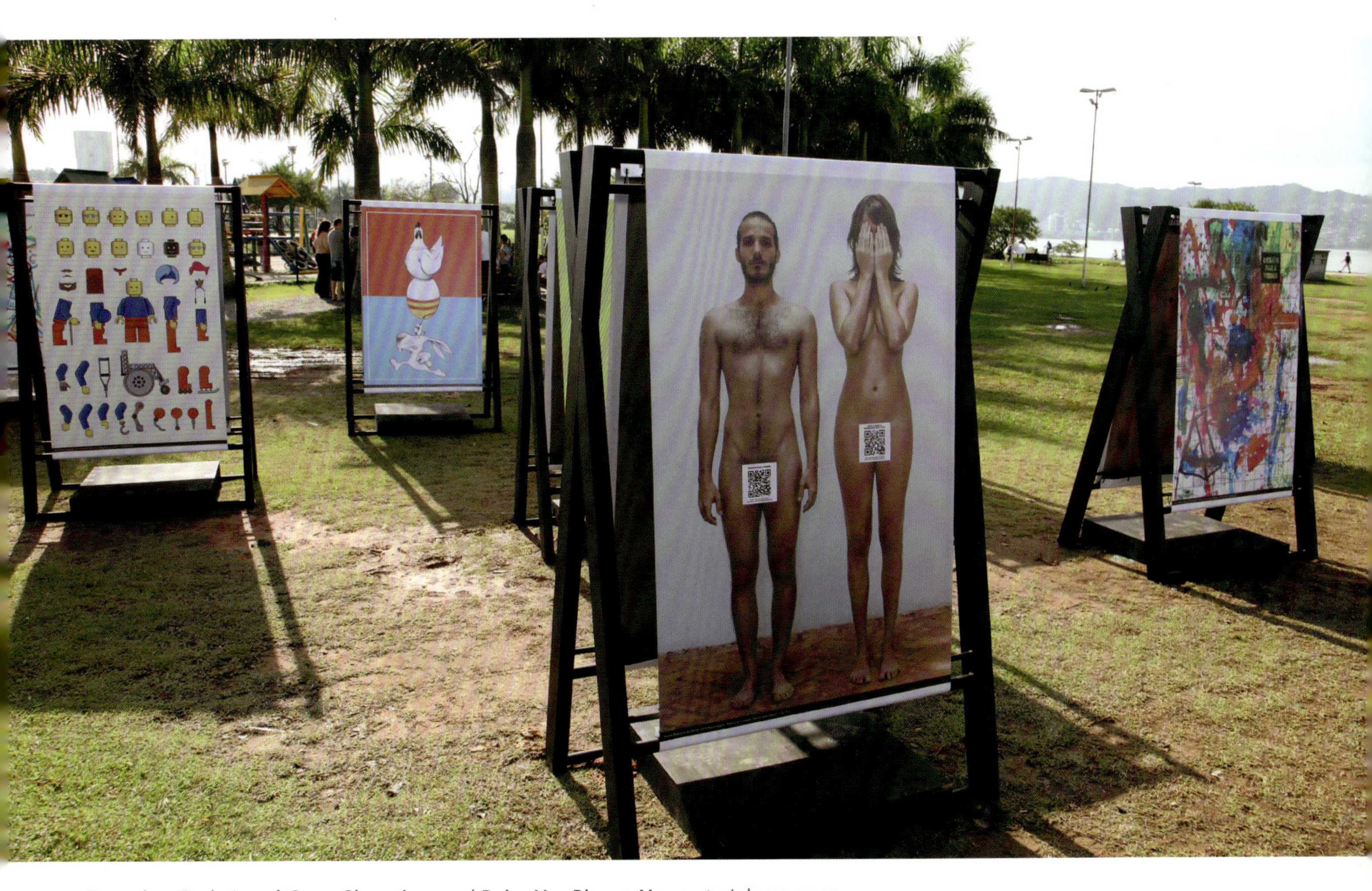

Coqueiros Park, Jurerê Open Shopping, and Beira Mar Pier ⟶ May 17 to July 12, 2015

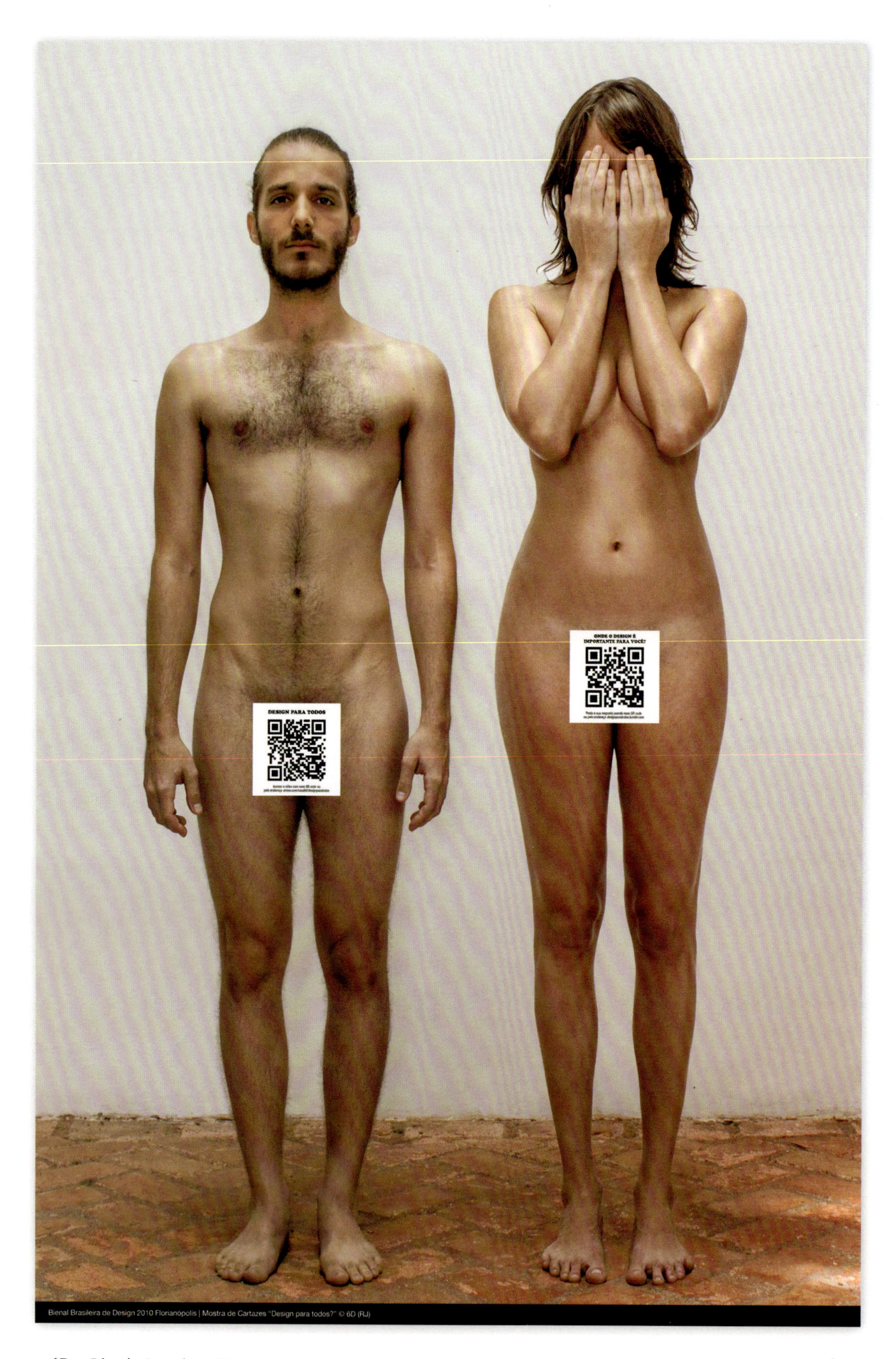

6D – Rio de Janeiro, RJ

design / dɪ'zajn/ [ing.] *s.m.* 1. a concepção de um produto (máquina, utensílio, mobiliário, embalagem, publicação etc.) especialmente no que se refere à sua forma física e funcionalidade. para *prep.* relaciona por subordinação e expressa os sentidos: 1. direção 2. proximidade 3. intenção 4. propriedade 5. utilidade 6. propósito. todos *pron. indef. pl.* 1. todas as pessoas, toda gente, todo mundo. (houaiss, antônio e villar, mauro de salles. dicionário houaiss da língua portuguesa. rio de janeiro: objetiva, 2001).

Bienal Brasileira de Design 2015 Florianópolis | Mostra de Cartazes "Design para todos?" © Celso Longo (SP)

CELSO LONGO – São Paulo, SP

BOLD° _ A DESIGN COMPANY – Rio de Janeiro, RJ

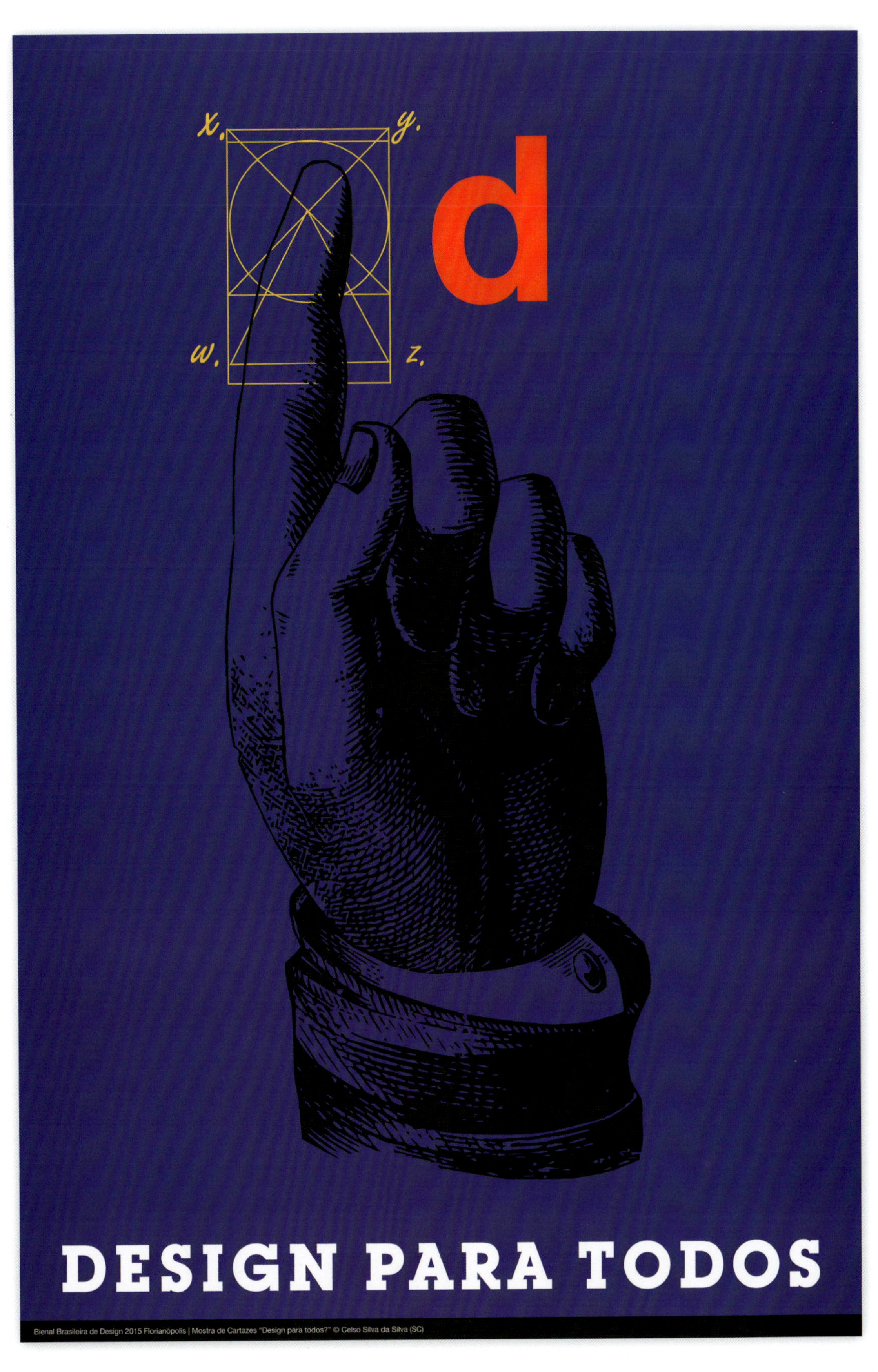

CELSO SILVA DA SILVA – Florianópolis, SC

COLETIVO CENTOPEIA – Goiânia, GO

CUBÍCULO – Rio de Janeiro, RJ

CRIATIPOS – Curitiba, PR

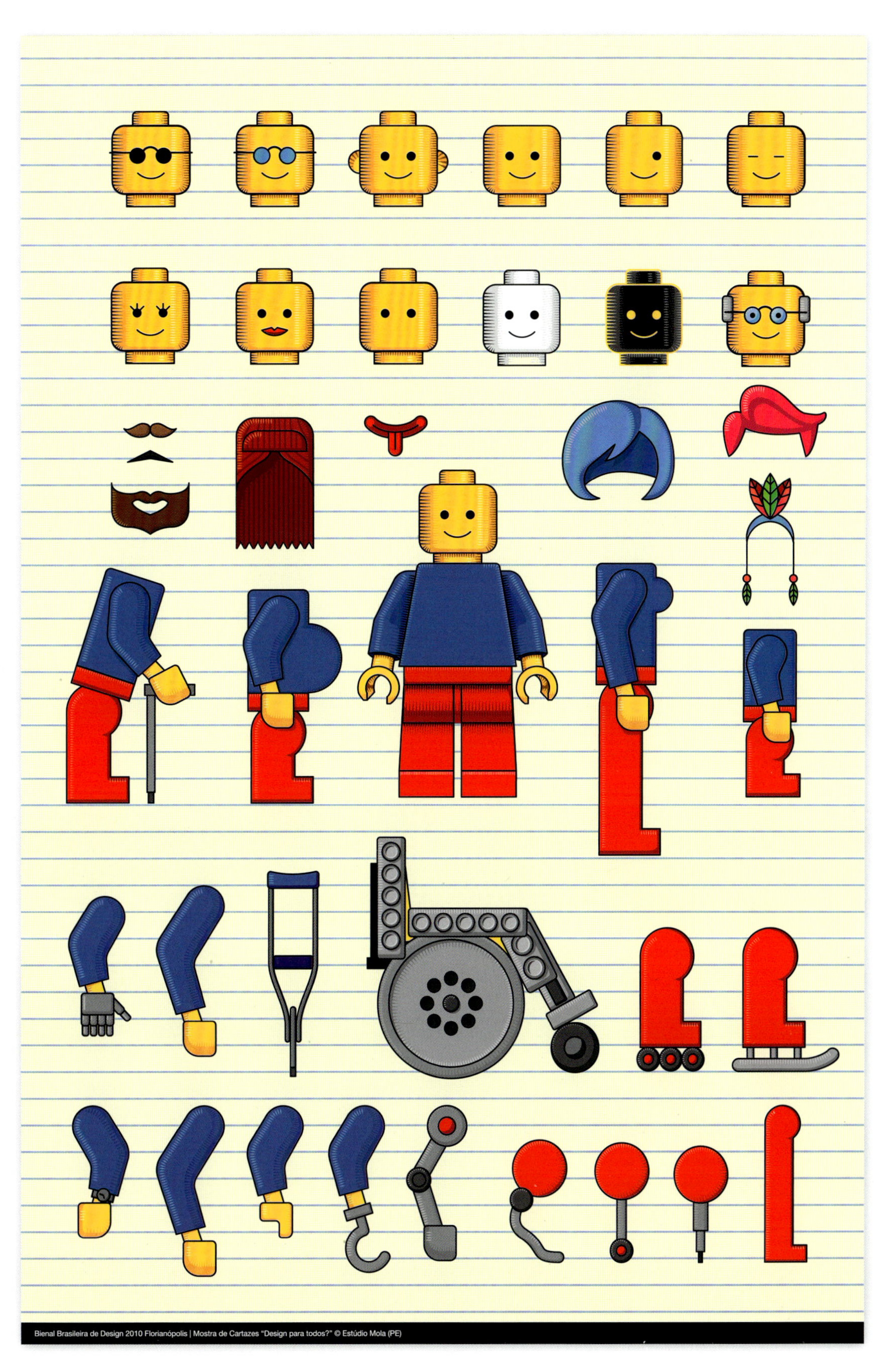

ESTÚDIO MOLA – Recife, PE

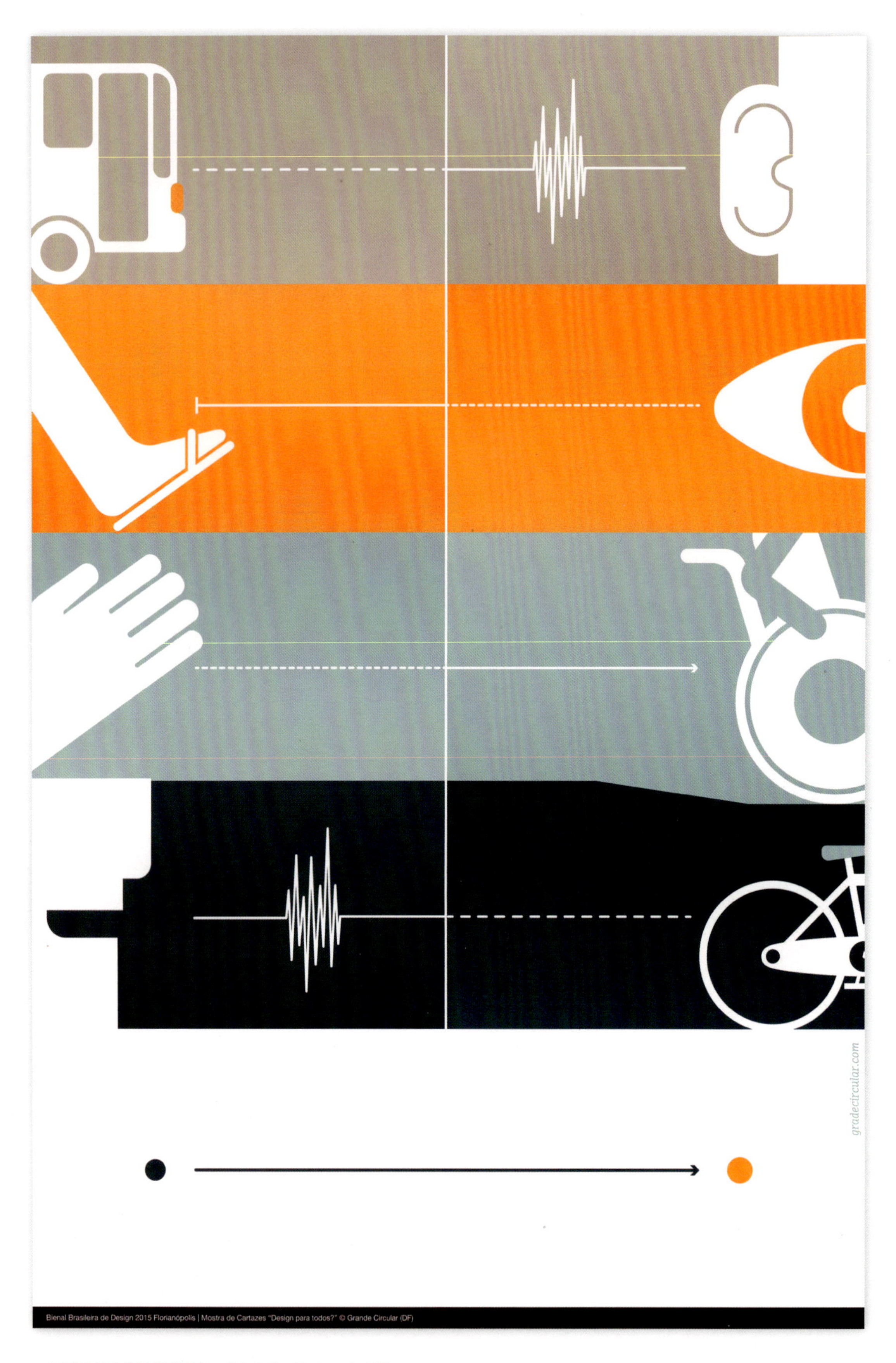

GRANDE CIRCULAR – Distrito Federal, DF

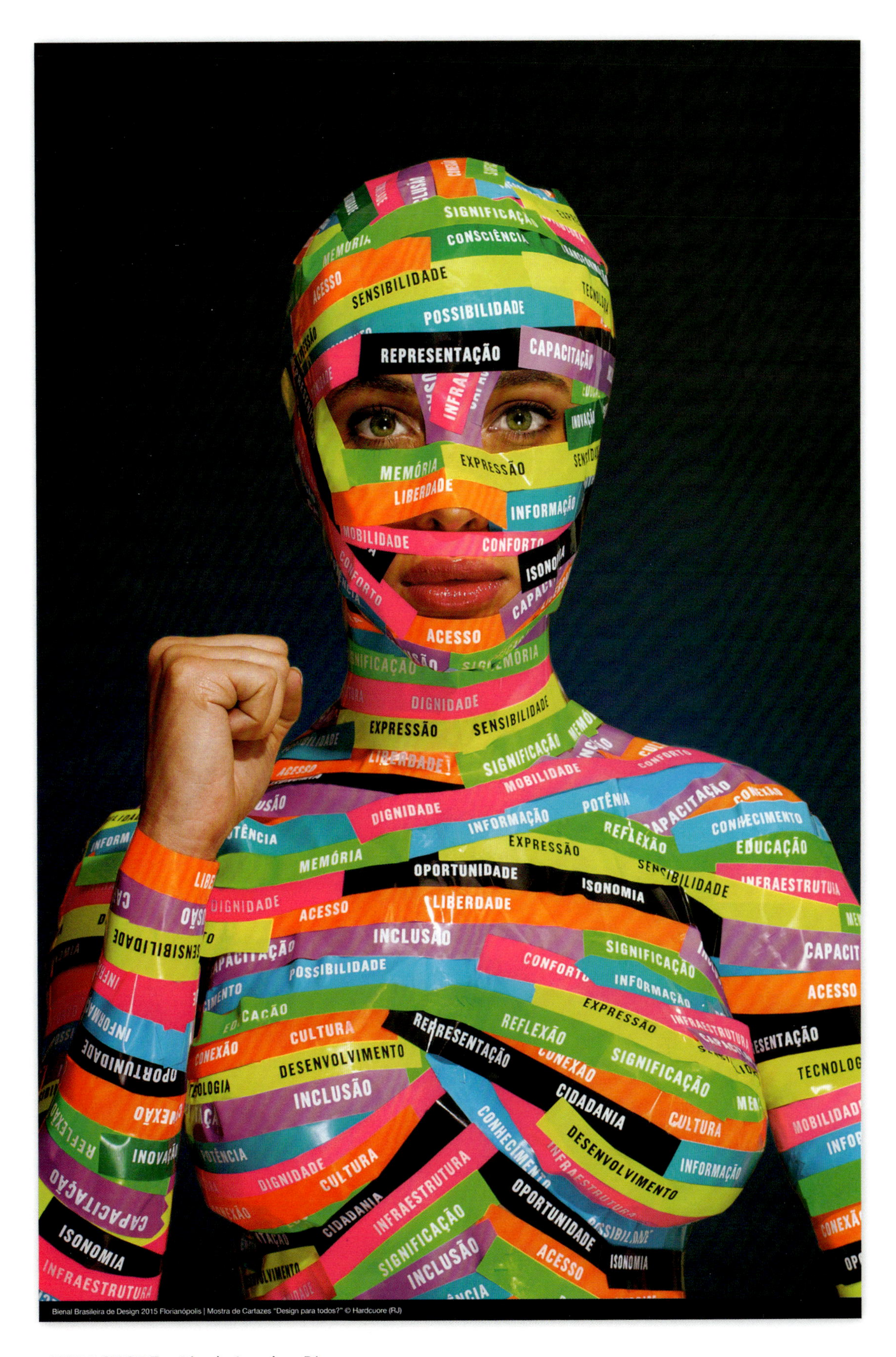

HARDCUORE – Rio de Janeiro, RJ

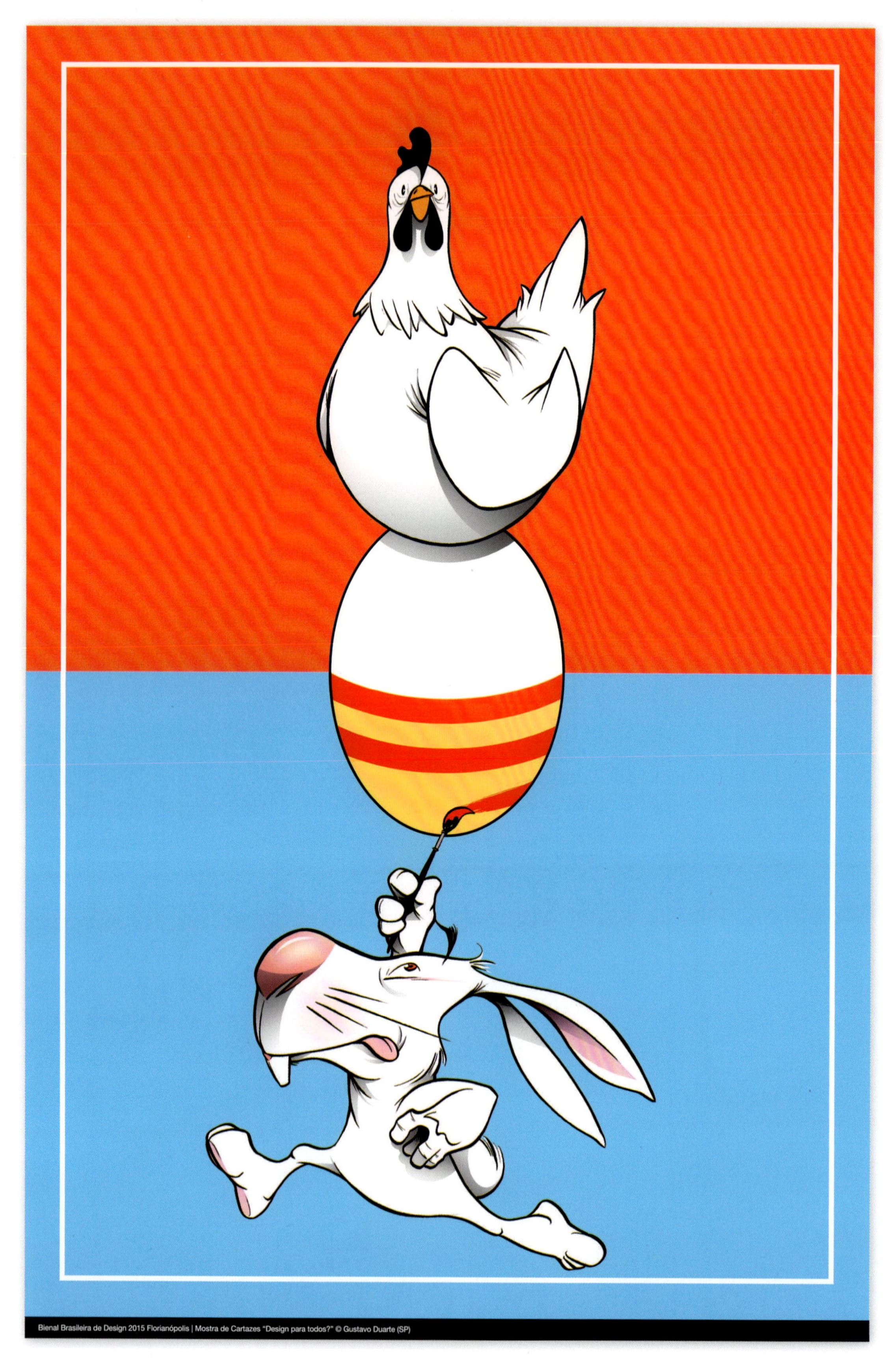

GUSTAVO DUARTE – São Paulo, SP

HARDY DESIGN – Belo Horizonte, MG

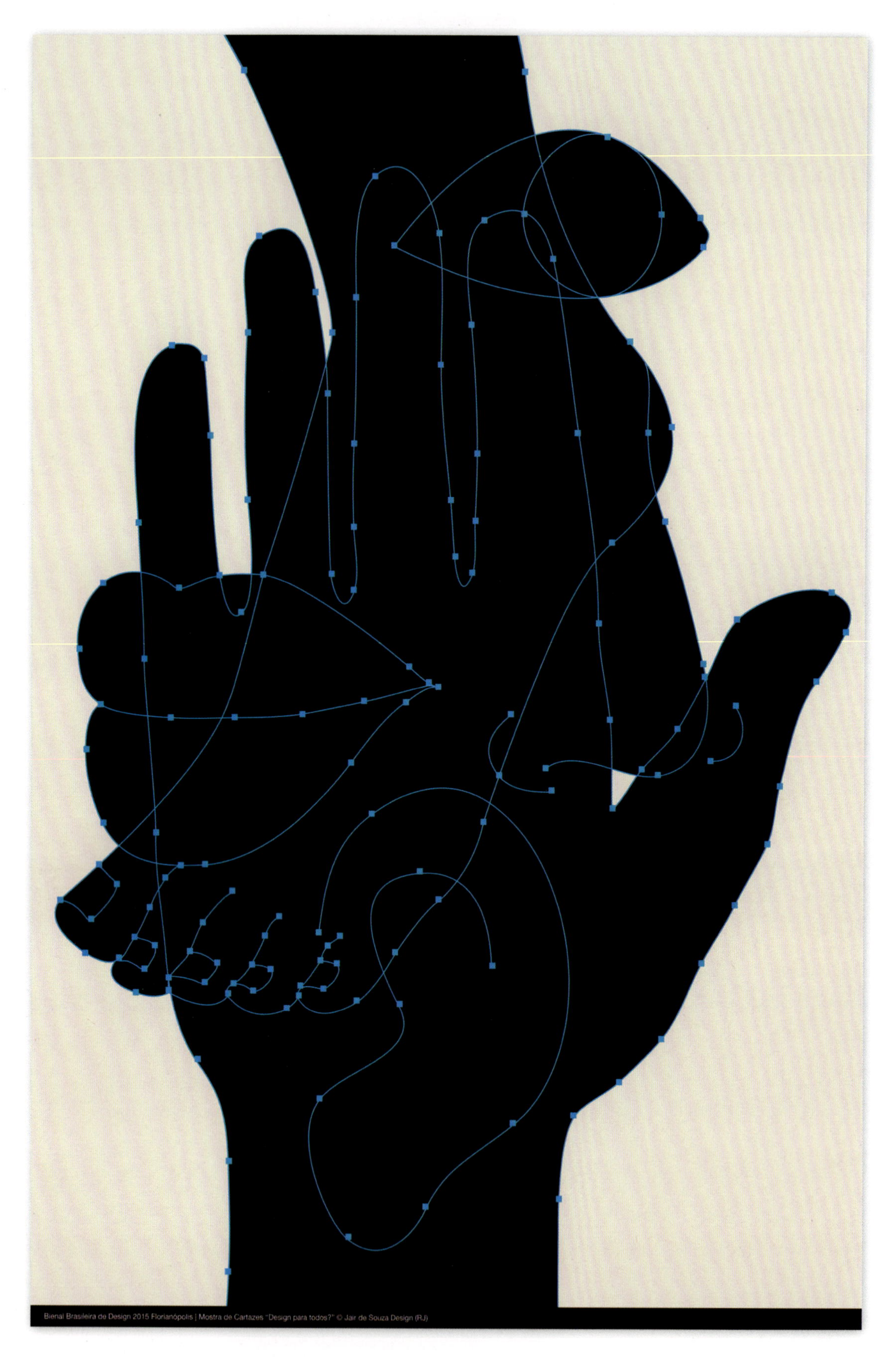

JAIR DE SOUZA DESIGN – Rio de Janeiro, RJ

MARCELO MARTINEZ – LABORATÓRIO SECRETO – Rio de Janeiro, RJ

Esta terra, Senhor, parece-me que, da ponta que mais contra o sul vimos, até a outra ponta que contra o norte vem, de que nós deste porto houvemos vista, será tamanha que haverá nela bem vinte ou vinte e cinco léguas por costa. Tem, ao longo do mar, nalgumas partes, grandes barreiras, umas vermelhas, e outras brancas; e a terra de cima toda chã e muito cheia de grandes arvoredos. De ponta a ponta é toda praia... muito chã e muito formosa. Pelo sertão nos pareceu, vista do mar, muito grande, porque a estender olhos, não podíamos ver senão terra e arvoredos

Tupi, or not tupi, that is the question.

Quando Pero Vaz Caminha Descobriu que as terras brasileiras Eram férteis e verdejantes,

Escreveu uma carta ao rei: Tudo que nela se planta, Tudo cresce e floresce. E o Gauss da época gravou

Isto aqui, ô ô, é um pouquinho de Brasil iaiá

Sobre a cabeça os aviões Sob os meus pés os caminhões Aponta contra os chapadões

Meu nariz

Filhos do sol, mãe dos viventes. Encontrados e amados ferozmente, com toda a hipocrisia da saudade, pelos imigrados, pelos traficados e pelos touristes. No país da cobra grande.

muito cheia de grandes arvoredos.

Deste Brasil que canta e é feliz

Foi porque nunca tivemos gramáticas, nem coleções de velhos vegetais. E nunca soubemos o que era urbano, suburbano, fronteiriço e continental.

Eu organizo o movimento Eu oriento o carnaval Eu inauguro o monumento no planalto central do país

Feliz, feliz

Uma consciência participante, uma rítmica religiosa.

Viva a Bossa, sa, sa Viva a Palhoça, ça, ça, ça, ça

pouco de uma

Queremos a Revolução Caraíba. Maior que a Revolução Francesa. A unificação de todas as revoltas eficazes na direção do homem. Sem nós a Europa não teria sequer a sua pobre declaração dos direitos do homem.

Monumento de papel crepom e prata Os olhos verdes da mulata

A idade de ouro anunciada pela América. A idade de ouro. E todas as girls.

Filiação. O contato com o Brasil Caraíba. Où Villegaignon print terre. Montaigne. O homem natural. Rousseau. Da Revolução Francesa ao Romantismo, à Revolução Bolchevista, à Revolução Surrealista e ao bárbaro tecnizado de Keyserling. Caminhamos.

A cabeleira esconde Atrás da verde mata O luar do sertão

Uma porta A entrada é uma rua antiga Estreita e torta

E não se entrega, não

Querendo-a aproveitar, dar-se-á nela tudo, por causa das águas que tem!

Contra o Padre Vieira. Autor do nosso primeiro empréstimo, para ganhar comissão.

Quem mal lê, mal fala, mal ouve, mal vê

// Beber na vinha celestial, garrida / Das estrelas o vinho flamejante / E caminhar vitorioso e ovante / Como um deus, com a cabeça enflorescida // Sorrir, amar para alargar os mundos / Do sentimento e para ter profundos / Momentos de momentos soberanos // Para sentir em torno à terra ondeando / Um sonho. Sempre um sonho além rolando / Vagas e vagas de imortais oceanos. // Para encantar os círculos da Vida / Ser tranquilo sonhador, confiante / Sempre trazer o coração radiante / Como um rio e rosais junto de ermida //

Olha o jeito nas cadeiras que ele sabe dar

Olha só o remelexo

Contudo, o melhor fruto que dela se pode tirar parece-me que será salvar esta gente.

O instinto Caraíba. Morte e vida das hipóteses. Da equação eu parte do Cosmos ao axioma Cosmos parte do eu. Subsistência. Conhecimento. Antropofagia.

Necessidade da vacina antropofágica. Para o equilíbrio contra as religiões de meridiano. E as inquisições exteriores.

Na mão direita tem uma roseira Autenticando eterna primavera

Somos concretistas. As ideias tomam conta, reagem, queimam gente nas praças públicas. Suprimamos as ideias e as outras paralisias. Pelos roteiros. Acreditar nos sinais, acreditar nos instrumentos e nas estrelas.

E no jardim os urubus passeiam A tarde inteira entre os girassóis

Contra Goethe, a mãe dos Gracos, e a Corte de D. João VI.

Viva Maria, ia, ia Viva a Bahia, ia, ia, ia, ia Viva Maria, ia, ia Viva a Bahia, ia, ia, ia, ia

A luta entre o que se chamaria Incriado e a Criatura ilustrada pela contradição permanente do homem e o seu Tabu. O amor cotidiano e o modus vivendi capitalista. Antropofagia. Absorção do inimigo sacro. Para transformá-lo em totem.

No pulso esquerdo o bang-bang Em suas veias corre Muito pouco sangue

Mas seu coração Balança um samba de tamborim

E, nesta maneira, Senhor, dou aqui a Vossa Alteza do que nesta vossa terra vi. E se algum pouco me alonguei, Ela me perdoe.

Emite acordes dissonantes Pelos cinco mil alto-falantes

Senhoras e senhores Ele põe os olhos grandes Sobre mim

A escala termométrica do instinto antropofágico.

Viva Iracema, ma, ma Viva Ipanema, ma, ma, ma, ma Viva Iracema, ma, ma Viva Ipanema, ma, ma, ma, ma

Especulativa, a ciência. Desvia-se e transfere-se. Chegamos ao aviltamento. A baixa antropofagia aglomerada nos pecados de catecismo.

Domingo é o fino-da-bossa Segunda-feira está na fossa Terça-feira vai à roça

Porém...

Contra Anchieta cantando as onze mil virgens do céu, na terra de Iracema, o patriarca João Ramalho fundador de São Paulo.

singular mercê, mande vir da ilha de São Tomé a Jorge de Osório, meu genro

O monumento é bem moderno Não disse nada do modelo Do meu terno Que tudo mais vá pro inferno Meu bem

A nossa independência ainda não foi proclamada. Frase típica de D. João VI: Meu filho, põe essa coroa na tua cabeça, antes que algum aventureiro o faça!

Expulsamos a dinastia. É preciso expulsar o espírito bragantino, as ordenações e o rapé de Maria da Fonte.

Que tudo mais vá pro inferno Meu bem

Bola a sandália

Contra a realidade social, vestida e opressora, cadastrada por Freud — a realidade sem complexos, sem loucura, sem prostituições e sem penitenciárias do matriarcado de Pindorama.

Beijo as mãos de Vossa Alteza

Viva a banda, da, da Carmem Miranda, da, da, da, da Viva a banda, da, da Carmem Miranda, da, da, da, da

E vem pro samba sambar

Bienal Brasileira de Design 2015 Florianópolis | Mostra de Cartazes "Design para todos?" © Guto e Adriana Lins | Manifesto (RJ)

GUTO E ADRIANA LINS – MANIFESTO – Rio de Janeiro, RJ

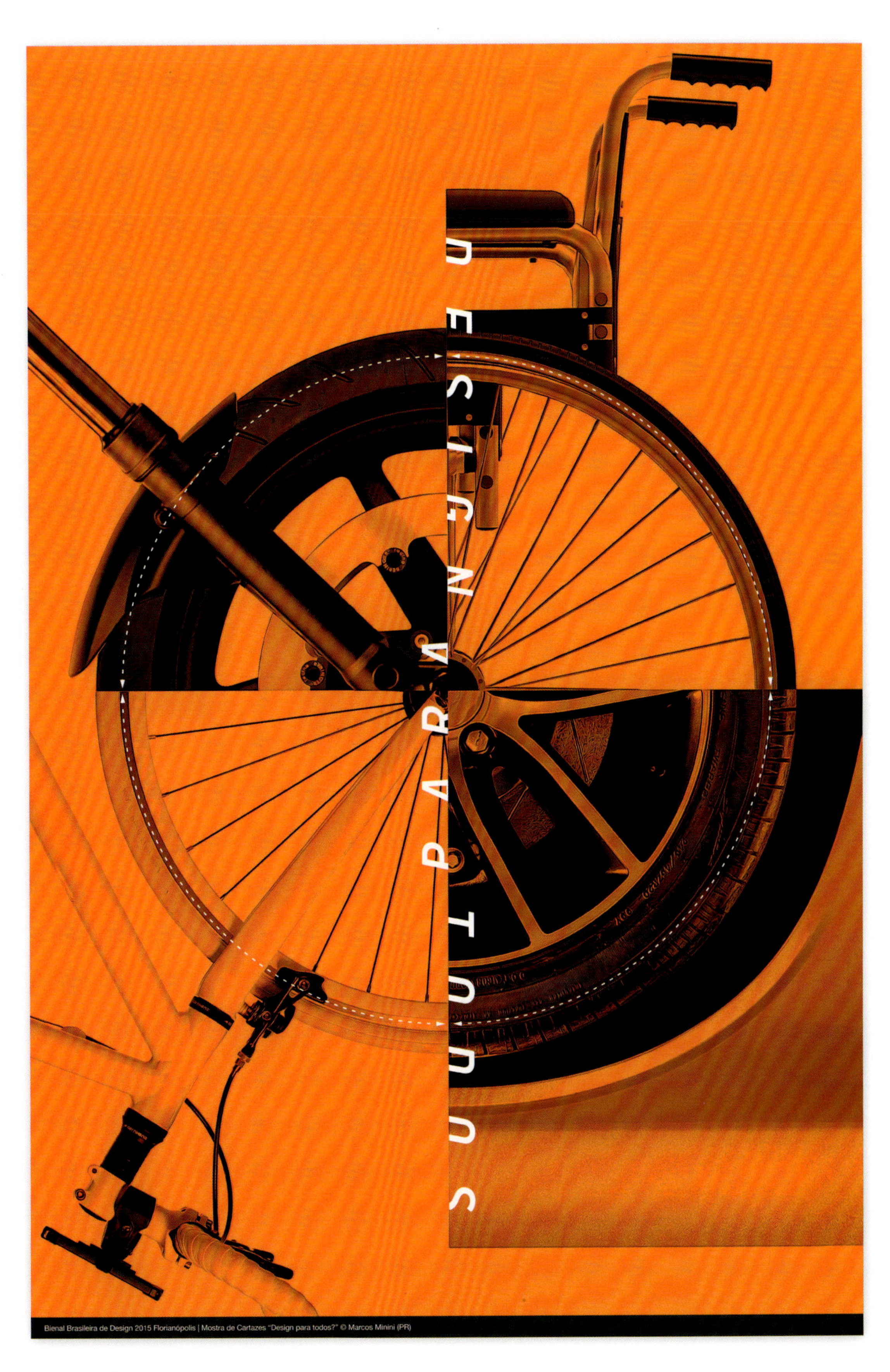

MARCOS MININI – Curitiba, PR

MAURICIO NEGRO – São Paulo, SP

THIAGO LACAZ – Rio de Janeiro, RJ

TATIANA SPERHAKE – TAT STUDIO – Porto Alegre, RS

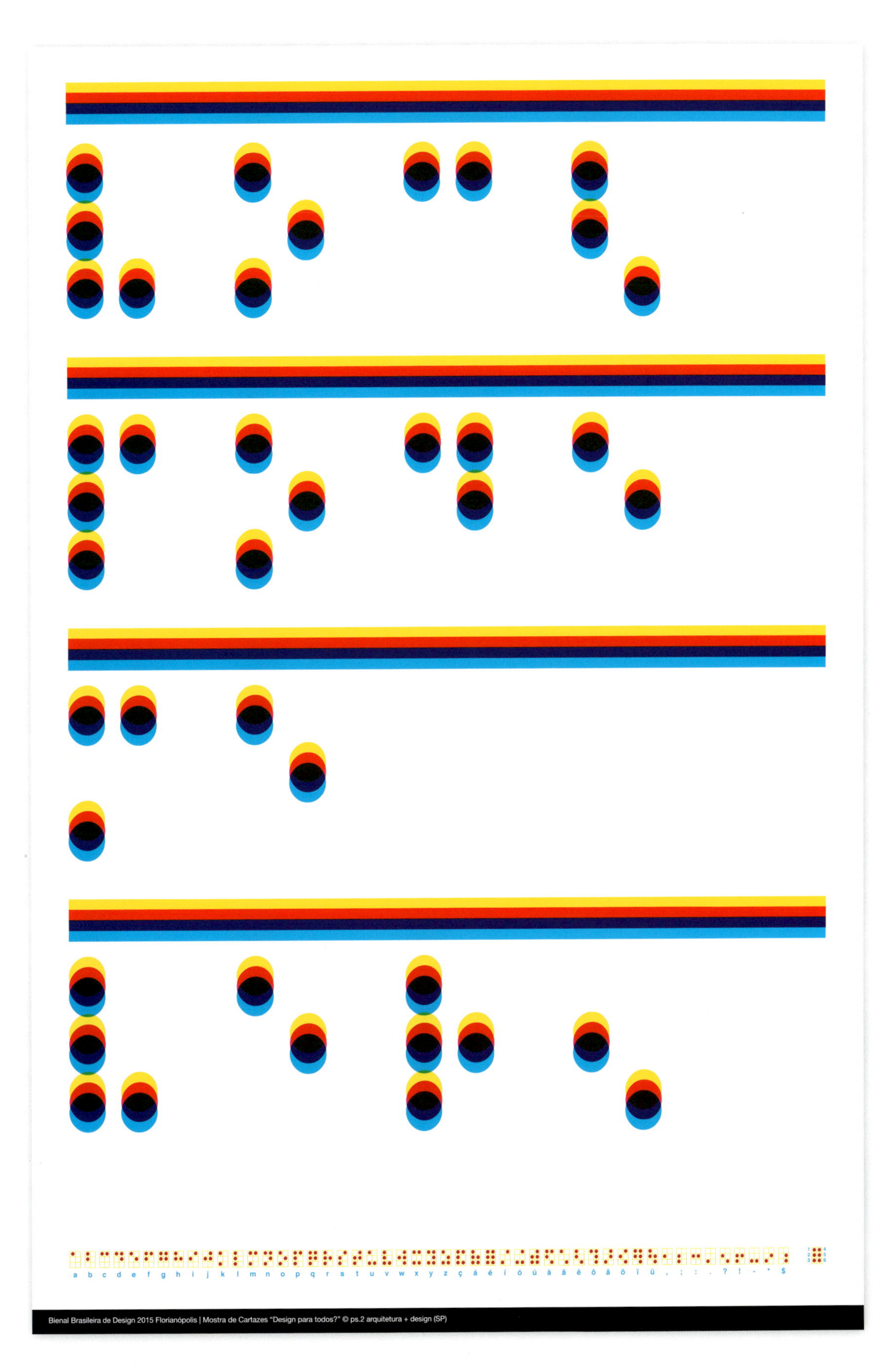

PS.2 ARQUITETURA + DESIGN – São Paulo, SP

DESIGN CATARINA

DESIGN CATARINA

O estado de Santa Catarina sempre foi conhecido pela qualidade de seus produtos, pela sua força empreendedora e pela indústria diversificada, porém há mais ainda a ser mostrado: o design e seu potencial criativo!

Ninguém melhor para se incumbir dessa tarefa do que o Centro de Design Catarina, que abriga projetos no estado e contribui para a sua disseminação e inclusão na indústria.

Temos design, sim! Têxtil, cerâmico, de couros e acessórios, móveis, eletrodomésticos, games e softwares, máquinas, transportes e embalagens, além de utilidades, equipamentos e vestuário esportivo.

A indústria sai na frente mostrando sua visão de valor do design e sua enorme contribuição ao desenvolvimento econômico sustentável do país.

Os produtos reunidos nesta exposição estão divididos pelos setores da indústria, facilitando a visualização da dimensão e extensão da produção do design catarinense. Os polos industriais são mostrados geograficamente dispostos de forma a evidenciar suas zonas de disseminação.

A mostra Criação Catarina revela o lado criativo da indústria, seus processos e tecnologias. Santa Catarina mostra, assim, seu lado inovador voltado para o futuro.

Roselie de Faria Lemos, Curadora
Florianópolis, 02 de junho de 2015

The state of Santa Catarina has always been known for the quality of its products, for its entrepreneurial force and diversified industry. We now want to display the design of the state.

There is no one better to trust with this task than to the Catarina Design Center that houses many projects in the state, and contributes to its dissemination and inclusion in the industry.

Yes, we do have design! Textile, ceramic, leather and accessories, furniture, appliances, games and software, machinery, transport and packaging, in addition to utilities, equipment and athletic apparel. When it comes to entertainment machines, Santa Catarina has a bit of everything, leading the state in the ranking of creative economy.

The creativity and diversity of the Santa Catarina industry contributes by displaying the versatility of design shown at the event. The production shows its quality in manufacturing details and its care for design in product projects, packaging and in new media.

The industry takes a step forward showing its vision in value of design and its enormous contribution to the sustainable economic development of the country.

The products gathered in this exhibition are divided by industry sectors, facilitating the visualization of the size and extent of the production in Santa Catarina's design. Industrial hubs are shown on a large map in order to highlight the spread of the zones.

The Catarina Creation exhibition reveals the creative side of the industry, its processes and technologies. Santa Catarina thus shows its innovative side for the future.

***Roselie de Faria Lemos**, Curator*
Florianópolis, June 2, 2015

FIESC – Federação das Indústrias de Santa Catarina ⟶ 02 de junho a 12 de julho de 2015

FOTOS *PHOTOS* SANDRA PUENTE

FIESC – Federation of Industries of the State of Santa Catarina ⟶ June 2 to July 12, 2015

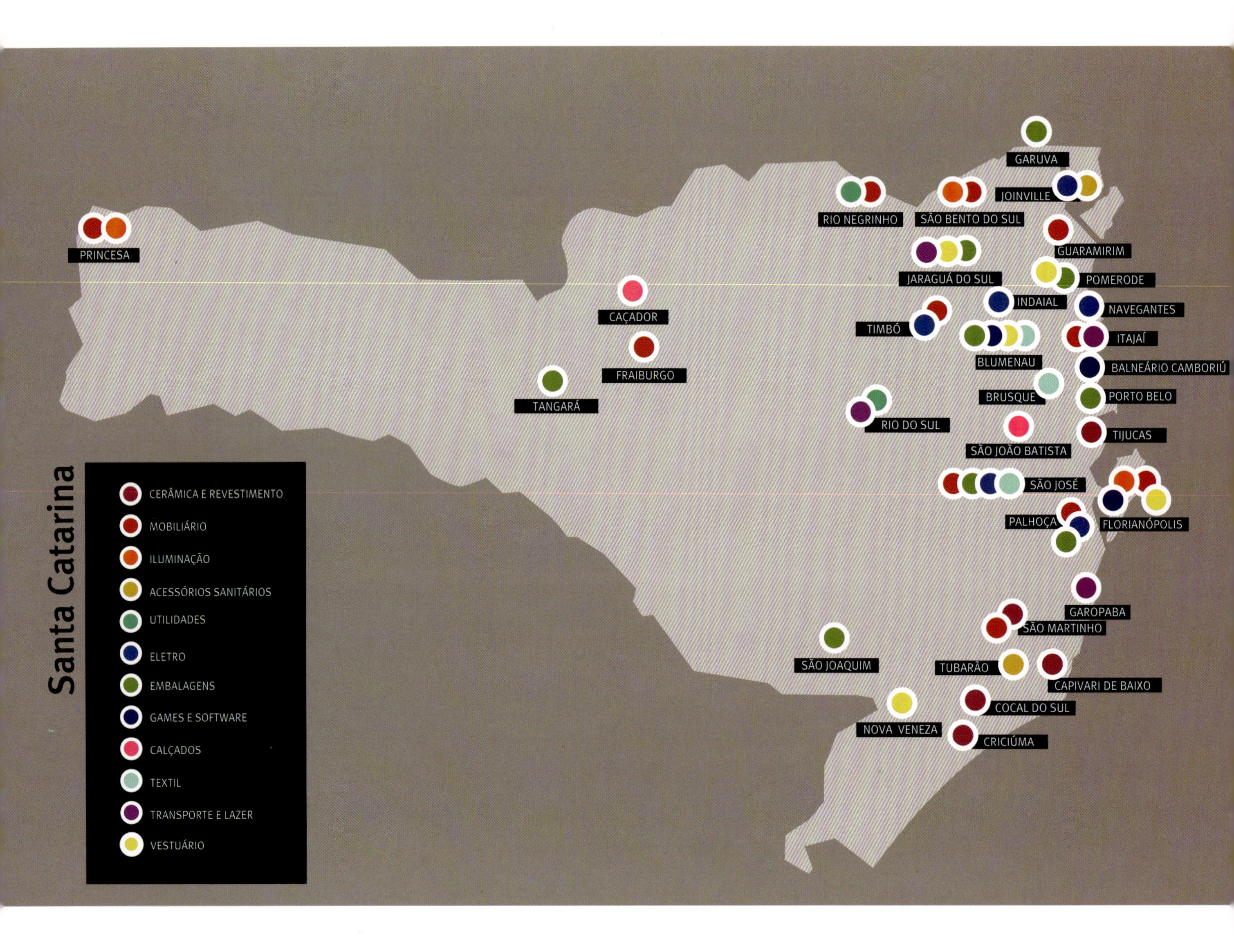
Santa Catarina
CERÂMICA E REVESTIMENTO
MOBILIÁRIO
ILUMINAÇÃO
ACESSÓRIOS SANITÁRIOS
UTILIDADES
ELETRO
EMBALAGENS
GAMES E SOFTWARE
CALÇADOS
TEXTIL
TRANSPORTE E LAZER
VESTUÁRIO
GARUVA
JOINVILLE
RIO NEGRINHO
SÃO BENTO DO SUL
PRINCESA
GUARAMIRIM
JARAGUÁ DO SUL
POMERODE
CAÇADOR
INDAIAL
NAVEGANTES
TIMBÓ
ITAJAÍ
BLUMENAU
BALNEÁRIO CAMBORIÚ
FRAIBURGO
TANGARÁ
BRUSQUE
PORTO BELO
RIO DO SUL
TIJUCAS
SÃO JOÃO BATISTA
SÃO JOSÉ
PALHOÇA
FLORIANÓPOLIS
GAROPABA
SÃO MARTINHO
SÃO JOAQUIM
TUBARÃO
CAPIVARI DE BAIXO
NOVA VENEZA
COCAL DO SUL
CRICIÚMA

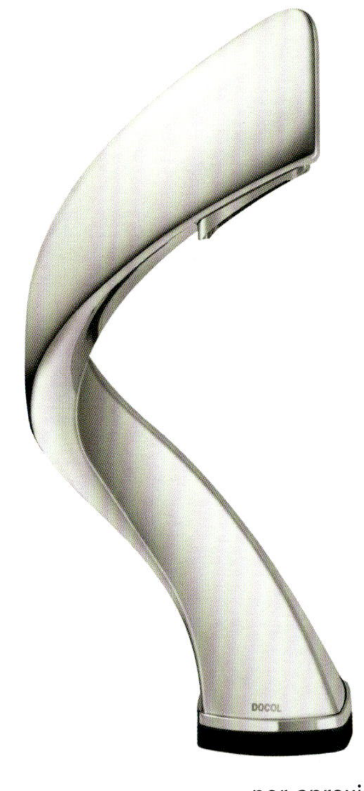

TORNEIRA ONI PRESENCE, 2014

Empresa *Company* Docol
Cidade *City* Joinville/SC
Design Marcelo Alves

Esta torneira para lavatório de mesa possui tecnologia com acionamento por aproximação das mãos em qualquer área do produto e arejador, que além de garantir economia de água, evita respingos e proporciona conforto para as mãos. Possui LED em sua base que indica seu acionamento. ⇢ *The technology of this restroom faucet is activated by the simple proximity of hands in any area of the unit and the aerator. Besides ensuring water savings, it prevents water splashes and offers comfort for the hands. The LED in the base unit indicates the activation of the faucet.*

CHUVEIRO LUMINA BLACK, 2011

Empresa *Company* Docol
Cidade *City* Joinville/SC
Design Tony Narita

O chuveiro possui diversas cores (Black, Bourdeaux, Green e Blue) e recebe pintura termofixa, que apresenta excelente resistência a riscos, luz, calor e umidade. Seu jato retilíneo e uniforme garante conforto e bem-estar durante o banho. ⇢ *The shower head has different colors (Black, Bordeaux, Green and Blue) and is painted with thermosetting paint, which offers very good resistance to scratches, light, heat and moisture. Its rectilinear and uniform jet ensures comfort and well-being in the shower.*

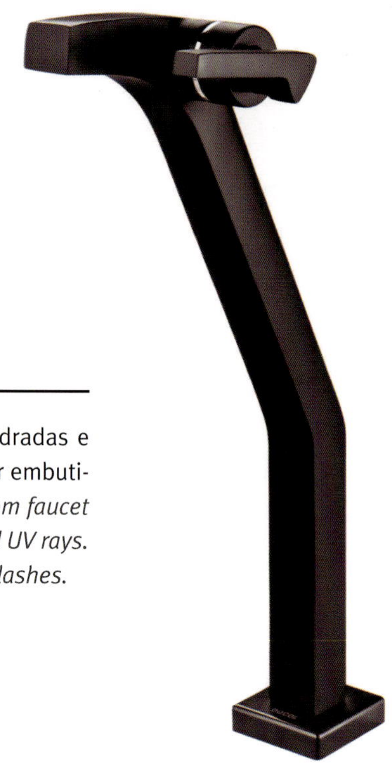

TORNEIRA DOCOL STILLO BICA ALTA BLACK/WHITE/CHROME, 2014

Empresa *Company* Docol
Cidade *City* Joinville/SC
Design Marcelo Alves

Esta torneira para lavatório de mesa possui formas quadradas e apresenta resistência a riscos, corrosão, luz e raios UV. Vem com arejador embutido, o que garante a economia de água e evita respingos. ⇢ *This restroom faucet has a square shape and offers resistance to scratches, corrosion, light and UV rays. It comes with a built-in aerator ensuring water savings and preventing splashes.*

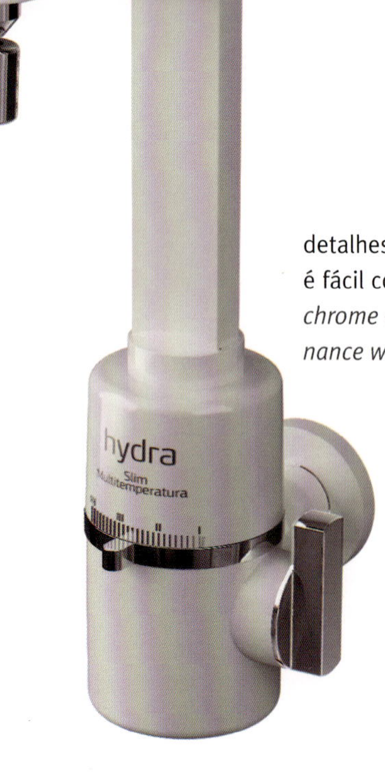

TORNEIRA MULTITEMPERATURA SLIM 4T , 2014

Empresa *Company* Hydra
Cidade *City* Tubarão/SC
Design Bertussi Design

Economiza até 58% de água com o seu uso. Possui design simples e compacto, detalhes cromados no arejado articulado e opção para água quente ou fria. Sua manutenção é fácil com a troca de resistência. ⇢ *It saves up to 58% water. Simple and compact design, chrome detailing in the airy distinct support and option for hot and cold water. Easy maintenance with electric component replacement.*

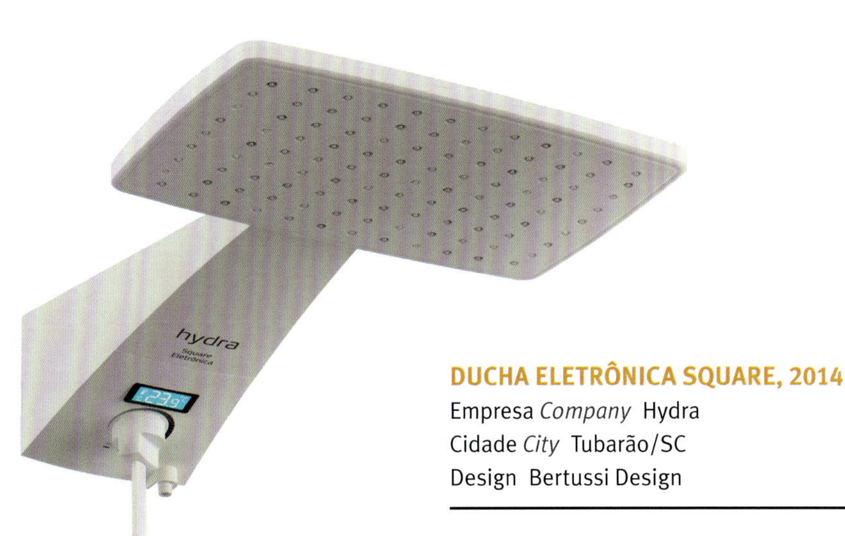

DUCHA ELETRÔNICA SQUARE, 2014

Empresa *Company* Hydra
Cidade *City* Tubarão/SC
Design Bertussi Design

Seu formato retangular, com espalhador de 30 cm, facilita o caimento da água de ombro a ombro. Economiza até 91% de energia no seu uso. O visor da ducha permite controlar a temperatura com indicador digital gradual no display, proporcionando mais conforto e economia. Fácil de instalar. ⇢ *Its 30 cm rectangular format facilitates the water's fall from shoulder to shoulder. It saves up to 91% in energy consumption. The shower head display allows temperature control with the progressive digital indicator, offering comfort and savings. Easy to install.*

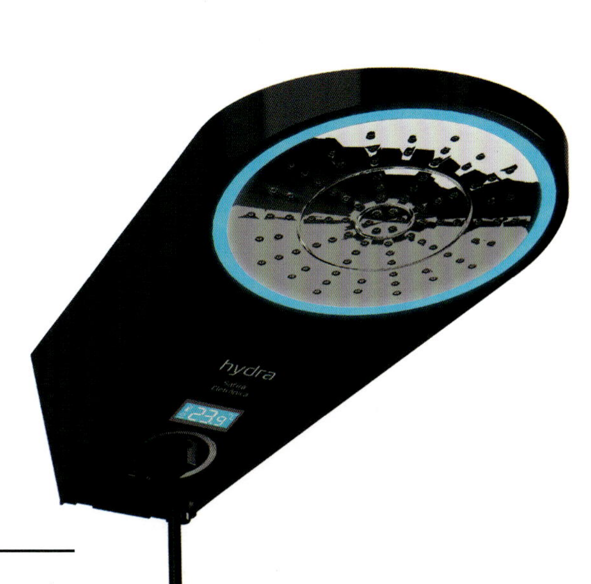

DUCHA ELETRÔNICA SAFIRA, 2015

Empresa *Company* Hydra
Cidade *City* Tubarão/SC
Design Bertussi Design

A Hydra é uma marca especializada em tecnologia para banheiros e lavabos. Seus produtos são desenhados para se obter mais economia de água através de tecnologia própria. Os novos modelos contam com um visor digital que marca a quantidade de água gasta e avisa quando o usuário chega à marca de 15 litros. A linha Safira conta com um regulador de temperatura e iluminação contínua em LED. ⇢ *Hydra is a brand that specializes in technology for bathrooms and restrooms. Its products are designed to provide more water savings. The new models have a digital display that shows the water used and warns the user when the consumption reaches 15 liters. The Safira line has a temperature regulator and continuous LED lighting.*

BARCOS EM SAPATOS, 2014

Empresa *Company* Camminare Calçados
Cidade *City* São João Batista/SC
Design Ronaldo Fraga
Foto *Photo* Sandra Puente

Dez pequenas empresas do polo calçadista de São João Batista (SC) apresentam calçados exclusivos, desenvolvidos em parceria com o estilista Ronaldo Fraga. As criações destacam elementos da cultura catarinense, como as influências açoriana e alemã na região, e fazem parte do Projeto Identidade SC, desenvolvido pelo Sebrae/SC (Serviço de Apoio à Micro e Pequena Empresa de Santa Catarina). O objetivo é aumentar a competitividade das empresas locais levando inovação por meio do design. Nesta linha esporte fino jovem, a empresa trabalhou o tema dos barcos açorianos e a renda de bilro, uma das principais atividades artesanais do estado. Assim, os calçados têm solado grosso e colorido, que lembra o casco de um barco, estampa de mares por dentro e cabedal coberto por rendas feitas por artesãs locais. ⇢ *In São João Batista (SC), a hub of the footwear industry in Santa Catarina, ten small companies have made exclusive shoes developed in partnership with the designer Ronaldo Fraga. The creations highlight Santa Catarina's cultural elements, such as the Azorean and German influences in the region, which are part of the Projeto Identidade SC, implemented by Sebrae/SC (Support to Micro and Small Companies Service in Santa Catarina). The purpose of the project is to increase the local companies' competitivity, bringing innovation through design. In the young casual line, the company worked on the theme of Azorean boats and bobbin-lace, one of the main handcraft activities in the state. Thus, the shoes have thick and colorful soles, resembling a boat's hull. The prints inside the shoes are based on ocean scenes and the outside leather is covered with lace made by local craftspeople.*

MULHERES DE AREIA, 2014

Empresa *Company* Giovana Pash
Cidade *City* São João Batista/SC
Design Ronaldo Fraga

O estilista Ronaldo Fraga participou do Projeto Identidade SC, realizado pelo Sebrae/SC, por meio do programa RST – Rede de Serviços Tecnológicos. Nesse projeto, dez empresários foram beneficiados com uma consultoria para desenvolvimento de novos produtos. Ronaldo Fraga visitou Giovana Pash repassando os primeiros passos que devem ser seguidos para a criação de uma identidade regional. Esta linha de salto alto foi inspirada nos desenhos gráficos dos maiôs Catalina dos anos 1960, com recortes que estilizam a boca e os olhos das misses. Os produtos não estão disponíveis para venda, pois foram feitos artesanalmente, com materiais nobres, o que aumenta o custo e inviabiliza sua comercialização. Até julho de 2016, quando o projeto termina, deverá ser desenvolvida uma linha de calçados para venda. ⇢ *The designer Ronaldo Fraga participated in the Projeto Identidade SC, implemented by Sebrae/SC, through the RST program – Rede de Serviços Tecnológicos (Technological Services Network). In this project, ten companies received the benefit of a consultancy for developing new products. Ronaldo Fraga visited Giovana Pash sharing with her the first steps to be followed in the creation of a regional identity. This high heel line was inspired by the graphic designs of 1960's Catalina beachwear, with cutouts of the mouth and eyes of the beauty pageant contestants in a stylized manner. The products are not available for sale since they were handmade and use top grade materials, which increases the cost and prevents its commercialization. However, until July 2016, when the project ends, a footwear line will be put on sale.*

COLEÇÃO VERÃO 2016, 2015

Empresa *Company* Raphaella Booz
Cidade *City* São João Batista/SC
Design Cláudio Booz
Foto *Photo* Raphaella Booz

Esta coleção traz tiras de poliuretano (PU) tingidas, que são entrelaçadas entre si e costuradas à máquina. Todas as peças em PU são feitas uma a uma, sem recortes. Em seguida, são costuradas a pequenos recortes de couro, formando o cabedal ⇢ *This collection brings straps of dyed polyurethane (PU), which are intertwined to one another and machine sewn. All the polyurethane pieces are done one by one without cutting. Next, they are sewed to the small leather cuttings, forming the upper part of the shoe.*

COLEÇÃO ARTSY, 2014

Empresa *Company* Carolina Haveroth Arte e Cerâmica
Cidade *City* São Martinho/SC
Design Carolina Haveroth
Foto *Photo* Carol Costa

Design inspirado na tendência Artsy, com ênfase nos traços de pintura manual e abstrata. ⇢ *Design inspired by the Artsy trend, with emphasis on the traces of manual and abstract painting.*

COLEÇÃO ESTILO, 2013
Empresa *Company* Carolina Haveroth
Arte e Cerâmica
Cidade *City* São Martinho/SC
Design Carolina Haveroth
Foto *Photo* Carol Costa

Design de superfície inspirado nas cores e no estilo da década de 1970. ⇢ *Surface design inspired by the colors and style of the 1970s.*

COLEÇÃO COLORIDO ILUSIONISTA, 2010
Empresa *Company* Carolina Haveroth
Arte e Cerâmica
Cidade *City* São Martinho/SC
Design Carolina Haveroth
Foto *Photo* Marcelo Trad

Composição de cores criada para causar efeito de profundidade e ilusão nas peças. ⇢ *Color composition intended to generate the illusion of depth of the pieces.*

COLEÇÃO URBAN, 2014
Empresa *Company* Carolina Haveroth Arte e Cerâmica
Cidade *City* São Martinho/SC
Design Carolina Haveroth
Foto *Photo* Carol Costa

Proposta de cores que remete aos contrastes urbanos presentes na cidade de Nova Iorque. ⇢ *Color palette that evokes the urban contrasts existing in New York City.*

COBOGÓ ALCUBO, 2014
Empresa *Company* Cimentíssimo Revestimentos
Cidade *City* Criciúma/SC
Design João Rieth e Gabriel Goulart (Projetos & Produtos Arquitetura e Design)
Foto *Photo* Cimentíssimo Revestimentos

Cobogós são elementos vazados que permitem ventilação e entrada de luz. O nome deriva de uma composição dos nomes dos três engenheiros pernambucanos que o criaram: Coimbra, Boeckmann e Góis. ⇢ *Cobogós are spilled elements that allow the entrance of ventilation and natural light. The name "cobogó" comes from the composition of the names of the three engineers from Pernambuco who created it: Coimbra, Boeckmann and Góis.*

COBOGÓ KOPAN, 2014

Empresa *Company* Cimentíssimo Revestimentos
Cidade *City* Criciúma/SC
Design João Rieth e Gabriel Goulart
(Projetos & Produtos Arquitetura e Design)
Foto *Photo* Cimentíssimo Revestimentos

Este modelo de cobogó permite uma montagem para interiores, servindo como uma interessante separação de ambientes. Foi inspirado no Edifício Copan, em São Paulo. ⇢ *This cobogó model allows for an interior separation of areas in an acttractive way. It was inspired in the Copan Building in São Paulo.*

CARBONE DELUXE, 2013

Empresa *Company* Grupo Eliane
Cidade *City* Cocal do Sul/SC
Design Decortiles

O relevo entrou definitivamente nas novas propostas de revestimentos para paredes, acrescentando uma nova dimensão visual. Em cores clássicas e modernas, esse porcelanato possui uma textura que lhe proporciona destaque. ⇢ *Embossing is definitely in style for wall coverings, adding a new visual dimension. In classic and modern colors, this porcelain tile has a texture that stands out on the wall.*

ABAPORU LEGNO, 2010
Empresa *Company* Mosarte
Cidade *City* Tijucas/SC
Design Mosarte
Foto *Photo* Ro Reitz

Esse revestimento foi criado para celebrar os 50 anos da fundação de Brasília, com características visuais da obra da pintora modernista Tarsila do Amaral. A empresa destaca-se pelo uso do design como ferramenta de diferenciação. A Mosarte foi pioneira no uso de madeiras nacionais em mosaicos para revestimento. *This covering was created to celebrate the 50 years of Brasília's foundation, with visual features of the modernist paintings by Tarsila do Amaral. The company stands out by the use of design as a tool for differentiation. Mosarte was the pioneer in the use of domestic wood in mosaics for coverings.*

PÉTLAS, 2012
Empresa *Company* Mosarte
Cidade *City* Tijucas/SC
Design Mosarte
Foto *Photo* Lio Simas

O produto inova com a tecnologia Semplice de assentamento, que foi desenvolvida para dispensar o uso da argamassa. Consiste na colocação com um adesivo no verso de cada peça, com esferas deformáveis que permitem o afastamento temporário da parede antes da adesão total na superfície. Quando paginado, possui encaixe perfeito, sem emendas visíveis. *The product innovates with the laying technology Semplice, which was developed to avoid any mortar use. The work consists of the use of a sticker to be placed on the back of each piece, with deformable spheres that allow the temporary retraction of the wall before the total adherence in the surface. When joined, it fits flush on the wall with no visible cuts or splices.*

TRESÓR ARGENT, 2014

Empresa *Company* Portobello
Cidade *City* Tijucas/SC
Design Equipe Design e Desenvolvimento Portobello
Foto *Photo* Portobello

Azulejaria multifacetada inspirada em metais preciosos, Tresor é um acessório para detalhes que vão fazer a diferença nos ambientes. Para uso em paredes internas e mobiliário, traz o toque e a textura do metal ao revestimento cerâmico. A forma irregular revela o espírito contemporâneo da proposta. ⇢ *Multifaceted tiling inspired by precious metals, Tresor is for details that will make a difference in the environments. Using them on the internal walls and furniture, gives a metal touch and texture to the ceramic tiles.The irregular shape reveals a contemporary spirit.*

SIX 6 ROPE E SIX 6 MARSALA, 2015

Empresa *Company* Portobello
Cidade *City* Tijucas/SC
Design Milene Beust
Foto *Photo* Portobello

Formato e cartela de cores contemporâneos com inspiração em um favo de mel. Permitem composições monocolores, tanto em cores urbanas quanto em tons de cores intensas, e composições multicolores em tons mais sóbrios ou vivos, que trazem descontração e uma atmosfera *fun* aos ambientes. Personalizar com estilo é o propósito do revestimento Six 6. ⇢ *Contemporary format and color palette inspired by honeycombs. It allows for monocolor composition, both in urban colors, in intense tones, and multicolored configuartions in more sober hues or in vibrant shades, bringing a casual and fun atmosphere to the ambiences. Customising with style is the purpose of Six 6.*

RESERVA JARDIM BOTÂNICO CHEVRON, 2015

Empresa *Company* Portobello
Cidade *City* Tijucas/SC
Design Milene Beust, Luis André da Silva
Foto *Photo* Portobello

Uma pesquisa de espécies de madeira permitiu construir um belo acervo de diferentes origens, fazendo surgir belas combinações entre as peças mais antigas e as mais novas. A Reserva usa madeiras organizadas em grupos cromáticos, inspirando a realização de três mix de madeiras: Jardim Botânico, de cores mais intensas como as madeiras da Mata Atlântica; Central Park, com tons quentes que se aproximam do marfim; Ardennes Forest, que expressa o gosto europeu por madeiras acinzentadas. ⇢ *A research on wood species allowed for the possibility of building a fine collection of different sources, helping beautiful combinations emerge between more ancient pieces and the younger ones. The Reserve uses wood organized in chromatic groups, inspiring the mixing of three types of wood: Jardim Botânico (Botanical Garden), more intense colors like the wood of the Atlantic Rainforest; Central Park, with warm tints approaching ivory; Ardennes Forest, expressing the European taste for greyish woods.*

COBOGÓ CRAFT, 2015

Empresa *Company* Portobello
Cidade *City* Tijucas/SC
Design Milene Beust
Foto *Photo* Portobello

A argila, principal matéria-prima da Portobello, remete às origens do material, fazendo surgir no Studio Craft um porcelanato com superfície delicada e cores naturais, que possibilitam composições suaves e aconchegantes. Pequenos tijolos de cerâmica esmaltados a mão e cobogós de cerâmica natural ampliam as possibilidades da linha. ⇢ *Portobello's main raw material clay refers to its origins, which help place the Studio Craft procelain tiles with delicate surfaces and natural colors, enabling soft and cozy compositions. Small ceramic bricks enameled by hand and natural ceramic cobogós increase the possibilities of the line.*

REVESTIMENTO COLOR CLASS, 2009

Empresa *Company* Revelux Revestimentos
Cidade *City* Capivari de Baixo/SC
Design João Luís Rieth – Projetos & Produtos

Todas as peças da linha Color Class consistem em placas de aglomerante hidráulico com minerais e película epóxi (tecnologia alemã). Este processo, que promove reações químicas na própria massa, elimina o sistema de cozimento das peças em fornos a altas temperaturas, elevando o padrão de versatilidade produtiva e concedendo ao produto acabado uma estética diferenciada. Possui cores vivas que compõem ambientes com um toque contemporâneo. ⇢ *All the pieces of the Color Class Line consist of hydraulic binder plates with minerals and epoxy film (German technology). This process, which promotes chemical reactions in its own mass, eliminates the baking system of the pieces in high temperature kilns, rising the productive versatility standards and giving to the finished product unique aesthetics. The product comes in bright colors creating environments with a contemporary touch.*

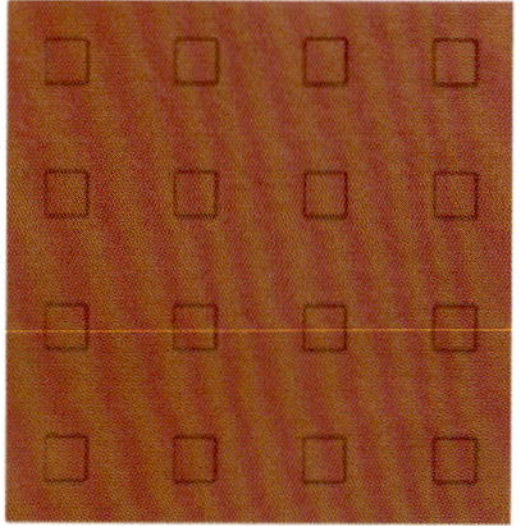

CUBA LAGUNA, 2012

Empresa *Company* Sabbia
Cidade *City* Tijucas/SC
Design Estúdio 566 (Célio Teodorico dos Santos, Felipe Dausacker da Cunha, Altino Alexandre Cordeiro Neto, Ricardo Antonio de Alvares Silva)

Uma nova estética para cubas: sem rejuntes, sem emendas e com linhas e volumes sensuais. A Cuba Laguna teve como inspiração o movimento e a composição dinâmica das dunas catarinenses. A composição da matéria-prima mineral confere a esta tecnologia o seu baixo impacto ambiental. A produção envolve baixíssimo consumo de energia elétrica e não utiliza água. ⇢ *A new aesthetic for sinks: without grouting, without seams and with sensual lines and volumes. The Laguna Vat takes its inspiration the movement and the dynamic composition of the dunes of Santa Catarina. The composition of the mineral raw material allows for its low environmental impact. The production uses very low power and water consumption.*

MIXER FAST BLEND COLORS, 2015

Empresa *Company* Cadence
Cidade *City* Navegantes/SC
Design Cadence

Conta com duas velocidades e é desmontável para facilitar a limpeza e o armazenamento. Sua lâmina em aço inoxidável é muito mais durável e não enferruja. As cores atuais combinam com sua cozinha, deixando-a mais moderna. Este produto também está disponível nas cores vermelho-cereja, azul-pistache e roxo-berinjela. ⇢ *Two-speed dismountable mixer to allow for easy cleaning and storage. Its stainless steel blade is much more durable and rust-free. The colors match your kitchen, making it even more attractive. This product is also available in cherry red, pistachio blue and eggplant purple.*

TORRADEIRA CADENCE COLORS, 2014

Empresa *Company* Cadence
Cidade *City* Navegantes/SC
Design Cadence

Conta com sete níveis de temperatura que permitem escolher o grau de temperatura, além da ejeção automática do pão e possibilidade de cancelamento da tostagem a qualquer momento. Suas largas aberturas comportam pães de variados tipos, tamanhos e espessuras. Tudo isso com cores para dar mais charme ao seu café da manhã. Este produto também está disponível nas cores vermelho-cereja, amarelo-canário e roxo-berinjela. ⇢ *It has seven temperature levels allowing for different degrees of toasting, in addition to an automatic bread ejection and the possibility of canceling the toasting at any time. Its wide opening allows for toasting breads of different types, sizes and thicknesses. Available in colors that give a more charming touch to your breakfast. This product is also available in cherry red, canary yellow and eggplant purple.*

BLENDER SHAKE UP!, 2014

Empresa *Company* Cadence
Cidade *City* Navegantes/SC
Design Cadence

O Blender Shake up! simplifica o dia a dia, combinando um eficiente blender com um copo que se torna um prático squeeze em um único dispositivo. Ele permite preparar a bebida, remover e selar o copo, levando para onde quiser – trabalho, passeio, academia ou viagem – sem precisar de outro recipiente. Feito de Tritan®, material inquebrável e BPA Free, atóxico, livre de Bisfenol A. ···› *To simplify the consumer's daily life, it combines an efficient blender with a convenient squeezer in one device, allowing to prepare the beverage, remove and seal the cup for taking it to wherever you want — workplace, outings, gym or on a trip — no need to change to another container. Made of Tritan®, an unbreakable material that is non-toxic and free of Bisfenol A.*

BATEDEIRA ORBITAL ORBIT ROSA, 2014

Empresa *Company* Cadence
Cidade *City* Navegantes/SC
Design Cadence

Este produto tem parceira com o IBCC, revertendo parte do valor da venda para ajudar na manutenção do hospital, pesquisas e apoiando o controle do câncer de mama. Todos os consumidores que adquirem a Edição Especial recebem um cartão de autoexame das mamas, disponível na embalagem do produto. A Batedeira Orbital Orbit Rosa é compacta e de alta performance, com tamanho e design exclusivos, ideal para qualquer tipo de massa. Este produto também está disponível nas cores vermelho-cereja, amarelo-canário, azul-pistache e roxo-berinjela. ···› *This product has the partnership of IBCC (Instituto Brasileiro de Controle do Câncer), reverting part of its sales to help in hospital maintenance, research and breast cancer control. All the consumers who buy the Special Edition receive a card for breast self-examination, available in the product packaging. The Orbital Orbit Rosa is a compact and high-performance mixer with exclusive size and design, ideal for making any kind of dough. This product is also available in cherry red, canary yellow, pistachio blue and eggplant purple.*

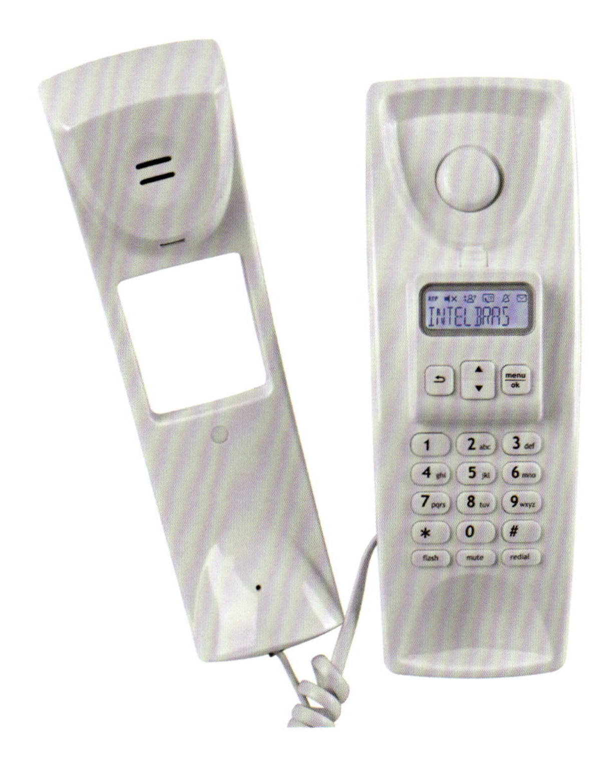

TC 2110, 2014

Empresa *Company* Intelbras
Cidade *City* São José/SC
Design Design Industrial Intelbras

Um telefone com fio projetado para ser fixado na parede e que possui o display visualizado através do monofone, que permite simplicidade de interação e funcionalidade, além de custo competitivo devido à forma compacta. O TC 2110 é a opção com mais funções quando comparado à produtos na mesma categoria de preço e adaptável às mais variadas situações de uso. Recebeu o prêmio IDEA/Brasil em 2014. ⇢ *Wired telephone designed to be wall mounted with a display viewed in the handset, for simple use and functionality, in addition to its competitive cost due to the compact shape. The TC 2110 is the option with more functions compared to other products in the same price range and adaptable to various situations. It was awarded the IDEA/Brazil Prize in 2014.*

WRN 240 SLIM, 2015

Empresa *Company* Intelbras
Cidade *City* São José/SC
Design Design Industrial Intelbras

O roteador WRN 240 Slim foi desenvolvido para uma instalação de rede wireless sem complicações. Suas formas suaves e agradáveis aproximam o usuário, contribuem harmonicamente com a decoração e trazem a sensação de um produto fácil e amigável ao usar. Além de sinal wireless, as quatro portas LAN conectam dispositivos que ainda não possuem Wi-Fi. Sua instalação pode ser feita pelo computador, por meio de um assistente virtual ou pelo smartphone, com o aplicativo Conecte.me. ⇢ *The WRN 240 Slim was developed to be an easy wireless network. Its smooth and pleasant shapes bring users in closer contact and contribute harmonically to the room decor, and it is friendly and easy to use. In addition to the wireless signal, the four LAN ports connect to devices that have no Wi-Fi. Its installation can be done by computer with the help of a virtual assistant or by smartphone with the Conecte.me app.*

IV 7000 ME, 2015

Empresa *Company* Intelbras
Cidade *City* São José/SC
Design Design Industrial Intelbras

Responsável pela reformulação da linha de porteiros Intelbras, IV 7000 ME permite ao usuário visualizar o ambiente externo, além de conversar e abrir a porta para um visitante. Possibilita o ajuste da câmera no momento da instalação para uma identificação perfeita do visitante, inovação para essa categoria no país. O acabamento em aço escovado transmite resistência e segurança e suas proporções o tornam mais robusto e integrado à parede. O botão de chamada é evidenciado por iluminação específica e auxilia no uso do produto durante a noite. Toda a solução de instalação foi projetada para ser executada com as mãos livres, o que reduz tempo de trabalho e facilita a tarefa dos profissionais. ⇢ *Responsible for the reworking of the Intelbras door control system line, the IV 7000 ME allows the user to view the external environment, in addition to being able to talk and open the door to a visitor. During the installation, it's also possible to adjust the camera for a perfect identification of the visitor, which in this category is innovative in the country. The brushed steel finishing conveys strength and security, and its proportions make it more robust and integrated to the wall. The call button is highlighted by a special lighting that helps using it during the night. All the solutions for the installation were designed to be executed free hands, reducing the working time and making it easy for the professionals' performance.*

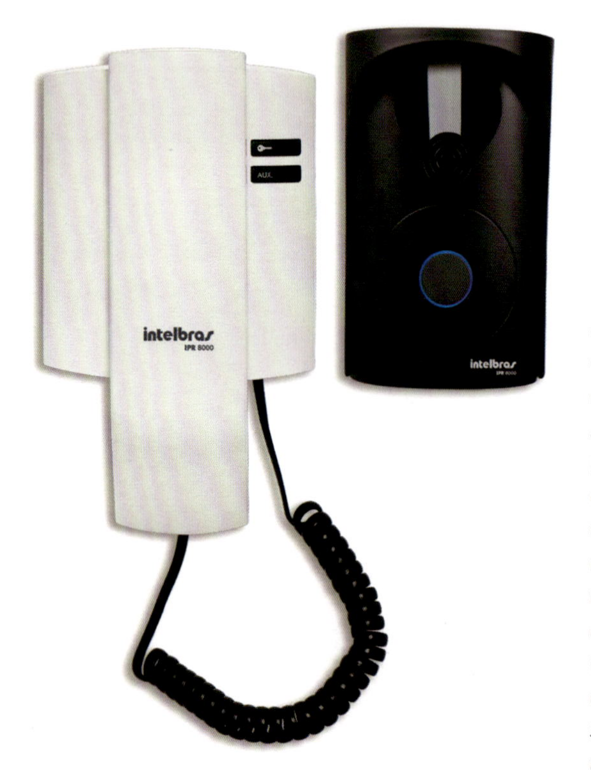

IPR 8000, 2015

Empresa *Company* Intelbras
Cidade *City* São José/SC
Design Design Industrial Intelbras

O IPR 8000 permite a comunicação entre ambiente interno e externo, além da abertura de até duas fechaduras. Sua interface, com o objetivo de inibir o vandalismo, conta com um sistema que se conecta a qualquer central de alarme e alerta possíveis agressões ao módulo externo. A robustez da forma é reforçada com a textura granulada fosca aplicada ao produto e o elemento central, comum à família de porteiros, é destacado com acabamento brilhante. Toda a solução de instalação foi projetada para ser executada com as mãos livres, o que reduz tempo de trabalho e facilita a tarefa dos profissionais. ⇢ *The IPR 8000 allows the communication between indoor and outdoor environments, in addition to opening up to two locks. Its interface, with the purpose of inhibiting vandalism, has a system that connects to any alarm center warning against any possible aggressions to the external module. The robust shape is reinforced with the grain embossed matte texture applied to the product and the central unit. As usual for this door control system line, it is highlighted with a glossy finishing. All the solutions for the installation were designed to be executed free hands, reducing the working time and making it easy for the professionals' performance.*

IPR 5110, 2015

Empresa *Company* Intelbras
Cidade *City* São José/SC
Design Design Industrial Intelbras

O IPR 5110 une as funções de um interfone e telefone. Com instalação simplificada, sem necessidade de passar fios, ele não interfere no ambiente e ainda traz mobilidade para o dia a dia dos usuários. Sua proporção e textura favorecem a robustez e o acabamento em pintura metálica escura, além de transmitir refinamento, remete às características do telefone que lhe serve de par. Toda a solução de instalação foi projetada para ser executada com as mãos livres, o que reduz tempo de trabalho e facilita a tarefa dos profissionais. ⇢ *The IPR 5110 combines the functions of an intercom with a telephone. With a simplified installation and without the need for wiring, it does not interfere in the room and also provides mobility for users in their daily life. Its proportion and texture favor the robustness and the finishing with a dark metal coating transmit refinement, matching the features of the telephone that comes with it. All the solutions for the installation were designed to be executed free hands, reducing the working time and making it easy for the professionals' performance.*

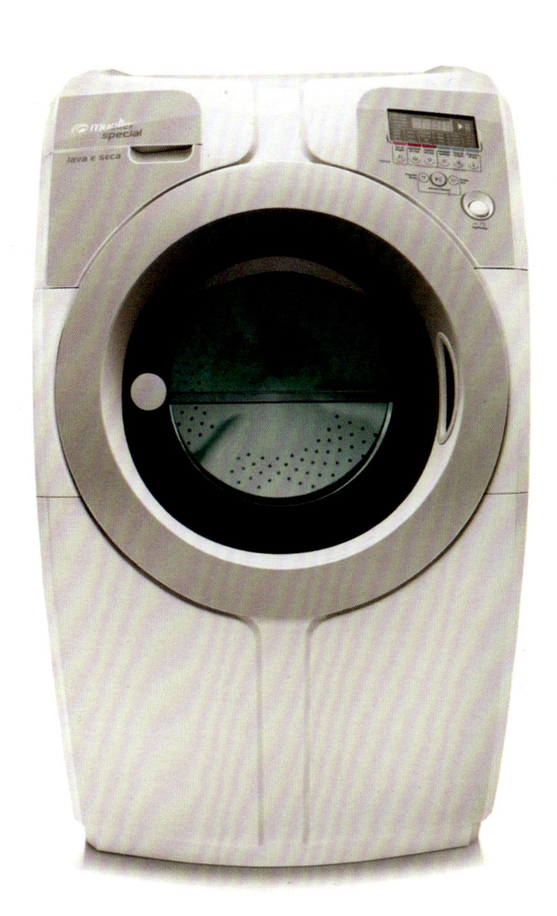

LAVADORA SPECIAL EASY DRY, 2012

Empresa *Company* Mueller Eletrodomésticos
Cidade *City* Timbó/SC
Design Chelles & Hayashi Design

Lavadora automática frontload lava e seca, com capacidade para lavar 7 kg de roupa e secar 4 kg. Um dos diferenciais é o seu cesto, que é inclinado em 20 graus e também removível, facilitando a colocação e a retirada das roupas. Além disso, é a única do mercado que possui porta de acesso fácil, permitindo adicionar roupas em qualquer etapa da lavagem. ⇢ *Frontload automatic washer and dryer with 7 kg capacity to wash and 4 kg to dry. One of its special features is the basket, tilted at about 20 degrees and removable, making it easy to put in and take out laundry. Moreover, it's the only one in the market that has an easy access door, allowing the user to add clothes at any stage of washing.*

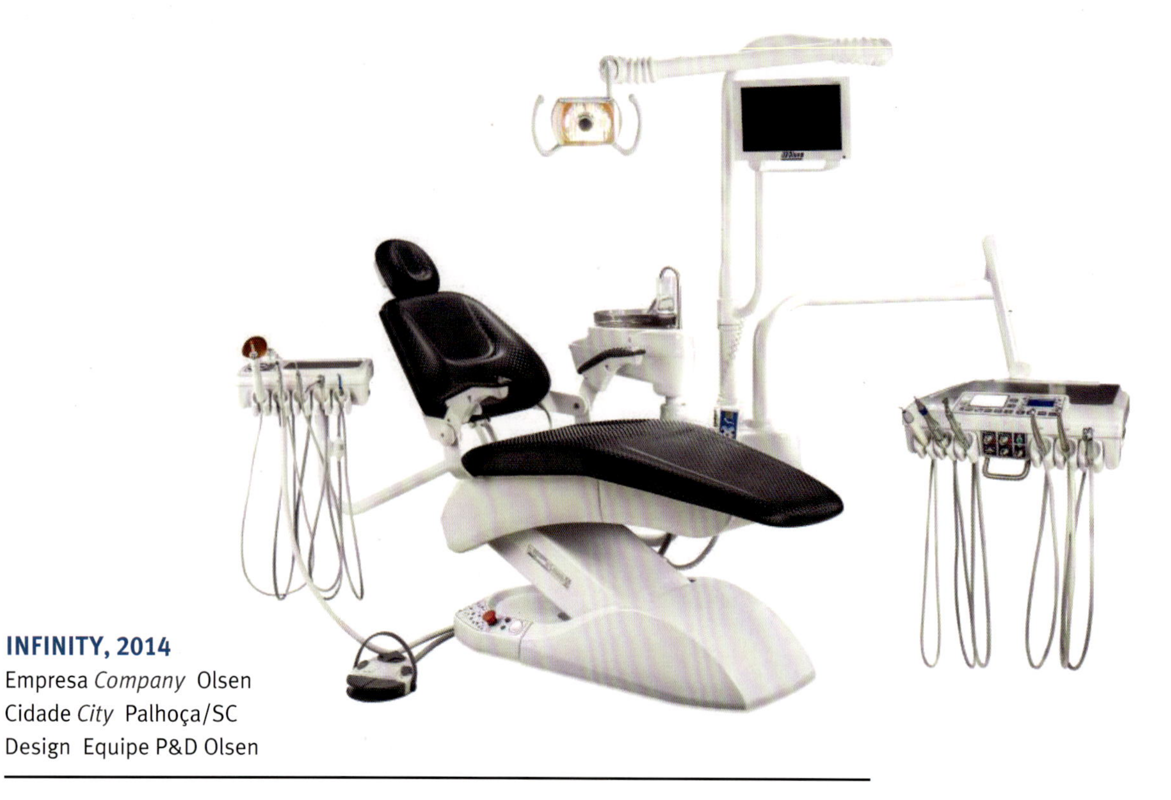

INFINITY, 2014

Empresa *Company* Olsen
Cidade *City* Palhoça/SC
Design Equipe P&D Olsen

A linha Infinity segue modernos conceitos tecnológicos, ergonômicos e de biossegurança, proporcionando conforto e bem-estar ao dentista e ao paciente. Possui sistema blue touch para um fluxo de trabalho intuitivo, que é acionado quando o dentista pressiona o painel do equipo. Também possui terminal óptico por luz LED, para que o profissional tenha melhor visibilidade do campo de atendimento. A base da cadeira, revestida com poliestireno de alto impacto, confere harmonia ao consultório e proteção contra oxidação. ⇢ *The Infinity line follows modern technological, ergonomic and biosecurity concepts, offering comfort and well-being to the dentist and the patient. It has a blue touch system for an intuitive workflow, activated when the dentist presses the equipment panel. It also has an optical terminal by LED light, in order to give more visibility of the area involved in the treatment. The seat base, lined with high -impact polystyrene, confers harmony and protection against oxidation.*

CENTRÍFUGA WANKE SUPREMA, 2013

Empresa *Company* Wanke
Cidade *City* Indaial/SC
Design Design Inverso

Com capacidade de 20 kg de roupa molhada, é ideal para centrifugar roupas e tecidos que não contenham partes metálicas. Possui sistema de trava que não permite a abertura da tampa quando a centrífuga está ligada, alças laterais que facilitam o manuseio, rodas que facilitam o transporte, pés antideslizantes que garantem mais segurança e saída de água frontal com bico direcionável. É muito leve: pesa somente 8,650 kg. ⇢ *With capacity of 20 kg of wet clothes, it is ideal to centrifuge clothing and fabrics with no metal pieces. It has a locking system that doesn't allow the opening of the lid when the centrifuge is on, side handles to facilitate the handling, wheels to make transportation easier, nonslip feet to ensure higher security and frontal water outlet with adjustable nozzle. It weighs only 8,650 kg.*

MICRO-ONDAS CONSUL MAIS COM FUNÇÃO TOSTEX, 2014

Empresa *Company* Whirlpool
Cidade *City* Joinville/SC
Design Whirlpool Latin America

Micro-ondas doméstico único no mundo, com um acessório que permite o preparo de um sanduíche com recheio bem aquecido e pão crocante, o que não é possível em um micro-ondas convencional. Isso acontece pelo contato direto com um material que atinge altas temperaturas. Fácil de usar e limpar, compacto e com cores vibrantes, entrega um benefício claro e valorizado pelo jovem. ⇢ *Unique home microwave oven, with a device that allows for the preparation of sandwiches with well-heated fillings and crunchy bread, which is not possible in a conventional microwave oven. This is possible due to the direct contact with the material that reaches high temperatures. Easy to use and to clean, compact and coming in vibrant colors, has a clear benefit and is appreciated by young people.*

CERVEJEIRA CONSUL MAIS, 2014

Empresa *Company* Whirlpool
Cidade *City* Joinville/SC
Design Whirlpool Latin America

Refrigerador doméstico destinado a gelar cervejas, a bebida preferida pelos brasileiros. Mantém a temperatura igual à das geladeiras especializadas de bares (4°C), com janela de inspeção e indicador de temperatura digital. O desenho interno permite acomodar diferentes frascos da bebida (latas, garrafas ou barris domésticos), atendendo aos gostos de cada consumidor. ⇢ *Home refrigerator intented for cooling beer, Brazilians' favorite beverage. It keeps the ideal temperature the same way specialized refrigerators for bars (4°C) do with a window for visual inspection and digital temperature indicator. The internal design accommodate different beverage containers (cans, bottles or home barrels) for all kinds of consumer tastes.*

FRIGOBAR BRASTEMP RETRÔ, 2013

Empresa *Company* Whirlpool
Cidade *City* Joinville/SC
Design Whirlpool Latin America

O Frigobar Brastemp Retrô resgata uma lembrança vintage com os pés-palito cromados, especialmente desenhados para não riscar o chão, e também com o clássico logo "Brastemp" e o puxador, ambos originais da marca dos anos 1950. ⇢ *The minibar Brastemp Retrô brings back a vintage memory of the plated "foot-stick", especially designed not to scratch the floor, and also the classic "Brastemp" logo and knob, both original of the brand in the fifties.*

CARNES DEFUMADAS DOBHRUNNO, 2013

Empresa *Company* Charcutaria DoBhrunno
Cidade *City* São José/SC
Design Move Design de Negócios (Graziella Dellare Carrara, Cristina Bunn, Claudio Mendes)
Foto *Photo* Vanessa Alves

A família do Bhrunno resgata conceitos e técnicas tradicionais da antiga arte de defumar carnes. Seus produtos proporcionam experiências sensoriais únicas, pois resgatam aromas e sabores atávicos, com produtos artesanais, diferenciados e sofisticados. A embalagem desenvolvida pela Move contribuiu para aumentar a confiabilidade e promover a diferenciação dos produtos no ponto de venda. A DoBhrunno participou em 2012 e 2013 do programa Sebraetec, do Sebrae/SC, pelo qual recebeu consultoria no desenvolvimento da marca, da identidade visual e das embalagens. ⇢ *Bhrunno's family draws on traditional concepts and techniques in the ancient art of smoking meats. Its products offer unique sensory experiences, bringing atavistic aromas and flavors with handmade products, unique and sophisticated. The package designed by Move contributes to boost the reliability and promote the products differentiation in the aisles. DoBhrunno participated in 2012 and 2013 in the Sebrae/SC Sebraetec program, by which the company received consultancy in the brand development, visual identity and packaging.*

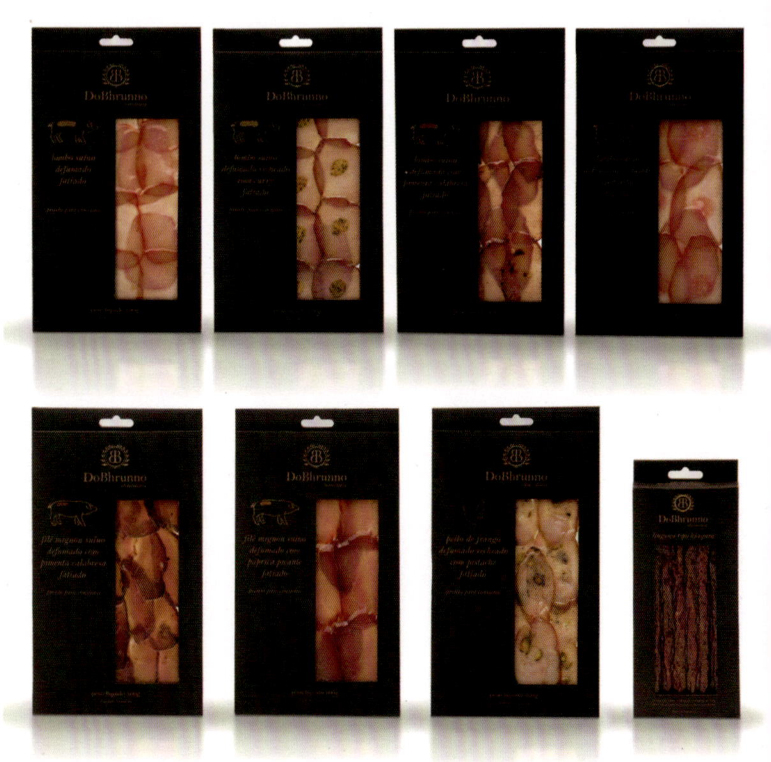

TUBO PLÁSTICO 100% BIODEGRADÁVEL COMPOSTÁVEL, 2011

Empresa *Company* C-Pack Creative Packaging SA
Cidade *City* São José/SC
Design Parceria C-Pack e Senai/SC
Foto *Photo* Fernanda Daminelli

Embalagem produzida com recursos naturais derivados da batata e do milho, que se decompõe em até 1 ano em compostagem, reduzindo o lixo gerado pelas embalagens plásticas tradicionais com degradação superior a 100 anos. Foi a primeira desenvolvida no Brasil com essa característica. ⤑ *Produced with natural resources derived from potato and corn starch, capable of decomposing up to one year in composting, reducing the garbage produced by the traditional plastic packages with degradation rate over 100 years. It was the first product developed in Brazil with this characteristic.*

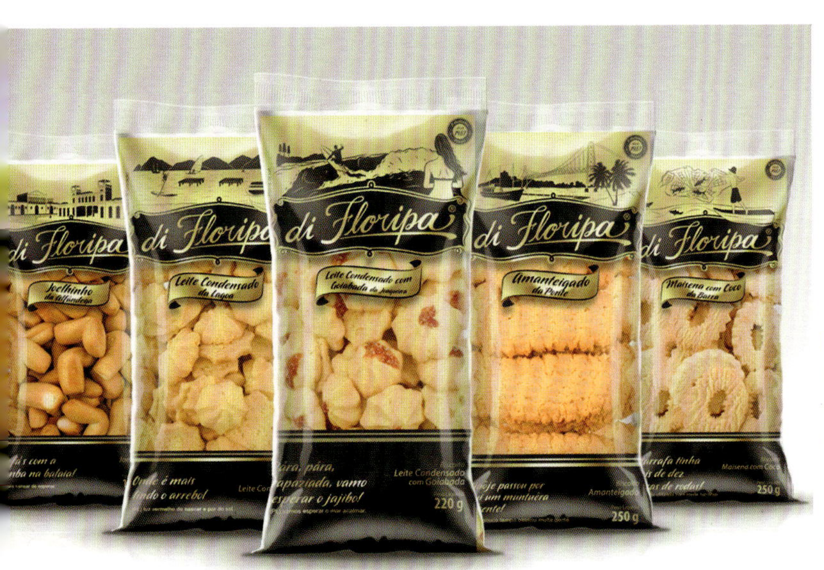

BISCOITOS DI FLORIPA, 2015

Empresa *Company* Biscoitos Di Floripa
Cidade *City* Palhoça/SC
Design Di2o Design e Arquitetura
(Pablo Ramirez Chacón)
Foto *Photo* Di2o Design e Arquitetura

A embalagem de biscoitos reformulada conferiu ao produto um novo perfil. Faz referência à história e cultura da cidade de Florianópolis, ampliando seu público ao atingir turistas. ⤑ *The redesigned biscuits package gave to the product a new profile. It alludes to the history and culture of the city of Florianópolis, expanding the target public to attract tourists as well.*

FIBRATTO BISCOITO INTEGRAL, 2013

Empresa *Company* Letuca Receitas de Família
Cidade *City* Blumenau/SC
Design Move Design de Negócios
(Graziella Carrara, Cristina Bunn e Claudio Mendes)
Foto *Photo* SA2 Design e Comunicação, Vanessa Alves

A visualização dos biscoitos, a fácil identificação dos sabores por meio de um sistema de cores, o lacre de segurança e o fecho de abertura e fechamento são os principais pontos das embalagens. Outro destaque é a separação das porções diárias de biscoito recomendadas. Feitas de material reciclável, ergonômicas e que favorecem aspectos de exposição do produto, agregaram valor do ponto de vista do posicionamento da marca, respeitando as limitações produtivas da empresa. Em 2014, a embalagem foi a terceira colocada nacional no prêmio da Abre (Associação Brasileira de Embalagem). A Letuca participou em 2013 do programa Sebraetec, do Sebrae/SC, pelo qual recebeu consultoria no desenvolvimento da marca e da identidade visual, de estratégias de mercado e das embalagens. ⇢ *Viewing the biscuits, the easy identification of flavors by a color system, the security seal and the opening and closing fastener are the package's main features. Another feature is the separation in portions for recommended daily biscuits consumption. Made with recyclable ergonomic material and highlighting the product exposure, add value to the product's brand positioning, respecting the company's limitations of production. The package won the 3rd place in the national Abre (Associação Brasileira de Embalagem) award in 2014. Letuca has participated in 2013 Sebraetec program, by Sebrae/SC, receiving consultancy for the brand and visual identity development, market strategy and packaging.*

SUBLIME, 2015

Empresa *Company* Vinícola Monte Agudo
Cidade *City* São Joaquim/SC
Design Juliano Domingues

O vinho é elaborado à base de uva Merlot, colhida antecipadamente. Com uma leve prensagem, a cor tem vermelho vivo com tons alaranjados, que lhe conferem notas cobreadas. Fermentado em baixa temperatura, preserva os inúmeros e intensos aromas frutados de frambuesa, butiá e morango maduro, misturado a um leve fundo de rosas brancas. Perfeito para o público feminino. ⇢ *The wine is made from Merlot grapes, prematurely harvested. With subtle gradient, the color is a bright red with orange tones that compliment copper notes to it. Fermented at a low temperature, this wine preserves the numerous and intense fruity aromas of raspberry, butia and ripe strawberry, mixed with a light finish of white roses. It's perfect for the female public.*

SINFONIA, 2014
Empresa *Company* Vinícola Monte Agudo
Cidade *City* São Joaquim/SC
Design Juliano Domingues

Espumante da safra 2014, de fermentação alcoólica prolongada em baixas temperaturas. A linha Sinfonia possui a mesma origem do vinho Sublime dos vinhedos em terras altas. Possui coloração rosa-claro vivo com perlage fino, intenso e persistente. Seu aroma floral e frutado com nuances de goiaba, morango e cereja em calda, mesclado com leves notas de pão torrado e de fermento. ⇢ *Sparkling wine of 2014 vintage with prolonged alcoholic fermentation at low temperatures. The Sinfonia line has the same origin as the Sublime wine in the upland vineyards. It has a deep light pink color with fine perlage, intense and persistent. Its aroma is floral and fruity with nuances of guava, strawberry and cherries in syrup, blended with slight notes of toasted bread and yeast.*

PATÊ DE PALMITO, 2012
Empresa *Company* Natupalm
Cidade *City* Porto Belo/SC
Design Caroline Dentice – Dita Estudio
Foto *Photo* Rafael Atarão

A Natupalm, que produz palmito em conserva, conseguiu aumentar em 200% sua rentabilidade ao desenvolver e patentear o patê de palmito, utilizando partes do palmito antes não comercializadas, nos sabores ervas finas, presunto e tomate seco. As embalagens colocam o produto dentro da categoria gourmet, remetendo também à sua leveza e frescor, e destacando-os no ponto de venda por suas cores vibrantes. No ano de 2012, a Natupalm participou do programa Sebraetec, do Sebrae/SC, pelo qual recebeu consultoria no desenvolvimento de marca e embalagens. ⇢ *Natupalm, producer of preserved hearts-of-palm, managed to increase its profitability in 200%, when developed and received the patent for its "patê de palmito" (heart of palm pâté) using some parts of the heart of palm that had not being marketed before, flavoring it with fines herbs, ham and dried tomato. The packaging puts the product in the gourmet segment emphasizing its lightness and freshness; and the vibrant colors stand out at the points of sale. In 2012, Naturpalm participated in the Sebrae/SC Sebraetec program, by which the company received consultancy for the development of its brand and packaging.*

OVOS PINTADOS, 2015
Empresa *Company* Nugali Chocolates
Cidade *City* Pomerode/SC
Design FAZDESIGN – Jean Sanches, Ricardo Heiderscheidt, Jefferson Reuter Quint
Foto *Photo* Silvio Klotz

A embalagem da Nugali de ovos de Páscoa é inspirada na tradição alemã de pintar ovos, mantida na cidade de Pomerode. A embalagem é coerente com os valores da empresa e os grafismos dos ovos foram desenhados especialmente para este produto. Há 7 anos, a Nugali mantém diversas parcerias com o Sebrae/SC para alavancar seu negócio. Atualmente, participa dos programas ExportaSC e CNTur. ⟶ *The Nugali Easter Eggs package is inspired by the German tradition of painting eggs, preserved in the city of Pomerode. The packaging is consistent with the company's values and the egg graphics were designed especially for this product. For seven years, Nugali has maintained various partnerships with Sebrae/SC to leverage its business. Presently, Nugali participates in the ExportaSC and CNTur programs.*

GRAPPA PANCERI, 2005
Empresa *Company* Vinícola Panceri
Cidade *City* Tangará/SC
Design Plano Global
Foto *Photo* Divulgação

Elaborado a partir de uvas Cabernet Sauvignon, Merlot e Chardonnay, passa por processo duplo de destilação e refrigeração. Muito difundido como digestivo para ser servido após as refeições. Seu sabor se intensifica quando a bebida está gelada. ⟶ *Made from Cabernet Sauvignon, Merlot and Chardonnay grapes, before passing through a double distillation and refrigeration process. Very widespread as a digestive to be served at the end of the meal. Its flavor intensifies when the wine is chilled.*

NILO TEROLDEGO, 2008

Empresa *Company* Vinícola Panceri
Cidade *City* Tangará/SC
Design Zorzo Design
Foto *Photo* Divulgação

Vinho fermentado em barricas de carvalho americano por dois anos. Em perfeito equilíbrio entre as frutas e a madeira, o vinho possui excelente potencial de guarda. Sua estruturação faz com que seja bem apreciado no acompanhamento de massas e risotos de temperos fortes. ⇢ *Fermented in American oak barrels for two years. With a perfect balance between the fruits and the wood, this wine has an excellent laydown potential. Its structure makes it well appreciated to accompany strong seasonings pasta and risottos.*

PORTA-LENÇOS UMEDECIDOS NEVE, 2014

Empresa *Company* MW2 / Tritec – Kimberly-Clark
Cidade *City* Jaraguá do Sul/SC
Design 2pra1 Novos Negócios (Alexandre Turozi, João Eduardo Rabitto, Maurício Scoz Júnior, Frederico Prates Vericimo, Fernando Duarte, Flavia Menegazzo, Vanessa Spanholi)
Foto *Photo* Tritec

O *case* de plástico desenvolvido pelas empresas MW2 e Tritec em parceria com a agência Dois pra Um pode ser instalado em paredes com fita dupla face ou parafusos. Tem fácil abertura e integração com o refil. O produto inova por ser destinado ao uso por adultos, como complemento ao papel higiênico. ⇢ *The plastic case developed by the MW2 and Trite companies in partnership with the Dois pra Um agency can be installed on walls with a double-sided adhesive tape or screwed in. The case opening is easy as well as the refilling of wipes. The product innovates as it is intended for personal use by adults, complementing the use of toilet paper.*

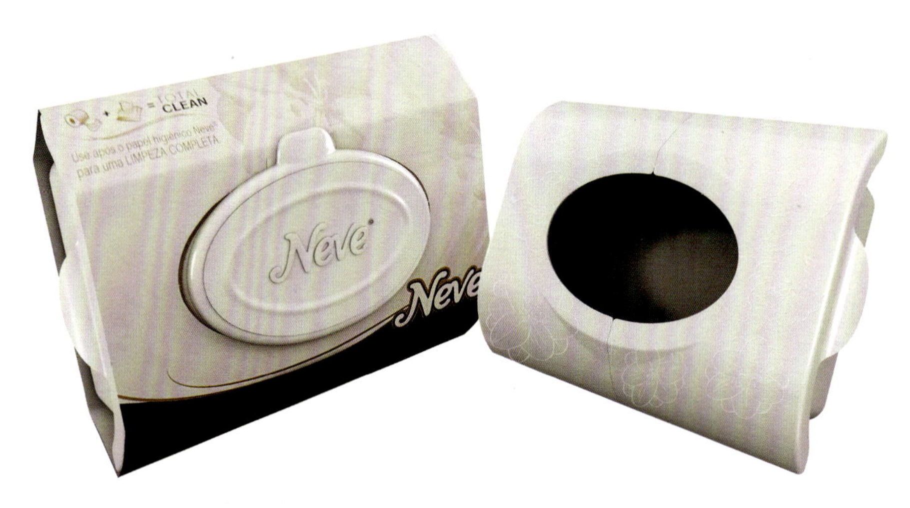

PERICÓ VIGNETO, 2014

Empresa *Company* Vinícola Pericó
Cidade *City* São Joaquim/SC
Design EXIT Comunicação Estratégica

O Vigneto Pericó é 100% Sauvignon Blanc cultivado em terras de altitude, de outubro a dezembro de 2004. Engarrafado no dia 7 de abril de 2015, harmoniza bem com peixes em geral, camarão, crustáceos, culinária oriental, carnes brancas, risotos, comidas leves/picantes e queijos brancos (Brie e Camembert). ⇢ *Vigneto Pericó is 100% Sauvignon Blanc grown in high-altitude regions, from October to December 2004. Bottled on April 7th, 2015, it goes well with fish in general, shrimp, crustaceans, Asian cuisine, white meat, risottos, light/spicy food and white cheese (Brie and Camembert).*

PERICÓ TAIPA ROSÉ, 2014

Empresa *Company* Vinícola Pericó
Cidade *City* São Joaquim/SC
Design EXIT Comunicação Estratégica

O vinho Taipa Rosé foi selecionado como o melhor vinho rosé do Brasil safra 2009, em evento realizado pela Associação Brasileira de Enologia. O vinho é elaborado com uvas Cabernet Sauvignon 60% e Merlot 40%, selecionadas criteriosamente, cultivadas na cidade de São Joaquim. As mudas cultivadas na Pericó são provenientes da França e foram escolhidas com alto critério de avaliação de qualidade. As barricas para maturação do vinho também são francesas. ⇢ *The Taipa Rosé wine was selected as the best rosé wine in Brazil for vintage 2009, in an event held by the Associação Brasileira de Enologia (Brazilian Enology Association). The wine is made with 60% Cabernet Sauvignon and 40% Merlot grapes, carefully selected, grown in São Joaquim city. The saplings grown in Pericó are from France and were chosen with high criteria of quality assessment. The barrels for the maturation of the wine also come from France.*

PLUME, 2014

Empresa *Company* Vinícola Pericó
Cidade *City* São Joaquim/SC
Design EXIT Comunicação Estratégica

A Vinícola Pericó, situada em São Joaquim, possui na altitude de suas terras um grande diferencial para o cultivo das uvas. A terra ensolarada e com noites frias permite a perfeita maturação das frutas, que são a base dos melhores vinhos finos de altitude. Este vinho branco fino seco, 100% Chardonnay, harmoniza bem com peixes, camarões e crustáceos, culinária oriental, carnes brancas, risotos, coelho, comidas leves e vegetarianas, além de queijos brancos. ⇢ *The Vinícola Pericó, located in São Joaquim, has an altitude that makes a difference in the growing of grapes. The sunny land with cold nights allows for the perfect ripening of the fruit. The result is the best fine high-altitude wines. This white dry wine, 100% Chardonnay, goes well with fish, shrimp and crustaceans, Asian cuisine, white meats, risottos, rabbit, light and vegetarian food, in addition to white cheese.*

CAVE PERICÓ CHAMPENOISE NATURE, 2012

Empresa *Company* Vinícola Pericó
Cidade *City* São Joaquim/SC
Design EXIT Comunicação Estratégica

Elaborado com uvas selecionadas no próprio vinhedo, colhidas à mão, com fermentação pelo método clássico (champenoise). Harmoniza com aperitivos, coquetéis, antepastos, peixes, crustáceos, culinária oriental, carnes brancas, risotos, queijos leves e, especialmente, combina com maçãs. ⇢ *Made with selected grapes from the vineyard, harvested by hand, and fermented using the classic method (champenoise). Harmonizes with appetizers, cocktails, antipasti, fish, crustaceans, Asian cuisine, white meat, risottos, light cheese and pairs particularly well with apples.*

CAVE PERICÓ ROSÉ BRUT, 2013

Empresa *Company* Vinícola Pericó
Cidade *City* São Joaquim/SC
Design EXIT Comunicação Estratégica

As uvas são selecionadas e colhidas manualmente. Sua refermentação foi realizada em autoclaves com temperatura controlada em 12°C. A maturação ocorreu na permanência do espumante por dois meses sobre as leveduras, o que lhe conferiu cremosidade e fineza. Harmoniza bem com aperitivos, coquetéis, antepastos, salmão, peixes, lagosta, camarão e crustáceos, culinária oriental, carnes brancas, massas, risotos, feijoada, queijos e especialmente comida vegetariana. Com maçãs, é um requinte. Recebeu os prêmios Prata no VII Concurso do Espumante Brasileiro da Associação Brasileira de Enologia (ABE) Safra 2011; Prata no 8º Concurso Nacional de Vinhos Finos e Destilados do C.M. de Bruxelas – Ed. Brasil 2011 – Safra 2010; Ouro no VI Concurso do Espumante Brasileiro da Associação Brasileira de Enologia (ABE), Safra 2008. ⇢ *The grapes are selected and harvested by hand. Its refermentation is done in autoclaves at the controlled temperature of 12°C. The maturation occurred with the aging of the sparkling wine for two months with the yeasts, which confered creaminess and fineness to it. It pairs well with appetizers, cocktails, antipasti, salmon, fish, lobster, shrimp and crustaceans, Asian cuisine, white meat, pasta, risottos, "feijoada", cheese and especially vegetarian food. It also pairs with apples exquisitely. This wine received the Silver Prize at the VII Brazilian Sparkling Wine Contest of the Brazilian Enology Association (ABE) 2011; Silver Prize at the 8th National Contest of Fine Wines and Distillates of Brussels C.M. – Ed. Brazil 2011 - Vintage 2010; Gold Prize at the VI Brazilian Sparkling Wine Contest of the Brazilian Enology Association (ABE), Vintage 2008.*

ICEWINE, 2009

Empresa *Company* Vinícola Pericó
Cidade *City* São Joaquim/SC
Design EXIT Comunicação Estratégica

Vinho rosé fino licoroso natural, 100% Cabernet Sauvignon. É elaborado com uvas colhidas maduras e congeladas naturalmente nos vinhedos (temperatura de -7.5°C), no final do outono. ⇢ *Natural fine rosé liqueur wine, 100% Cabernet Sauvignon. Obtained from grapes harvested when ripe and frozen naturally in the vineyards (temperature of -7,5°C), at the end of autumn.*

LINHA ALHO E ÓLEO E LINHA BACALHAU, 2014

Empresa *Company* Marithimu's
Cidade *City* Garuva/SC
Design SA2 Design e Comunicação

A Marithimu's inova ao oferecer frutos do mar defumados em óleo, que facilitam o preparo de receitas e aperitivos e duram 12 meses sem refrigeração. Esta linha de embalagens foi criada para dar maior visibilidade ao produto no ponto de venda, com um ganho de 5 cm na presença em gôndola devido à forma sextavada. Além disso, a janela criada para essa embalagem proporciona uma visualização 360° do produto. A ilustração feita à mão em aquarela diferencia a linha Alho e Óleo da linha tradicional de defumados Marithimu's, mantendo a identificação com os produtos já existentes por meio da cor. Na linha Bacalhau, por sua vez, a cor preta e o verniz localizado dão ao produto um tom nobre. Em 2011, a Marithimu's participou do programa Sebraetec, do Sebrae/SC, pelo qual recebeu consultoria no desenvolvimento das embalagens da linha de defumado (designer Graziella Carrara), agraciadas com o prêmio da Abre – Associação Brasileira de Embalagem. ⇢ *Marithimu's innovates by offering smoked seafood in oil, making the preparation of recipes and appetizers easier, and allowing the products to last 12 months unrefrigerated. This line of packages was created for giving a higher visibility to the product in the aisles, with 5 cm gain in the shelves in account of its hexagon shape. In addition, the window designed for this packaging offers a 360° view of the product. The illustration is a handmade watercolor differentiating the Garlic and Oil line from the traditional one of the Marithimu's smoking products, preserving the identification with existing products that use colors. In the Codfish line, the black color and the tactile spot varnish give the product a noble touch. In 2011, Marithimu's participated in the Sebraetec, do Sebrae/SC program, from which the company received consultancy in the develpment of packaging for the line of smoking products (designer Graziella Carrara), awarded with the Abre Prize.*

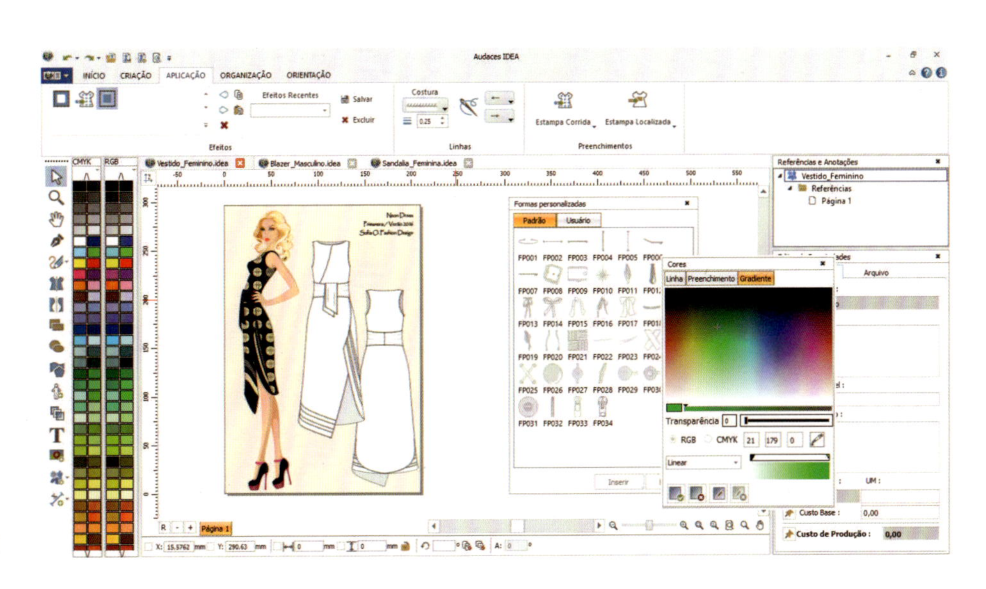

AUDACES IDEA, 2012

Empresa *Company* Audaces
Cidade *City* Florianópolis/SC
Design Inovação Audaces

O Audaces Idea apoia e agiliza todo o processo criativo da moda, desde a concepção até a peça aprovada. Ferramentas específicas para o design da moda proporcionam uma rápida resposta aos envolvidos. A criação de fichas técnicas totalmente integradas ao desenho de moda é um grande diferencial. ⇢ *Audaces Idea supports and speeds up all the creative fashion process from conception to approved piece. Specific tools for fashion design provide a quick response to the involved people. The creation of datasheets fully integrated to fashion design is the main feature.*

AUDACES DIGIFLASH XT, 2011

Empresa *Company* Audaces
Cidade *City* Florianópolis/SC
Design Paulo Cardoso e Engenharia Audaces

Digitalizadora automática de moldes, composta por software, sistema inteligente de digitalização e câmera fotográfica digital. Detecta automaticamente o desenho do molde, bem como piques, marcas internas e sentido do fio dos moldes em papel. Possui ferramentas simples e intuitivas, que podem ser operadas por qualquer pessoa. Pode ser utilizado para peças grandes, como vestidos de festa. ⇢ *Automatic scanner for clothing patterns, composed by software, smart system for scanning and digital camera. It detects the pattern design automatically, as well as cutting, internal markings and netting twine in the paper patterns. It has simple and intuitive tools that can be operated by anyone. It can be used for large pieces like party dresses.*

DESAFIO FOTOSSÍNTESE, DESAFIO ÓPTICO E DESAFIO RECICLAGEM, 2014

Empresa *Company* Mentes Brilhantes
Cidade *City* Florianópolis/SC
Design Equipe Mentes Brilhantes

Games educacionais (PC, Web e Android) para crianças e jovens de 7 a 12 anos. Desafio Fotossíntese: busca trabalhar os três principais parâmetros envolvidos na fase clara da fotossíntese (gás carbônico, água e luz solar) nos diferentes ecossistemas brasileiros. Desafio Óptico: o objetivo é usar *lasers* que destruirão lixo espacial por meio de reflexão em espelhos planos e refração. Desafio Reciclagem: incentiva, de forma lúdica, a separação de resíduos sólidos em suas respectivas coletoras, segundo o sistema brasileiro de normas técnicas. ⇢ *Educational games (PC, Web and Android) for children and youngsters from 7 to 12 years old. Photosynthesis Challenge: seeks to work the three main parameters involved in the phosynthesis clear stage (carbon dioxide, water and sunlight) in the different Brazilian ecosystems. Optical Challenge: the purpose is to use lasers to destroy space debris by means of reflection in flat mirrors and refraction. Recycling Challenge: encourages, in an entertaining way, the sorting of solid waste into its respective garbage cans, according to the Brazilian technical standards system.*

PLAY TABLE, 2014
Empresa *Company* Playmove
Cidade *City* Blumenau/SC
Design Playmove

Mesa interativa com jogos e atividades para crianças a partir de 3 anos de idade. As crianças interagem com jogos divertidos e educativos (todos alinhados com as diretrizes do MEC para a educação infantil e ensino fundamental), ao mesmo tempo em que desenvolvem suas habilidades de atenção, raciocínio e coordenação motora. Possui tela de toque resistente a batidas, líquidos e poeira, além de software que gerencia a instalação automática dos jogos e aplicativos, remotamente ou por pendrive. É o primeiro produto desta categoria no mercado brasileiro. ⇢ *Interactive table with games and activities for children from 3 years old. They can interact with fun and educational games (all in line with the Education Ministry guidelines for children and elementary school education), while developing their attention, reasoning and motor coordination abilities. The table has a touch screen with a tolerance to impact, liquids and dust, in addition to a software that automatically manages the installation of games and applications, remotely or using a USB flash drive. It is the first product in the category in the Brazilian market.*

RILIX COASTER, 2014
Empresa *Company* Rilix
Cidade *City* Balneário Camboriú/SC
Design Rilix Ltda. EPP
Foto *Photo* Elis Luna, Vitor Ebel

O Rilix Coaster é um simulador de montanha-russa imersivo que utiliza a realidade virtual para proporcionar novas sensações. É possível experimentar a sensação de estar a mais de 100 km/h em diversos cenários de aventura, desenvolvidos exclusivamente pela equipe de produtos Rilix. O simulador, disponível em versões para uma ou duas pessoas, é composto por carrinho com kit de vibração, óculos de realidade virtual e fones de ouvido. Neste ano de 2015, a Rilix está participando do programa Startup SC do Sebrae/SC, que capacita empreendedores e empresas nascentes. ⇢ *The Rilix Coaster is an immersive simulator roller coaster using virtual reality to offer new sensations. It is possible to experience the sensation of being driven at more than 100 km/h in a number of adventure scenarios, developed exclusively by the Rilix production team. The simulator, available in versions for one or two people, is composed by a cart with a vibration kit, virtual reality goggles and earphones. This year (2015), Rilix is participating in the Sebrae/SC Startup SC program aimed to train entrepreneurs and start-up companies.*

LUMINÁRIA PENDENTE DELTA, 2014
Empresa *Company* Ipsilon Design
Cidade *City* Florianópolis/SC
Design Ipsilon Design (Altino Alexandre Cordeiro Neto, André Leonardo Ramos e Mauricio Jose Scoz Junior)
Foto *Photo* Ipsilon Design

Luminária pendente em chapa de aço cortada a *laser*, ideal para a iluminação de grandes ambientes. ⇢ *Pendant lamp in laser cut steel plate, ideal for big spaces.*

LUMINÁRIA PENDENTE ECHO, 2014
Empresa *Company* Ipsilon Design
Cidade *City* Florianópolis/SC
Design Ipsilon Design (Altino Alexandre Cordeiro Neto, André Leonardo R amos e Mauricio Jose Scoz Junior)
Foto *Photo* Ipsilon Design

Luminária pendente de foco, de fácil dobra e montagem. ⇢ *Pendant spotlight, easy to fold and assemble.*

LUMINÁRIA CHARLIE, 2014

Empresa *Company* Ipsilon Design
Cidade *City* Florianópolis/SC
Design Ipsilon Design (Altino Alexandre Cordeiro Neto, André Leonardo Ramos e Mauricio Jose Scoz Junior)
Foto *Photo* Ipsilon Design

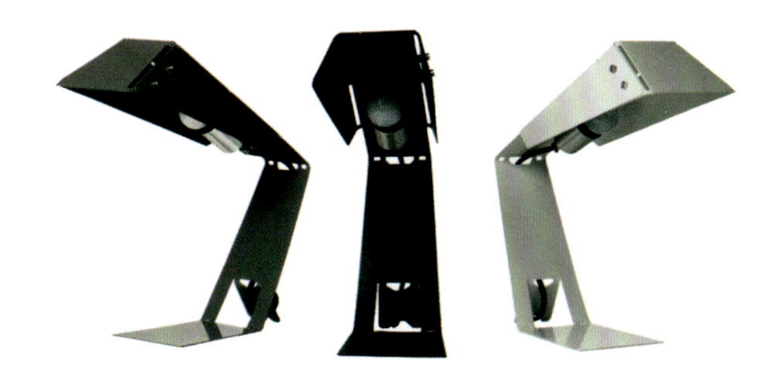

Luminária de mesa com formas retas e anguladas. O cliente recebe a luminária planificada e realiza as dobras para montá-la. ⇢ *Table lamp in straight and angular shapes. The client gets it flattened and mounts it by folding.*

PENDENTE DON, 2014

Empresa *Company* Sollos
Cidade *City* Princesa/SC
Design Jader Almeida
Foto *Photo* Eduardo Câmara & Araci Queiroz | LT.9

Luminária pendente que utiliza, além do vidro soprado ou metal, um charmoso detalhe em madeira. ⇢ *Pendant lamp using blown glass or metal and charming wooden detail.*

PENDENTE MUSH, 2014

Empresa *Company* Sollos
Cidade *City* Princesa/SC
Design Jader Almeida
Foto *Photo* Eduardo Câmara & Araci Queiroz I LT.9

O pendente utiliza vidro soprado e possui uma característica visual minimalista. Cúpula de 40 cm de diâmetro e detalhes em latão. ⟶ *The minimalist pendant uses blown glass and a 40 cm diameter cupola with brass details.*

LUMINÁRIA E MESA LATERAL TWIGGY, 2014

Empresa *Company* Comercializado com exclusividade por Tok&Stok e fabricado por Móveis Artefama
Cidade *City* São Bento do Sul/SC
Design Bruno Faucz
Foto *Photo* Andrés Otero

Conjunto simpático e original de luminária e mesa de canto. Esta peça busca uma proposta de simplicidade e a união de dois objetos que caminham juntos dentro da grande maioria das casas. Acessível e prático. ⟶ *Original and pleasant set of table lamp and side table. This arrangement looks for simplicity with the combination of two items that are often paired in most houses. Accessible and convenient.*

POLTRONA PREGUIÇA, 2013
Empresa *Company* Mannes
Marca *Brand* Benita
Cidade *City* Guaramirim/SC
Design Metroquadrado (Luis Eduardo S. Thiago, Marcos Deretti Lopes, Miguel Cañas Martins)

Do design brasileiro contemporâneo revistado e da inspiração nos estados do sul do Brasil, surgiu a Preguiça, uma poltrona carregada de identidade, que abraça e convida à pausa e à prosa. Propõe movimentos mais lentos e aproxima as pessoas. Trata-se de uma peça de extrema durabilidade e resistência, por se tratar de madeira maciça, couro legítimo e percintas de alto desempenho. Concebida de forma artesanal, prima pelo refinamento de marcenaria e detalhes, principalmente na madeira e na costura da almofada. A poltrona adquire contornos diversos, conforme o uso: sentar-se, deitar-se, esparramar-se. → *From the contemporary Brazilian design revisited and from the inspiration of the Brazilian southern states, the Preguiça (laziness) emerged as an armchair with plenty of identity that embraces and invites the user to take a break and to chat. The armchair proposes slower movements and to bring people closer. It is a piece of extreme durability and strength, being made of solid wood, genuine leather and high-performance bettings. Conceived in an artisanal way, strives for refinement in carpentry and in details, mainly wood and in the cushion sewing. The armchair acquires various contours, according to the use: sit down, lie down and sprawl.*

POLTRONA E PUFE MESS, 2013
Empresa *Company* Mannes
Marca *Brand* Benita
Cidade *City* Guaramirim/SC
Design Roberto Mannes Junior

A Poltrona Mess resgata muitas memórias afetivas e o universo infantil. É uma poltrona para o devaneio, cheia de sensações de exploração de limites e movimentos: o despojamento das almofadas, o balanço, o movimento similar a molas estimulado pelo peso do usuário nos arcos, o jogo de equilíbrio com assento volumoso e a aparente fragilidade dos arcos. Mesmo para um adulto, é uma poltrona grande, intenção que se justifica pelo fato de que para uma criança o mundo é relativamente maior. → *Poltrona Mess alludes to many affective memories and a child's universe. It is an armchair for reverie, full of sensations in exploring limits and movements: the simplicity of cushions, the rocking, the similar movement of the springs boosted by the user's weight in the arches, the balance between the voluminous seat and the apparent fragility of the arches. Even for an adult, it is a big armchair, the intention is to show that for a child the world is relatively bigger.*

LINHA SALINAS, 2014

Empresa *Company* Butzke
Cidade *City* Timbó/SC
Design Carlos Alcantarino
Foto *Photo* Actonove Fashion Photography

Um toque de moda nos móveis descontraídos da Butzke. Apresenta cinco combinações diferentes de trama, que criam uma textura interessante e contrastante. Descanso e conforto para áreas externas, de convívio e de lazer. → *Butzke stylish furniture. Offers five different weft combinations, creating an interesting and contrasting texture for resting with comfort in lounge areas and outdoor leisure areas.*

CADEIRA LÓTUS, 2015

Empresa *Company* Butzke
Cidade *City* Timbó/SC
Design Asa Design
Foto *Photo* Actonove Fashion Photography

Cadeira com encosto tramado artesanalmente em cordas feitas em poliéster. As cordas estão disponíveis em diversas cores, incluindo o marsala, eleita a cor do ano de 2015 pela Pantone. → *Chair with woven backrest crafted with polyester ropes.. The ropes are available in various colors, including the Marsala one, chosen as the color of the year 2015 by Pantone.*

BANCO AGOSTO 180, 2015
Empresa *Company* Butzke
Cidade *City* Timbó/SC
Design Flávia Bagotti
Foto *Photo* Actonove Fashion Photography

O banco é indicado para varandas cobertas. O assento vazado torna o produto versátil, com almofadas vendidas separadamente e disponíveis em diversas cores, que podem ser colocadas como o usuário desejar. Está disponível nos acabamentos em stain, verniz natural e laca. ⇢ *The bench is intended for covered balconies. The hollow seat is versatile with cushions sold separately and available in various colors that can be put wherever the user wants it. It is available with stained finish, natural varnish and lacquer.*

TRIO DE MESAS COLORIDO ILUSIONISTA, 2010
Empresa *Company* Carolina Haveroth Arte e Cerâmica
Cidade *City* São Martinho/SC
Design Carolina Haveroth
Foto *Photo* Marcelo Trad

Composição de cores pensada para causar efeito de profundidade e ilusão nas peças. O trio de mesas também pode ser feito com superfícies de outras coleções. ⇢ *Color composition thought to create the effect of depth and illusion in different pieces. The table trio can also be made with the surface of other collections.*

MESA LATERAL BÔ, 2013

Empresa *Company* Divina Natureza
Cidade *City* Palhoça/SC
Design Larissa Diegoli
Foto *Photo* Marcello Timm

Um toque elegante, quem diria, com material de descarte. Possui acabamentos complexos e exclusivos, que possibilitam customização das peças. As bases com encaixe parcial permitem uma composição com várias mesas. Os tampos podem ser retirados e usados como bandejas. ⇢ *A glamorous touch with waste material. The finish is complex and exclusive, enabling customization. The base with partial fitting allows for a composition with several tables. The tabletop can be removed and used as a tray.*

CADEIRA ALPHA, 2014

Empresa *Company* Ipsilon Design
Cidade *City* Florianópolis/SC
Design Ipsilon Design (Altino Alexandre Cordeiro Neto, André Leonardo Ramos e Mauricio Jose Scoz Junior)
Foto *Photo* Ipsilon Design

Vamos brincar de montar? A cadeira Alpha vem semipronta e foi projetada para ser enviada planificada ao consumidor. Seu assento, em chapa de aço, é dobrado e montado facilmente. A inspiração circunda o universo masculino, com linhas ousadas e angulosas e parafusos aparentes. ⇢ *The Alpha chair comes semi-finished and was designed to be sent flat to the client. The steel plate seat is folded and easily assembled. The inspiration comes from the masculine world with bold and angular lines and exposed screws.*

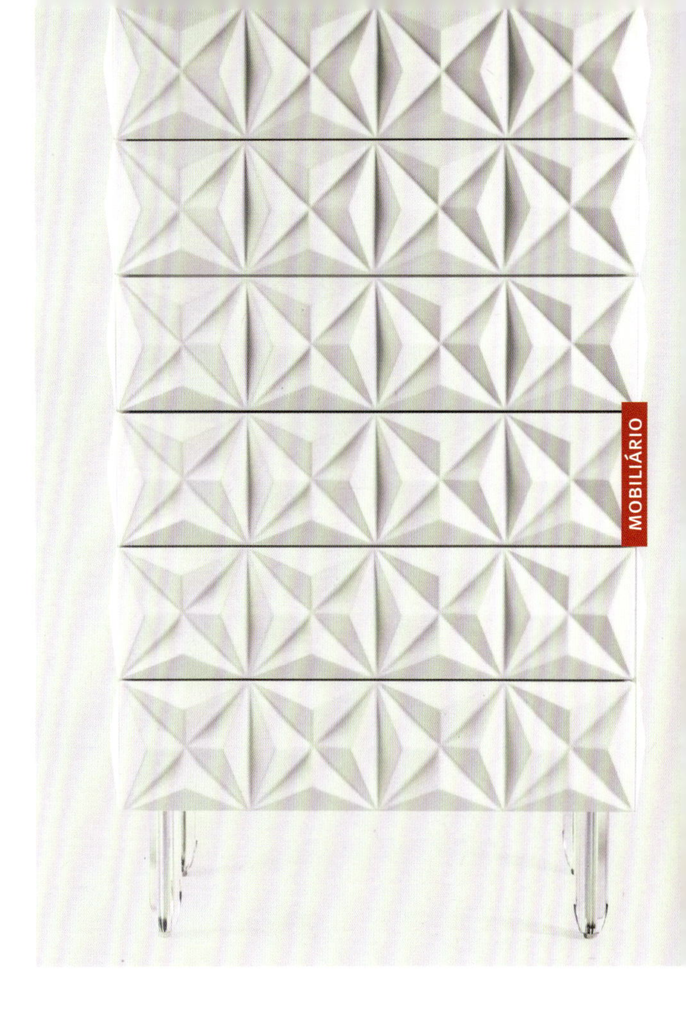

CÔMODA PARIS, 2013

Empresa *Company* Maderia
Cidade *City* São José/SC
Design Fabi Deucher
Foto *Photo* Magno Bottrel

Uma cômoda com toque europeu no uso de relevos e pés de cristal, cujo ponto alto é a volumetria com recortes realizados no MDF. Um novo jeito de olhar para uma cômoda que pode ser usada em todo tipo de ambiente, não apenas no quarto. É totalmente laqueada por dentro e por fora e faz uso de corrediças com amortecedores pneumáticos e abertura por toque. Um produto com alto valor agregado, direcionado para o mercado de luxo acessível. ⇢ *Chest of drawers with European touch with use of embossments and crystal feet. The best feature is the volumetry with cutouts made in MDF. A chest of drawers that can be used in all kinds of environments, not only in the bedroom. It is fully lackered inside and out and uses sliding with pneumatic cushioning, opening with a light touch. A product with a high added value, directed to the accessible luxury market.*

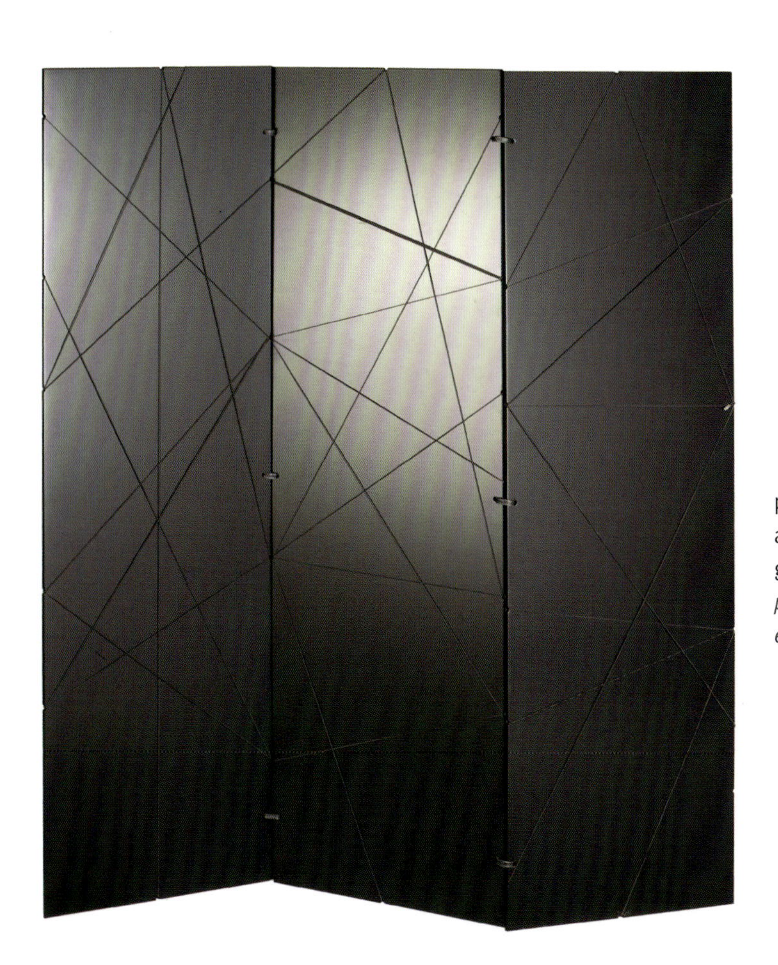

DIVISÓRIA/BIOMBO ELÁSTICO, 2011

Empresa *Company* Meu Móvel de Madeira
Cidade *City* Rio Negrinho/SC
Design Meu Móvel de Madeira

Além de dividir os cômodos, ele possui elásticos para prender suas fotos, recordações ou recados e brincar com a imaginação de todos. Bem dentro dos desejos dos jovens da geração Y. ⇢ *Besides dividing rooms, it has elastics to attach pictures, keepsakes or messages and play with the imagination of everyone. It's a way to fulfill the wishes of the youngsters.*

RACK ESTANTE MOON, 2015
Empresa *Company* Meu Móvel de Madeira
Cidade *City* Rio Negrinho/SC
Design Meu Móvel de Madeira

Dentro do mesmo espírito de móveis para os jovens moderninhos, um rack super versátil e funcional, para livros, televisão, dock station, o que for! Quando empilhado, transforma-se em estante. ⇢ *In the same spirit of making furniture for youngsters, a very versatile and functional rack for books, TV, dock station, whatever else! When stacked, it becomes a bookshelf.*

POLTRONA BARRA, 2014
Empresa *Company* Móveis James
Cidade *City* São Bento do Sul/SC
Design Bruno Faucz
Foto *Photo* Divulgação

Leve e confortável, desenhada a partir de ripas tiradas dentro dos padrões produtivos da empresa, com assento inclinado e em formato de pillow. O encosto em palha remete às peças clássicas dos anos 1960. ⇢ *Light and comfortable, designed under the company productive standards, with a tilted seat in the format of a pillow. The straw backrest alludes to classic pieces of the sixties.*

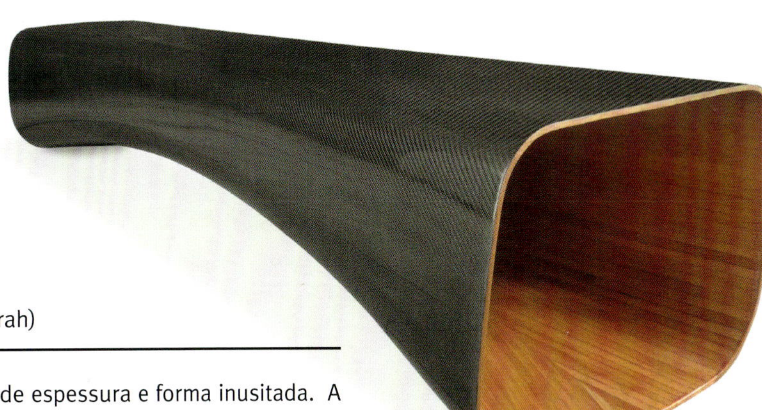

BANCO OSSO, 2013

Empresa *Company* Movelaria Boá
Cidade *City* Itajaí/SC
Design Movelaria Boá (Otávio Coelho, Rafic Farah)

Um banco de madeira oco, com apenas 8 mm de espessura e forma inusitada. A superfície recebe acabamento em fibra de carbono e o interior, em verniz semibrilho. O móvel é fabricado com técnicas da marcenaria naval, que proporciona leveza e rigidez. Talvez gatos e cachorros da casa também gostem dessa opção, que ganhou o 1º lugar no Prêmio de Design do Museu da Casa Brasileira, em 2013. ⇢ *A wood hollow bench with only 8 mm of thickness and unusual shape. The surface receives a carbon fiber finish and the interior, semi-gloss varnish. The furniture is manufactured with shipbuilding carpentry techniques, providing lighness and rigidity. Maybe cats and dogs in the house will also like this option. The bench won first place in the Design Award of the Museu da Casa Brasileira, in 2013.*

POLTRONA COSTADO, 2012

Empresa *Company* Movelaria Boá
Cidade *City* Itajaí/SC
Design Movelaria Boá (José Serafim Junior, Lorena Kreuger)

Produzida com técnicas de marcenaria naval e com inspiração nas cavernas dos barcos (estruturas internas de embarcações), a poltrona possui formato anatômico, proporcionando mais conforto. ⇢ *Produced with shipbuilding carpentry techniques inspired by ship caves (internal structures of the ships), the armchair has anatomical format, providing a good comfort.*

ARARA NÔMADE, 2014

Empresa *Company* Comercializado exclusivamente por Oppa Design, com fabricação da Cristal Móveis Ltda.
Cidade *City* São Bento do Sul/SC
Design André Pedrini e Ricardo Freisleben
Foto *Photo* Divulgação Oppa

Um baú que se transforma em uma arara. É prático, portátil e funcional. Um conceito de móvel para espaços pequenos e não permanentes, com montagem e desmontagem simples, fácil transporte e ocupação mínima do espaço. O projeto é o reflexo de uma nova necessidade de adaptação à cultura nômade. ···› *A chest that transforms into a clothing rack. Convenient, portable and functional. A concept of furniture for small and temporary spaces, with simple assembly and dismantling for easy transportation and minimal space. The project is a reflection of a new need to adapt to the nomadic culture.*

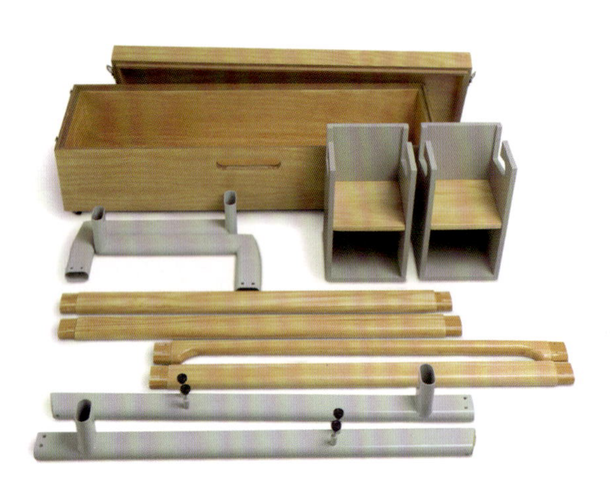

CADEIRA BÁSICA, 2013

Empresa *Company* Renar Móveis
Cidade *City* Fraiburgo/SC
Design Bruno Faucz
Foto *Photo* Divulgação

Produzida em madeira, tem um desenho limpo e oferece diversas possibilidade de cores. A ideia foi criar um produto com uma linguagem descontraída e o mais simples e completa possível. ···› *The armchair has a clean design and offers various color possibilities. The idea was to create a product with a relaxed style and as simple and complete as possible.*

POLTRONA MIRAH, 2013

Empresa *Company* Sollos
Cidade *City* Princesa/SC
Design Jader Almeida
Foto *Photo* Eduardo Câmara & Araci Queiroz | LT.9

A grande característica do designer Jader Almeida está presente neste móvel: excelência no acabamento, linhas puras e muita madeira. ⇢ *The designer Jader Almeida biggest characteristics are apparent in this piece of furniture: excellency in the finishing , pure lines and lots of wood.*

MESA DE JANTAR BANK TAMPO TRIANGULAR, 2014

Empresa *Company* Sollos
Cidade *City* Princesa/SC
Design Jader Almeida
Foto *Photo* Eduardo Câmara & Araci Queiroz | LT.9

Vencedora do 28º Prêmio Design Museu da Casa Brasileira, a mesa Bank é uma expressão da assinatura do design contemporâneo. Leveza e solidez estão evidenciadas no traço preciso da composição da lâmina de aço em movimento, tangencial ao tampo de arestas chanfradas. Surpresa! Três pés para uma mesa. ⇢ *Winner of the 28th Design Award of the Museu da Casa Brasileira, the Bank table is an expression of the contemporary design. Lightness and solidity are attested by the precise stroke of the steel blade composition in movement, tangential to the tabletop with chamfered edges. Surprise! Three feet for a table.*

MESA DE CENTRO OU LATERAL MUSH, 2014

Empresa *Company* Sollos
Cidade *City* Princesa/SC
Design Jader Almeida
Foto *Photo* Eduardo Câmara & Araci Queiroz | LT.9

Uma ideia nova: mesas de centro em vidro, como uma floresta transparente. Cada peça é única, feita à mão. As pequenas bolhas, as alturas variadas e as ligeiras alterações lhes conferem organicidade e criam perspectivas diversas. ⇢ *A new idea: coffee tables in glass, like a transparent forest. Each piece is unique and handmade. The small bubbles, the varied heights and the minor changes give it organicness and create different perspectives.*

CADEIRA OTERO, 2014

Empresa *Company* Urutu Movelaria
Cidade *City* Florianópolis/SC
Design André Pedrini
Foto *Photo* Divulgação

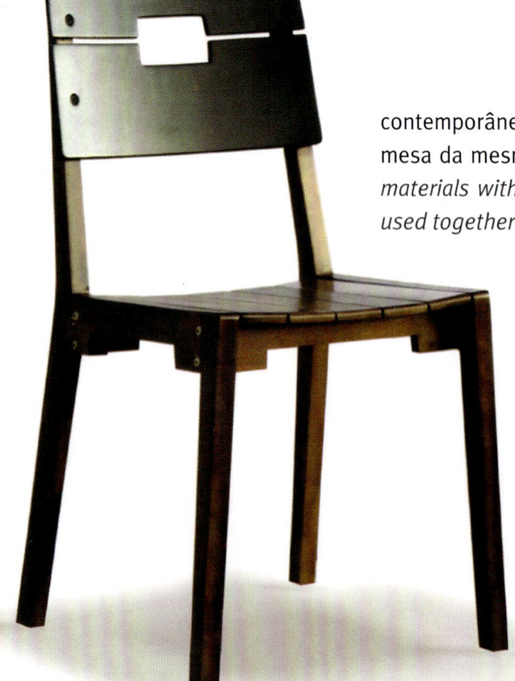

Cadeira inspirada na simplicidade de formas e materiais com linhas contemporâneas e diversas cores para os encostos. Pode compor conjunto com a mesa da mesma linha (Otero). ⇢ *Chair inspired in the simplicity of shapes and materials with contemporary lines and various colors for the backrest. It can be used together with the table of the same line (Otero).*

BANCO BELL, 2015

Empresa *Company* Urutu Movelaria
Cidade *City* Florianópolis/SC
Design Elton Canani
Foto *Photo* Divulgação

Banco de madeira versátil com suporte para copos, livros ou mesmo uma luminária. Inspirado no modernismo brasileiro, é marcado por detalhes como os cantos arredondados e os encaixes aparentes. ⇢ *Versatile wood stool with a holder for glasses, books or even a lamp. Inspired by the Brazilian Modernism, it has plenty of details in its rounded edges and exposed fittings.*

TOALHAS DRYFIT SAVANA, DEGRADÊ, AQUARELA DO BRASIL, MULTICULTURAL E POP ART, 2014

Empresa *Company* Altenburg
Cidade *City* Blumenau/SC
Design Altenburg
Foto *Photo* Altenburg

As toalhas Dry Fit secam 34% mais rápido que as tradicionais, não soltam felpas durante a lavagem e possuem volume compacto, além de serem leves e supermacias. ⇢ *The Dry Fit towels dries 34% faster than traditional ones, is lint-free and are compact, in addition to being light and super soft.*

EDREDOM BLEND ELEGANCE, 2012

Empresa *Company* Altenburg
Cidade *City* Blumenau/SC
Design Altenburg
Foto *Photo* Altenburg

Une o poder de aquecimento da manta de microfibra ao envolvimento e maciez da malha em 100% algodão. ⇢ *Combines the heating power of the microfiber blanket with the coziness and softness of the 100% cotton knitwear.*

LAISE DE RENDA GUIPURE, 2013

Empresa *Company* Hoepcke Bordados
Cidade *City* São José/SC
Design Equipe de Desenvolvimento de Produto Hoepcke Bordados

A renda guipure se destaca pelo requinte que proporciona às peças. É construída com fios entrelaçados que compõem um desenho sobre uma base, a qual é eliminada durante o processo produtivo. Atualmente, pode ser produzida com os mais diversos tipos de fios, como algodão, poliéster, fios metálicos e lã. ⇢ *The guipure lace stands out by the refinement it provides to the pieces. It is made with the twisted strands composing a design on a base, which is eliminated during the process of production. Currently, it can be made with the most varied types of threads, like cotton, polyester, metallic and wool.*

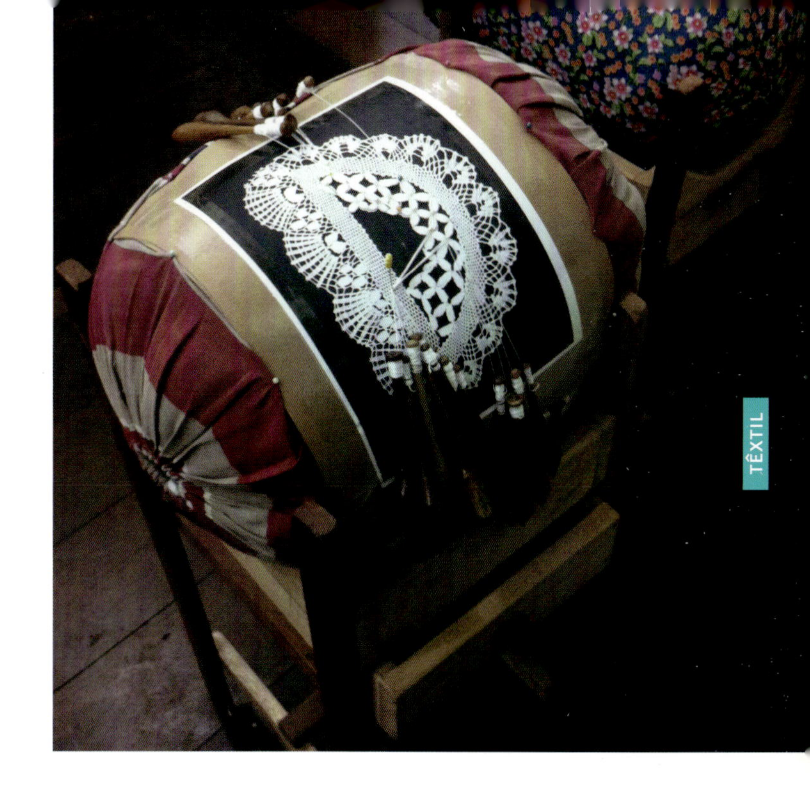

FONTE RENDA-SE, 2014

Empresa *Company* Renato Cardoso
Cidade *City* Florianópolis/SC
Design Renato Cardoso
Foto *Photo* Lese Pierre

A fonte Renda-se une conceitos de design com a tradição do artesanato de Florianópolis: letras desenhadas são produzidas em renda de bilro, em diferentes tipos de tramas. Seu desenvolvimento envolveu um processo de criação e produção artístico e coletivo, com a participação de doze rendeiras do Casarão das Rendeiras da Lagoa da Conceição. ⇢ *Renda-se brings together design concepts with the handmade tradition of Florianópolis: drawn letters are produced in bobbin-lace, in different types of wefts. The development of this project involved creation, artistic and collective production, with the participation of twelve lacemakers from Casarão das Rendeiras at Lagoa da Conceição.*

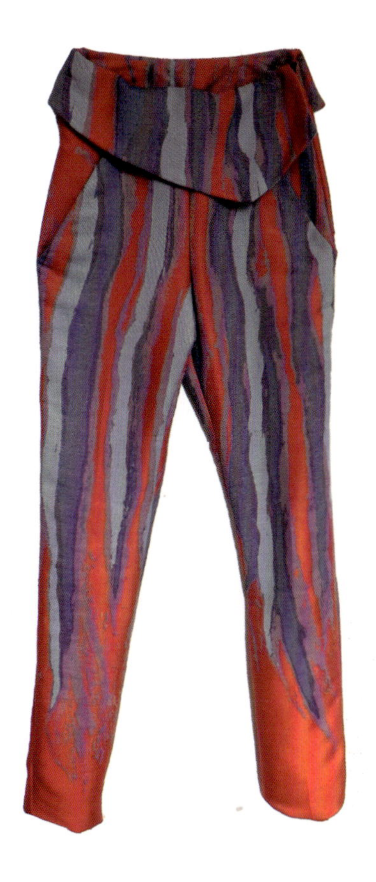

JACQUARD FERNANDA YAMAMOTO, 2014

Empresa *Company* RenauxView
Cidade *City* Brusque/SC
Design Fernanda Yamamoto
Foto *Photo* RenauxView

Tecido Jacquard feito sob exclusividade para Fernanda Yamamoto, com reprodução de obra de arte em tecido. ⇢ *Jacquard fabric made on exclusive terms for Fernanda Yamamoto, reproducing a work of art on the fabric.*

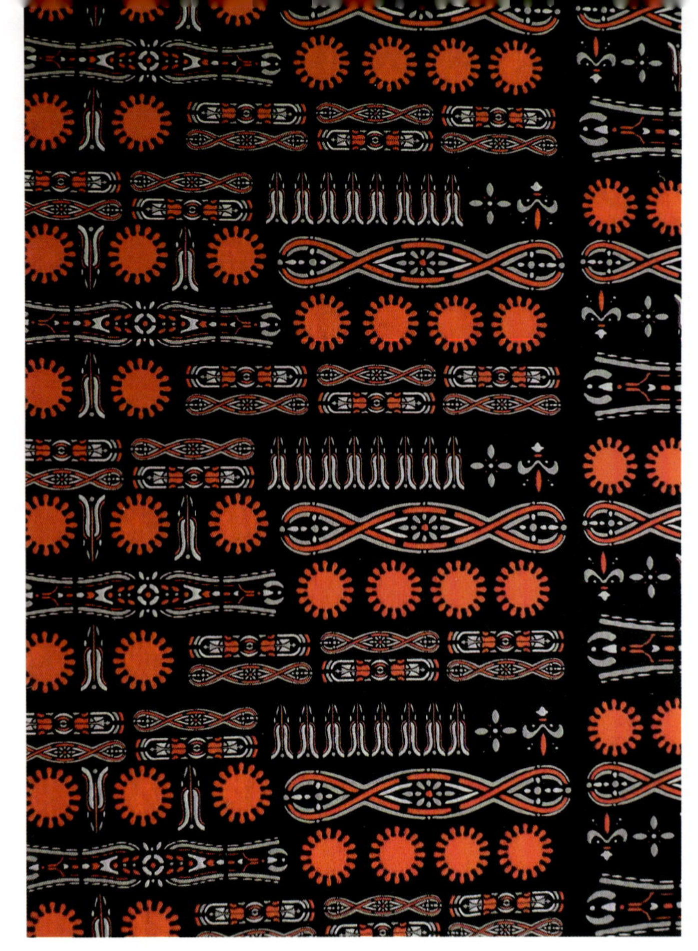

JACQUARD RONALDO FRAGA, 2014

Empresa *Company* RenauxView
Cidade *City* Brusque/SC
Design Ronaldo Fraga
Foto *Photo* RenauxView

Tecido Jacquard feito sob exclusividade para Ronaldo Fraga, com reprodução de obra gráfica em tecido. ⇢ *Jacquard fabric made on exclusive terms for Ronaldo Fraga, with reproduction of a graphic work on the fabric.*

PRANCHA DE STAND UP PADDLE, 2012

Empresa *Company* Estaleiro Kalmar
Cidade *City* Itajaí/SC
Design Gregório Mota (Aerofish)
Foto *Photo* Divulgação Kalmar

Esta prancha, ideal para rios, lagos e mares sem ondas, é produzida com técnicas de marcenaria naval. A madeira natural confere uma estética retrô, inspirada nos anos 1940. Disponível nos tamanhos 9, 10 e 11 pés. ⇢ *This board, ideal for rivers, lakes and seas without waves, is produced with shipbuilding carpentry techniques. The natural wood confers a retro aesthetics, inspired by the forties. Available in the sizes 9, 10 and 11 feet.*

REMO PARA STAND UP PADDLE, 2012
Empresa *Company* Estaleiro Kalmar
Cidade *City* Itajaí/SC
Design José Serafim Junior
Foto *Photo* Divulgação Kalmar

É fabricado à mão em madeira e reforçado com fibra de vidro, com cabo resinado com epóxi e acabamento em verniz poliuretano (PU), o que o torna leve e resistente. A pá possui reforço na borda para proteger contra atritos, além de 12 graus de inclinação, facilitando a remada e garantindo ótimo desempenho. ⇢ *Handmade with wood and reinforced with fiberglass, with the epoxy resin handle and final finish using polyurethane (PU) varnish, making it lightweight and resistant. The paddle is reinforced on the edge to protect against friction, in addition to a tilt angle of 12 degrees, facilitating rowing and providing a very good performance.*

REMO DE CANOA HAVAIANA, 2013
Empresa *Company* Estaleiro Kalmar
Cidade *City* Itajaí/SC
Design José Serafim Junior
Foto *Photo* Divulgação Kalmar

Fabricado à mão em madeira, é leve e resistente, reforçado com fibra de vidro e cabo resinado com epóxi. O acabamento final é em verniz poliuretano (PU), o mesmo utilizado nas embarcações do Estaleiro Kalmar. Possui pega em T, o que facilita a remada. ⇢ *Handmade with wood, it is lightweight and resistant, reinforced with fiberglass and epoxy resin handle. The finish is in polyurethane (PI) varnish (PU), the same one used in the boats at the Estaleiro Kalmar. With a T handle for easier rowing.*

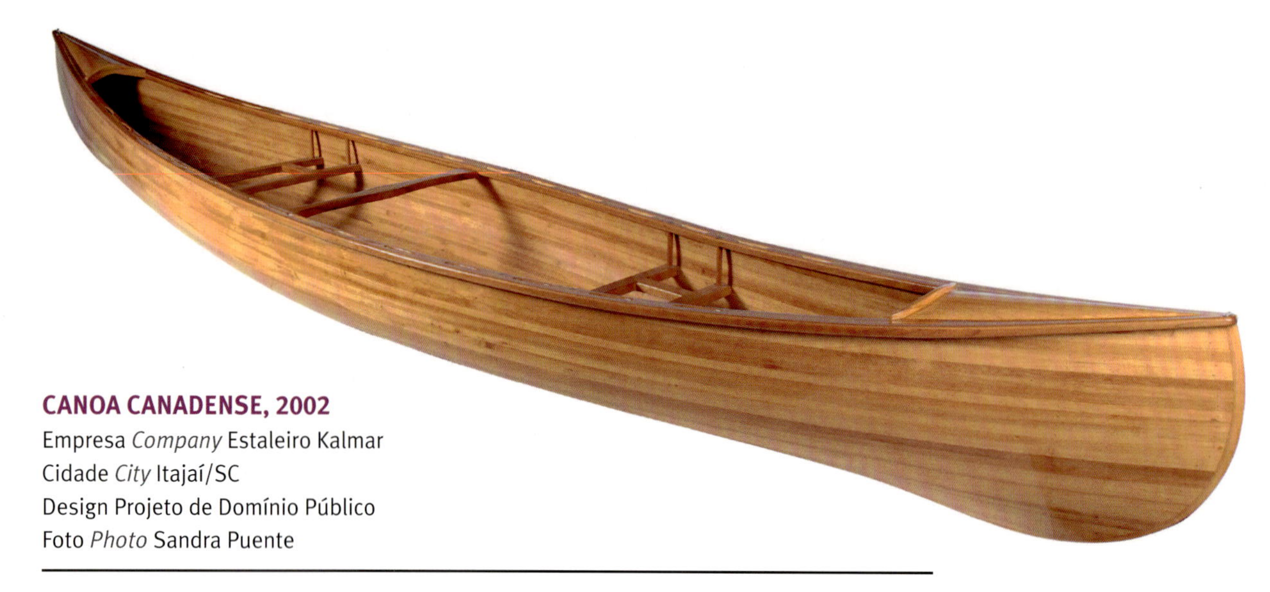

CANOA CANADENSE, 2002

Empresa *Company* Estaleiro Kalmar
Cidade *City* Itajaí/SC
Design Projeto de Domínio Público
Foto *Photo* Sandra Puente

Um toque característico do Estaleiro Kalmar neste modelo, que é uma adaptação das linhas das canoas desenvolvidas por índios canadenses há mais de 125 anos. A construção artesanal em madeira é a chave para a durabilidade do produto, que se mostra resistente à umidade, com um perfeito acabamento em verniz, pouco conhecido em produtos similares. Uma fina camada interna e externa de fibra de vidro garante a impermeabilidade e oferece maior resistência a pequenos atritos. O casco leve, de aproximadamente 26 kg, facilita o transporte. Ideal tanto para crianças quanto para adultos, a canoa canadense é indicada para iniciantes da prática do remo. ⇢ *The canoe line was adapted from the Canadian Indians canoes used more than 125 years ago. The craft manufacturing in wood is the key for the durabilty of the product, seen in the resistance to moisture, a perfect finish in varnish, rarely found in similar products. Thin internal and external layers in fiberglass guarantee the impermeability and offers a higher resistance. The lightweight hull, approximatively 26 kg, facilitates its transportation. Ideal for children, as well as for adults, the Canadian canoe is intended for beginners in the rowing practice.*

LONG JOHN DIVA PRO E MAIÔ MANGA LONGA DIVA PRO, 2015

Empresa *Company* Mormaii
Cidade *City* Garopaba/SC
Design Equipe de desenvolvimento de produto Mormaii
Foto *Photo* Mormaii

As roupas foram desenvolvidas para uma perfeita adaptação à anatomia feminina. Foram testadas e aprovadas por Maya Gabeira, surfista profissional brasileira bastante renomada pelos troféus conquistados ao redor do mundo. O novo Diva Pro possui zíper frontal vertical que facilita a colocação da roupa, além de novo grafismo e novas cores, com sublimação exclusiva Tom Veiga. ⇢ *The outfits were developed to perfectly suit the female anatomy. They were tested and approved by Maya Gabeira, a Brazilian professional surfer very renowned for the trophies she has won around the world. The new DIVA PRO has a front vertical zipper to facilitate dressing, in addition to the new graphic look, with exclusive sublimation technology by Tom Veiga.*

SOL PARAGLIDERS, 2014
Cidade *City* Jaraguá do Sul/SC
Design André Routett
Foto *Photo* Sol Paragliders

O parapente, ou paraglider, é um esporte muito praticado em Santa Catarina. Esta empresa catarinense é especializada na produção desse equipamento, em vários modelos e cores. ⇢ *Paragliding is a popular sport in Santa Catarina. This local company specializes in the production of this equipment, in various models and colors.*

MAGMA CARBON, 2015
Empresa *Companyy* Soul Cycles
Cidade *City* Itajaí/SC
Design Christian Anderson, Sylvio Oreggeia

É a primeira Full Suspension da linha Soul. Pensada para um ciclista que quer pedalar em trechos longos e de relevo variado e, ao final do percurso, sentir a leveza da bicicleta a seu favor. Equipada com quadro Soul full suspension TPR In Board com 100 mm de curso moldado em fibra de carbono UD com eixo traseiro 142 x 12, suspensão Rock Shox Reba de 100 mm com eixo de 15 mm, grupo de peças Shimano que mescla componentes XT e SLX e rodas Shimano MT66 29 com pneus Rubena. ⇢ *It is the first Full Suspension bike of the Soul line. It was developed for a cyclist who just wants to ride long stretches in a varied relief, and at the end of the route, feel the lightweight bike benefiting them. Equiped with a Soul full suspension frame TPR In Board with 100 mm, molded course in carbon fiber UD with a 142 x 12 rear axle, Rock 100mm Shox Reba suspension with 15 mm axle, Shimano mixed group of XT and SLX parts and Shimano MT66 29 wheels with Rubena tires.*

FLOW 26", 2015

Empresa *Company* Soul Cycles
Cidade *City* Itajaí/SC
Design Christian Anderson, Sylvio Oreggeia

Seu objetivo principal é o compromisso com a tranquilidade, com o conforto e com a decisão de passar o tempo a bordo de uma bicicleta 100% de bem com a vida. Sua geometria remete ao conforto e seu grafismo dá a sensação de leveza e amplitude de espaço. Equipada com um grupo Shimano e com uma suspensão dianteira macia, faz do pedalar uma sensação de êxtase total. ⇢ *The main objective of this bike is its commitment to tranquility, comfort and the decision to pass the time biking with pleasure. Its geometry makes you think of comfort and its graphics give the impression of lightness and sense of space. Equiped with Shimano parts and a soft front suspension, it stimulates a great feeling of total bliss.*

WOIE E-BIKE – BICICLETA ELÉTRICA, 2013

Empresa *Company* JK Bike Distribuidora de Bicicleta Ltda.
Cidade *City* Rio do Sul/SC
Design Joel Ricardo Rodrigues

As E-Bikes Woie possuem o primeiro quadro certificado e fabricado no Brasil, construído inteiramente em alumínio, com uma geometria que proporciona conforto e agilidade para o condutor. Contam com um motor eletromagnético de 350w e um conjunto de quatro baterias de 12v/9ah gel. Dispensam uso de carteira de habilitação, emplacamento e pagamento de taxas extras. Uma excelente opção para a economia, praticidade, segurança e uma vida saudável. ⇢ *The E-Bikes Woie has the first certified frame manufactured in Brazil, built entirely in aluminium, with a geometry providing comfort and agility to the biker. They have a 350 w electromagnectic engine and a set of four 12v/9 ah gel batteries. There's no need for driver's license, license plates and payment of extra charges. It's an excellent option for the economy, convenience, safety and a healthy life.*

LINHA DUO +, 2014

Empresa *Company* Certa Cerâmica
Marca *Brand* Ceraflame
Cidade *City* Rio Negrinho/SC
Design P&D Ceraflame (Camila Ribovski, Fabiane Salomon, Giovani de Luca)
Foto *Photo* Ceraflame

Conjunto de caçarolas cerâmicas 100% resistentes a choques térmicos: vão à geladeira, fogão a gás ou elétrico, forno convencional e de micro-ondas, freezer e máquina de lavar louças. Além de versáteis no uso, não riscam, são totalmente atóxicas e mantêm o calor por mais tempo. ⇢ *Set of ceramic pots 100% resistant to thermal shocks: they go to refrigerator, gas or electric cooker, conventional or microwave ovens, freezer and to the dishwasher. Aside from being versatile in their use, they don't scratch, are completely non-toxic and withstand the heat for a longer time.*

CHALEIRA TROPEIRO, 2011

Empresa *Company* Certa Cerâmica
Marca *Brand* Ceraflame
Cidade *City* Rio Negrinho/SC
Design P&D Ceraflame (Bruno Batocchio, Ana Kelly Moraes)
Foto *Photo* Ceraflame

Do fogo à mesa. A chaleira é produzida em cerâmica refratária que vai direto ao fogo, 100% resistente a choques térmicos, e tem alça em nylon. Aquece rapidamente reduzindo em até 30% o tempo de fervura. ⇢ *From fire to table. The kettle is produced in refractory ceramics that can be placed directly on the fire, 100% resistant to thermal shocks and with a nylon handle. The kettle warms up more quickly reducing the boiling time up to 30%.*

CAFÉ TURCO COLONIAL, 2012

Empresa *Company* Ceraflame
Certa Produtos Cerâmicos
Cidade *City* Rio Negrinho/SC
Design P&D Ceraflame (Bruno Batocchio, Camila Ribovski, Fabiane Salomon)
Foto *Photo* Ceraflame

Mantendo a tradição de preparar o tradicional café turco de forma original, o Ibrik é feito em cerâmica refratária atóxica e com cabo longo de madeira. A peça é de fácil manuseio e vai deixar o seu café ainda mais sofisticado. ⇢ *Keeping with the tradition of making Turkish coffee in the traditional way, the Ibrik is made using non-toxic refractory ceramics and a long wooden handle. The piece is easy to handle, and your coffee will be very sophisticated.*

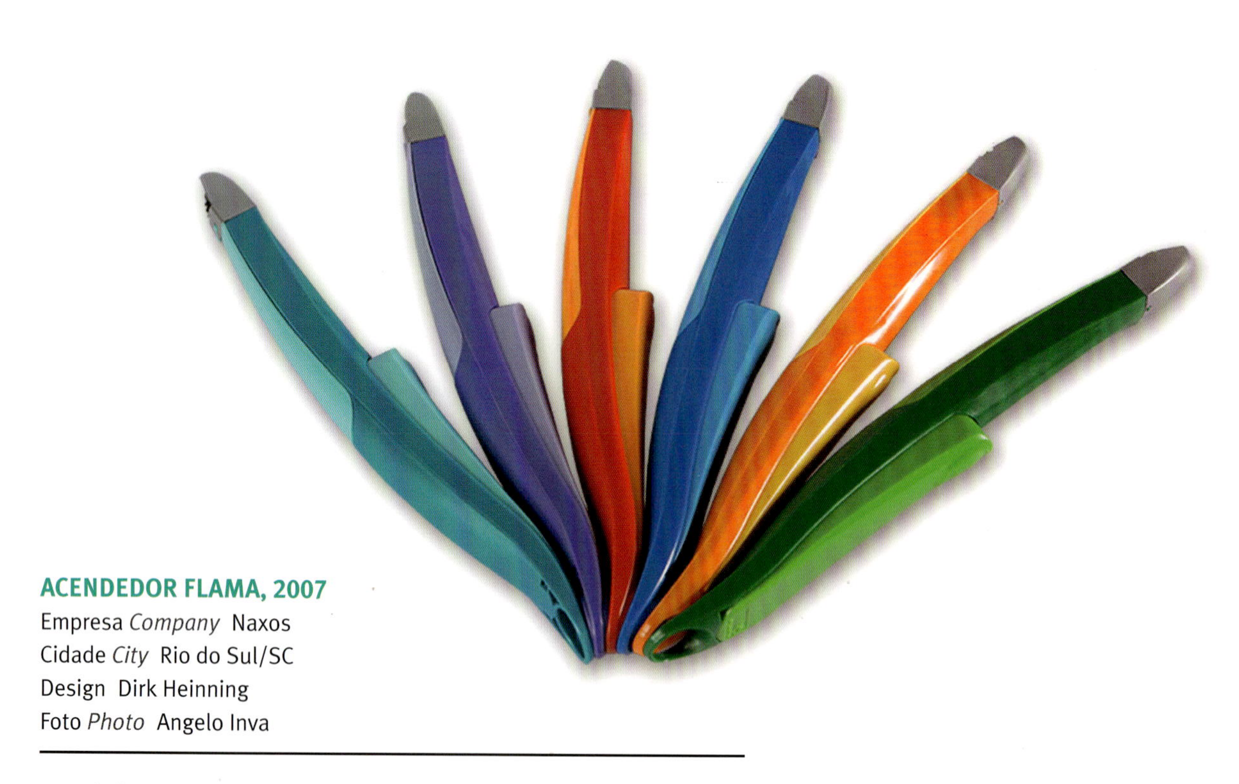

ACENDEDOR FLAMA, 2007

Empresa *Company* Naxos
Cidade *City* Rio do Sul/SC
Design Dirk Heinning
Foto *Photo* Angelo Inva

Acendedor de fogão não inflamável que gera apenas faíscas, com um mecanismo desenvolvido pela empresa há mais de 20 anos e design diferenciado. ⇢ *Nonflammable stove lighter that only generates sparks with a mechanism developed by the company over 20 years ago, distinctive design.*

VEDA SACO, 2014

Empresa *Company* Naxos
Cidade *City* Rio do Sul/SC
Design Design Inverso
Foto *Photo* Angelo Inva

Tampa com bico direcionador que é facilmente acoplada aos sacos plásticos. Conserva os alimentos nos pacotes originais, mantendo indicações de uso e data de validade. Superprático, veda as embalagens e dispensa o uso de potes. ⇢ *Cover with a spout that is easily attached to plastic bags. Preserves food in the original package, keeping the instructions and expiration date. Super practical, seals the packaging and avoids the use of containers.*

MANTA E TRENCH COAT, 2015

Empresa *Company* Damyller
Cidade *City* Nova Veneza/SC
Design Equipe de produto Damyller
Foto *Photo* Adaílton Monteiro

Estas peças foram confeccionadas com a técnica de tear, com o intuito de mostrar que é possível criar peças sofisticadas, usando técnicas de alta costura, tendo o jeans como matéria-prima. ⇢ *These pieces are made using the technique for weaving on looms, aiming to show that it is possible to create sophisticated items, using high couture techniques, and denim as a raw material.*

CAMISETA WORLD N201, 1990
Empresa *Company* Hering
Cidade *City* Blumenau/SC
Design Equipe de estilo Hering
Foto *Photo* Divulgação

A camiseta World é um clássico da indústria catarinense, há anos exportada para o mundo todo. Básica e sem costura lateral, foi criada para o consumidor que busca uma peça universal. ⇢ *The World t-shirt is a Santa Catarina industry classic, it's been exported for years to the whole world. Basic and without side seams, it was created for the consumer who seeks a timeless piece.*

CAMISETA COOLING KKVW FEMININA, 2014
Empresa *Company* Hering
Cidade *City* Blumenau/SC
Design Equipe de estilo Hering
Foto *Photo* Divulgação

A camiseta Cooling possui acabamento mentolado aplicado na malha, que traz uma sensação de refrescância ao entrar em contato com o calor do corpo. Foi criada para o consumidor que busca uma camiseta tecnológica para o dia a dia. ⇢ *The Cooling t-shirt has a mentholated finish applied to the mesh, bringing a refreshing sensation when it comes into contact with body heat. It was created for the consumer who wants a technological t-shirt for daily use.*

COLEÇÃO PRIMAVERA VERÃO 2016, 2015

Marca *Brand* Milon
Empresa *Company* Grupo Kyly
Cidade *City* Pomerode/SC
Design Equipe Milon

A coleção Primavera Verão 2016 da Milon traz o tema Ocean Blanc, inspirada nas cores do oceano e da praia. Para as meninas, cores delicadas, com aplicações de strass, pérolas e rendas para momentos especiais. Para os meninos, listras, xadrez e estampas florais com a cara do verão. ⇢ *Milon 2016 Spring and Summer Colletion brings the theme Ocean Blanc, inspired by the ocean and beach colors. Delicate colors for girls with rhinestones, pearls and lace for special moments. For boys, stripes, checkered and floral prints are the face of summer.*

STRIPECHOCO E SWEET FOLK, 2014

Marca *Brand* Lilica Ripilica
Empresa *Company* Marisol
Cidade *City* Jaraguá do Sul/SC
Design J.Porangaba (Stripechoco) e Isabeli Fontana (Sweet Folk)

A coleção outono/inverno da Lilica Ripilica, apresentada no São Paulo Fashion Week 2014, foi inspirada nos tons de chocolate misturados a peças coloridas e estampas divertidas. Veste meninas dos tamanhos 2 a 12. A coleção Sweet Folk foi assinada pela top model Isabeli Fontana e traz o hippie chic como inspiração. São 38 peças, entre vestidos, calças metalizadas, shorts jeans, jardineiras e saias longas, além de calçados e acessórios para os cabelos. Na sua cartela de cores predomina o mescla, amarelo, pink, roxo e verde-água. ⇢ *LilicaRipilica Fall-Winter collection, presented at the São Paulo Fashion Week 2014, was inspired by shades of chocolate mixed with colorful pieces and fun prints for girls size 2 to 12. The collection Sweet Folk, signed by the top model Isabeli Fontana, was inspired by hippie chic fashion. It is composed of 38 pieces: dresses, metallized trousers, shorts in denim, bib and brace overalls and long skirts, in addition to footwear and hair accessories. Heather gray, yellow, pink, purple and aqua green are the color palette for this collection.*

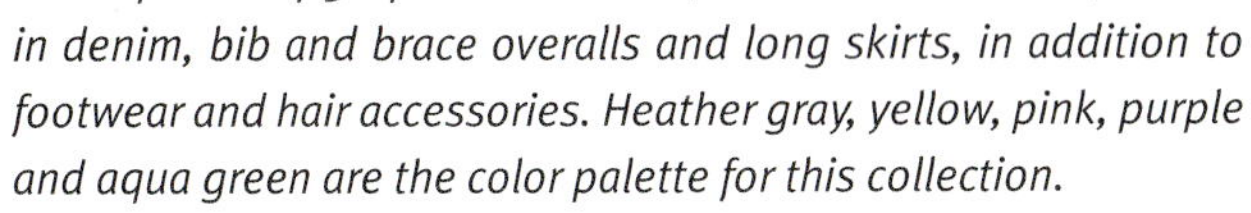

MINHOCAS, 2013

Empresa *Company* Animaking
Cidade *City* Florianópolis/SC
Foto *Photo* Animaking

Minhocas é o primeiro longa-metragem brasileiro na técnica Stop Motion. Totalmente produzido na cidade de Florianópolis, no Sapiens Parque, durante 5 anos, desenvolveu novas tecnologias e contou com a parceria do Instituto Sapientia, Sábia e UFSC. Além dos patrocinadores, recebeu financiamento do FSA e Subvenção da Finep. *Minhocas* atualmente está sendo distribuído nos cinemas internacionais para mais de 20 países, como Estados Unidos, Canadá, França e países de língua francesa, Europa Ocidental, Eurásia e Austrália. Na América Latina, conta com distribuição da Fox Filmes. ···> *Minhocas is the first Brazilian feature film using the Stop Motion technique. Completely produced during 5 years in the city of Florianópolis, in the Sapiens Park, developed new technologies through a partnership with the Instituto Sapientia, Sábia and UFSC. In addition to the sponsors, the project received funding from FSA and a Grant from Finep. Currently, Minhocas is being distributed internationally in more than 20 countries, such as the United States, Canada, France and French speaking countries, West Europe, Eurasia and Australia. In Latin America, the film is distributed by Fox Filmes.*

ROTEIRO *SCRIPT* Romeo DiSessa, Thomas Lapierre, Marcos Berstein, Melanie Dimantas e Joana Bocchini; DIREÇÃO *DIRECTION* Paolo Conti CO-DIREÇÃO Arthur Medeiros; CONCEPT ART Fábio Cobiaco; DESIGN Sandro Cleuso e Demian Rios; CENARISTA Nídia Simões Freitas e Patricia Turazzi; DIRETOR DE ARTE *ART DIRECTOR* Walter Plitt; DIREÇÃO DE FOTOGRAFIA *PHOTOGRAPHY DIRECTION* Philippe Arruda e Klaus Schlickmann; MÚSICA E TRILHA SONORA *MUSIC AND SOUND* Henrique Tanji Ritmika; ANIMAÇÃO *ANIMATION* Paolo Conti, Luciano do Amaral, Thiago Calçado, Policarpo Graciano, Rosana Van der Meer, Sérgio Castro, Alvaro Enrique Bautista Diaz, Gabriel Costa Rodrigues ANIMAÇÃO ADICIONAL *ADDITIONAL ANIMATION* Pete Levin, Paul Smith e María Zancolli Quintana.

CASINHA MODERNA, 2013

Empresa *Company* NewArt do Brasil
Cidade *City* Benedito Novo/SC
Design Shay Grundmann
Foto *Photo* NewArt Toys

Brincar de casinha estimula a criatividade e a vivência das situações do cotidiano de uma forma lúdica e divertida. Essa casinha moderna possui dois andares, vem desmontada para ser fácil de transportar de guardar, e é muito fácil montá-la. ⇢ *Playing house stimulates the creativity and the experiencing of everyday life in an entertaining way. The modern little house has two floors. It comes disassembled to be easily transported and stored — and it is easy to assemble.*

COLEÇÃO VILA DAS ÁRVORES, 2014

Empresa *Company* NewArt do Brasil
Cidade *City* Benedito Novo/SC
Design Shay Grundmann
Foto *Photo* NewArt Toys

A coleção Vila das Árvores remete ao desejo de muitas crianças (e adultos!) de ter uma casinha na árvore. São árvores totalmente desmontáveis, fáceis de transportar para qualquer lugar, repletas de acessórios (baldes com manivela, pontes, escadas, balanços), que instigam o usuário a pensar, planejar e usar seu lado criativo, além de interagir com familiares e amigos. As árvores ainda podem ser unidas por pontes suspensas, formando a Vila. Os brinquedos da NewArt Toys são confeccionados em madeira ecologicamente correta – a combinação perfeita entre a ação educativa e o meio ambiente. Recomendada para crianças a partir de 3 anos. ⇢ *The collection Vila das Árvores (Tree Village) alludes to the wish of many children (and adults too!) to have a treehouse. The trees are fully dismountable, easy to transport to any place, packed with accessories (buckets with crank, bridges, ladders, swings) that instigate the user to think, plan and use their creative side, besides interacting with family and friends. The trees can also held together by suspended bridges, forming a Village. The NewArt Toys are made of eco-friendly wood — a perfect combination of educational activity and the environment. It is recommended for children 3 and up.*

DESIGN HOLANDÊS
NO PALÁCIO DO POVO
DUTCH DESIGN IN THE PEOPLE'S PALACE

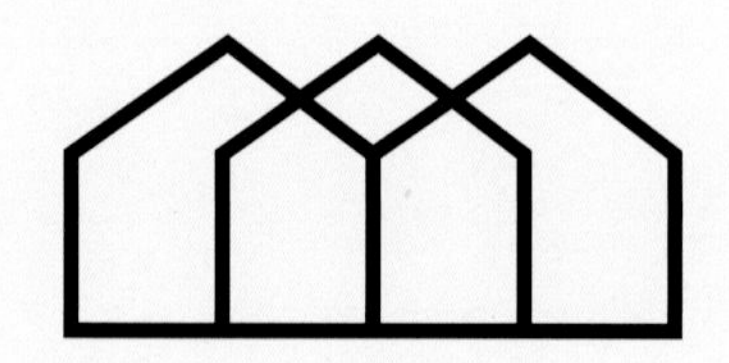

Palácio do Povo

[Design Holandês recente 2008-2013]

Em novembro de 1979, bem em frente a este museu, aconteceu uma das primeiras manifestações públicas contra o regime militar. O protesto, conhecido como "Novembrada", deu voz ao desejo do povo de ter eleições diretas e democráticas. Na época, o prédio ainda era tido como o "palácio"de poder, a antiga casa do governador. Anos após o protesto, o regime militar abriu caminho para o governo democrático e o "palácio do poder" se transformou em museu.

O "Palácio do Povo" é uma resposta à história desta construção. É como a imagem do palácio do governo em um espelho. As salas da exibição são preenchidas com peças de design holandês que funcionam como equipamento no "Palácio do Povo". São objetos de uso no dia a dia, mas também objetos do futuro. Objetos com novas tecnologias, com soluções inteligentes ou apenas objetos de beleza simples. Objetos que dão as boas-vindas aos brasileiros, aos holandeses e todos os residentes do "Palácio do Povo". Objetos que fazem você se sentir em casa.

Jorn Konijn, Curador

The People's Palace

[Recent Dutch Design 2008-2013]

In November 1979, right in front of this museum, one of the first public uproars against the military regime took place. This protest became known as "Novembrada" and gave voice to the people's wish to have direct democratic elections. At the time, this building was still a "palace" for power, the former house of the governor. Years after the protest, the military regime made way for a democratic government and this "palace of power" became a museum.

The "Palácio do Povo" is a modern-day response to the history of this building. A mirror image of the governor's palace. The rooms in the exhibition are filled with Dutch design objects that function as equipment in the "Palacio do Povo." These are objects of everyday use but also objects of the future. Objects with new technologies, with smart solutions or simply objects of aesthetic beauty. Objects that welcome Brazilian, Dutch and all other residents to "their" palace. Objects that make you feel at home.

***Jorn Konijn**, Curator*

MHSC – Museu Histórico de Santa Catarina ⟶ 16 de maio a 12 de julho de 2015

FOTOS *PHOTOS* SANDRA PUENTE

MHSC – Historical Museum of Santa Catarina ⟶ May 16 to July 12, 2015

SPRUCE STOVE, 2013
País *Country* Holanda
Design Michiel Martens, Roel de Boer
Foto *Photo* Wagner Klebson

Michiel Martens e Roel de Boer se uniram para criar o forno à lenha Spruce Stove, que utiliza todo o comprimento de um tronco para aquecer uma sala. A madeira não precisa ser cortada, já que troncos inteiros de árvores podem ser encaixados na peça → *Michiel Martens and Roel de Boer collaborated to create the wood-burning Spruce Stove, which uses the entire length of a log to heat a room. The wood for this stove doesn't need to be chopped, as whole tree trunks can be fed into it.*

COLOUR PORCELAIN, 2012
Design Scholten & Baijings
Foto *Photo* Wagner Klebson

A dupla de designers Scholten & Baijings criou um conjunto de utensílios de mesa baseados na porcelana japonesa Arita, pintada à mão, do século XVI. Eles são decorados com três níveis de intensidade, utilizando cores tradicionais dos arquivos da companhia contra o fundo cinza pálido da porcelana natural. → *Design-duo Scholten & Baijings created a tableware set based on the hand-painted porcelain from the 16th century Arita porcelain from Japan. It is decorated with three different levels of intensity, selecting traditional colors from the company's archives on the pale grey background of natural porcelain.*

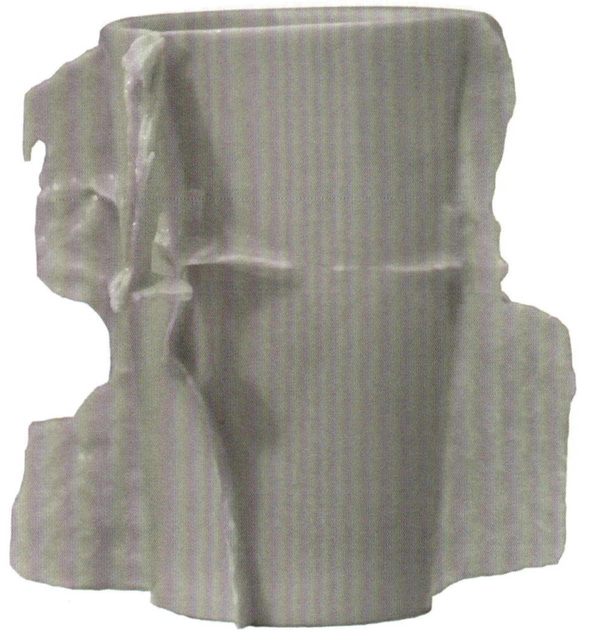

SÉRIE "CRACK", 2001
Design Laurens van Wieringen
Foto *Photo* Sandra Puente

Quão perfeita deve ser a sua louça? Laurens van Wieringen criou uma xícara, uma jarra e uma tigela "rachadas" ao "quebrar o molde" e encaixá-lo novamente antes de preparar a peça. Este design e método de produção criam peças ligeiramente diferentes, e, portanto, únicas, todas as vezes. ⇢ *How perfect should your table set be? Laurens van Wieringen created a "cracked" cup, jug and bowl by "breaking the mold" and reassembles it before casting. This design and production method creates slightly different and therefore unique pieces every time.*

JUG + CUP, 2011
Design Aldo Bakker
Foto *Photo* Wagner Klebson

Quando lhe pediram para criar uma jarra de água acompanhada de um copo, Aldo Bakker decidiu remover todas as partes para chegar em uma forma básica sem ornamentos. Nada de alças, capas ou asas. O que resta é uma jarra orgânica e sensível e um copo que se encaixa nela perfeitamente. ⇢ *When asked to design a water jug with an accompanying cup, Aldo Bakker decided to remove all parts to arrive at one bare basic form. No handles, covers or grips. What remains is an organic and sensitive jug and cup that neatly fit together.*

OSCILATION PLATES, 2013
Design David Derksen
Foto *Photo* Wagner Klebson

David Derksen decorou uma série de pratos utilizando um pêndulo para pingar tinta. Os padrões nos pratos foram criados utilizando os formatos matemáticos do balanço do pêndulo e o elemento humano de posicionar o instrumento. ⤑ *David Derksen has decorated a set of plates by using a pendulum to drip patterns of paint. The patterns on the plates were created using both the mathematical shapes of the pendulum's swing and the human element of positioning the object.*

BEETLE, 2012
Design Jurrijn Huffenreuter
Foto *Photo* Wagner Klebson

O Beetle (besouro) é um conjunto para chá e café baseado nos besouros chineses. O designer Jurrijn Huffenreuter desenvolveu o conjunto em uma parceria com artesãos em cerâmica da cidade de Jingdezhen, a capital da porcelana na China. O design pegou diferentes partes de porcelana escura e os adicionou a uma família de objetos. ⤑ *The Beetle is a tea and coffee set based on Chinese beetles. Designer Jurrijn Huffenreuter developed this set in close collaboration with the ceramic craftsman in the Chinese city of Jingdezhen, the porcelain capital of China. The designer took different parts of anthracite porcelain and placed these in a family of objects.*

REVOLVER, 2012
Design Joost Luub
Foto *Photo* Wagner Klebson

Joost Luub criou este aparelho de chá baseado em desenhos de histórias em quadrinhos, em um intercâmbio entre a Academia de Rietveld e a Universidade de Jingdezhen, na China. Os diferentes tons de azul se referem às cores originais da porcelana chinesa. ⇢ *Joost Luub based this tea set on comic book type drawings, made a workshop exchange between the Art School De Rietveld Academy and the University of Jingdezhen, China. The different shapes of blue refer to the original Chinese porcelain.*

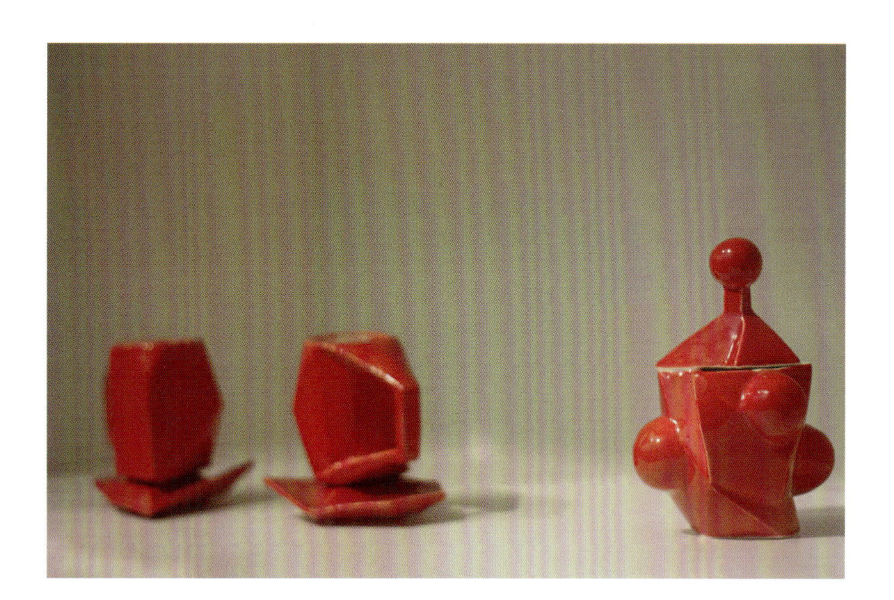

APARELHO DE CHÁ, 2012
Design Josha Roymans
Foto *Photo* Wagner Klebson

Este aparelho para chá foi criado em um intercâmbio entre a Academia de Rietveld e uma universidade na China. O designer Josha Roymans utilizou o clássico vermelho chinês para criar um conjunto diferente. ⇢ *This tea set design was created in a workshop exchange between De Rietveld Academy and a University in China. Designer Josha Roymans used the classic Chinese red to create a distinctive set.*

FOSTER FAMILY, 2014
Design Renate Nederpel
Foto *Photo* Wagner Klebson

O aparelho de chá Foster Family (família adotiva), criado por Renate Nederpel, é feito com pedaços de diferentes xícaras e potes colados. Desta forma, todos os pedaços "adotivos" são unidos novamente, como uma família de crianças perdidas. ⇢ *Renate Nederpel's tea set Foster Family finds bits and pieces of individual cups and pots to put them together again. In this way, all the "adopted" pieces are brought together again, like one family of lost children.*

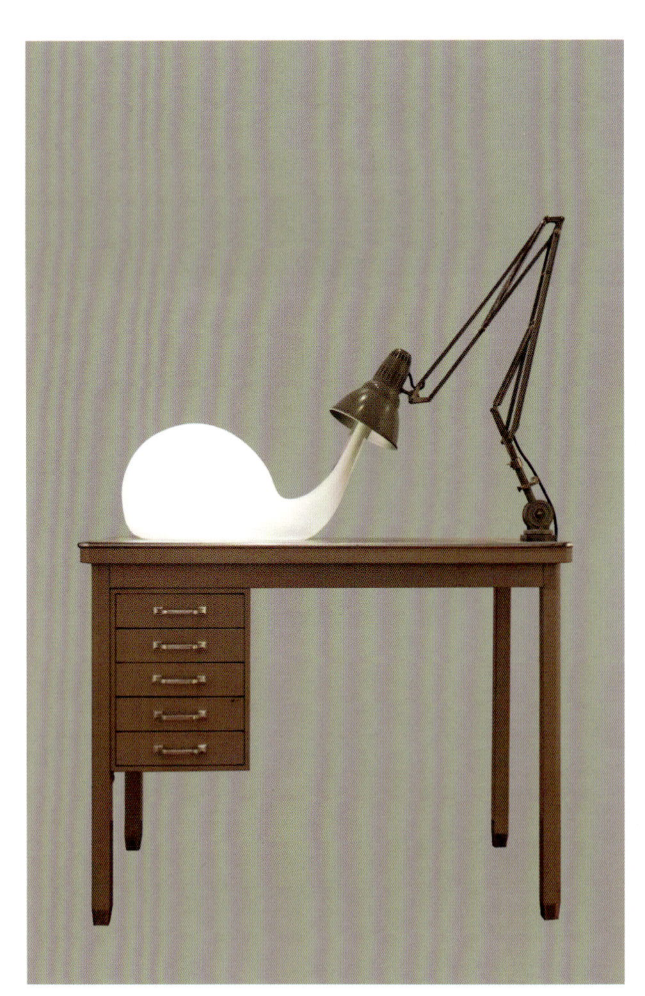

DESK LIGHT BLUB, 2009
Design Pieke Bergmans
Foto *Photo* Wagner Klebson

Pieke Bergmans cria luminárias nas quais o vidro parece fluir de um lado para outro, uma panela com a luz fervendo e um cachimbo com a lâmpada emergindo como uma nuvem de fumaça. A luminária lembra um balão de pensamento como os utilizados nos quadrinhos bem na mesa do escritório, onde é necessário encontrar inspiração. ⇢ *Pieke Bergmans creates lamps where the glass seems to flow from one to the other, a cooking pot with the light boiling over and a smoking pipe with light emerging like a cloud of smoke. This light resembles a thought bubble from a comic book, right at the office desk where one has to find inspiration.*

LUNGPLANTS, 2014
Design Tim Van Cromvoirt
Foto *Photo* Wagner Klebson

A Lungplant é uma luminária cinética com ar de escultura que parece respirar. Estes "organismos" mostram um movimento muito natural em um ciclo contínuo, fazendo com que o espectador se sinta relaxado. A cada "ciclo respiratório", uma pequena luz pulsa dentro de um pulmão e a estrutura da luminária se torna visível. ⇢ *The Lungplant is a kinetic sculpture-like lamp that seem to inhale and exhale air. These 'organisms' show a very natural movement in a continuous cycle making the spectator feel relaxed. In each "breathing cycle" a small light inside a lung pulses and the structure of the lamp become visible.*

COPPER LIGHTS, 2010
Design David Derksen
Foto *Photo* Wagner Klebson

Copper Lights (luzes de cobre), criada pelo designer David Derksen, dá ênfase às técnicas de construção e os materiais como os pontos iniciais criativos desta luminária. Embora o design não seja estritamente funcional, a aparência de suas peças relaciona-se diretamente com seu método de construção. ⇢ *Copper Lights by designer David Derksen emphasize the construction techniques and materials as the creative starting point for this light. While the designs are not strictly functional, the appearances of his pieces relate directly to the method of construction.*

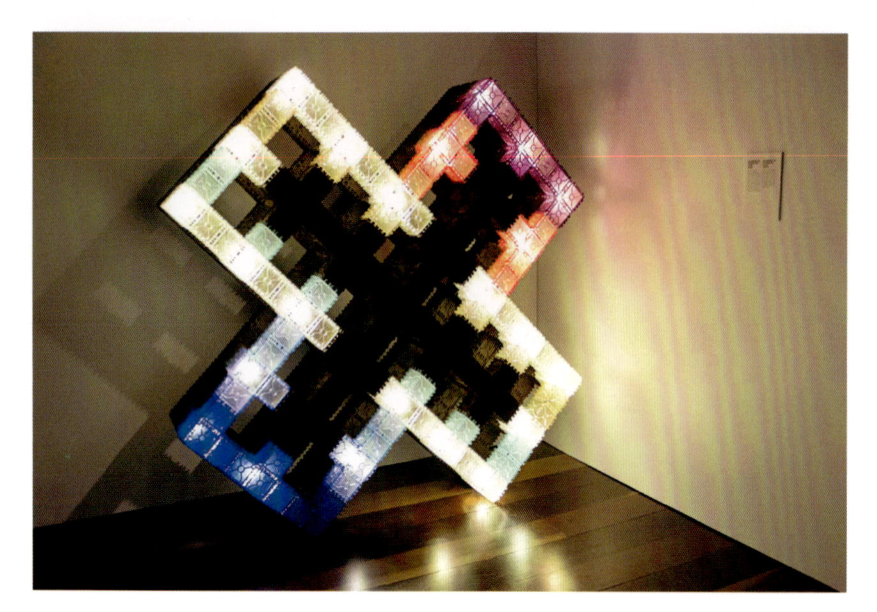

Design Melle Koot
Foto *Photo* Wagner Klebson

Nockstone é um bloco de construção modular para criar uma variedade sem fim de objetos para áreas internas. Ele permite que a pessoa construa objetos grandes e pequenos. Os blocos são robustos o suficiente para suportar peso, mas leves para permitir que a luz passe por eles. Eles são feitos com material 100% reciclável e de origem sustentável. ⤏ *'Nockstone' is a modular building stone used to build an endless variety of interior objects. It allows you to build any small or large object of your own design, strong enough to carry weight but light enough to send through light. It is made from 100% recyclable bio-based, sustainable material.*

ENDLESS CHAIR, 2010
Design Dirk Vander Kooij
Foto *Photo* Wagner Klebson

Dirk Vander Kooij comprou um velho robô de uma fábrica chinesa para criar sua "cadeira infinita". O pequeno robô só conseguia fazer breves movimentos como uma pulsação, e o designer não teve escolha senão seguir utilizando este formato. E já que ele gostou tanto, decidiu mantê-lo: uma cadeira resistente, feita com linhas grossas e onduladas. ⤏ *Dirk VanderKooij bought an old robot from a Chinese factory to make his 'endless chair'. The small robot could only make small pulse-like movements so the designer had no choice but to remain with this form. Since he liked it so much, he decided to keep this form: a sturdy chair, made up of thick, wavy lines.*

AREND 380, 2010
Design Ineke Hans
Foto *Photo* Sandra Puente

Pediram para a designer Ineke Hans criar uma cadeira para escritório que pudesse ser fabricada em grandes quantidades. Uma cadeira simples e confortável com apenas dois componentes básicos, fácil de montar e feita com plástico PET reciclado. Tanto o assento quanto o encosto podem ser reciclados novamente. ⇢ *Designer Ineke Hans was asked to create a new office chair which could be produced in high quantities. A simple, comfortable chair with just two basic components, easy to assembly, and made from recycled materials. Both seat and back can be recycled again as well.*

TUTU, 2010
Design Lenneke Langenhuijsen
Foto *Photo* Sandra Puente

Em geral, a madeira é associada com objetos fortes e sólidos, mas também pode se converter em um material têxtil. A designer Lenneke Langenhuijsen viajou até a ilha de Tonga, no Pacífico Sul, para pesquisar como são feitos estes tecidos de madeira. Isso resultou na criação de um banco único, o TuTu, com várias camadas deste tipo de material. ⇢ *Wood is usually associated with strong and solid objects, but wood can become a textile as well. Designer Lenneke Langenhuijsen traveled to the South Pacific island of Tonga to research the production process of these wooden textiles. This resulted in the design of a unique wooden stool, the Tutu, formed with multiple layers of wooden textile.*

PARESSE, 2014
Design Guillaume Morillon
Foto *Photo* Wagner Klebson

E se você quiser a experiência de um dia perfeito na praia em casa? Este sofá desenhado por Guillaume Morillon tenta trazer este sentimento praiano para dentro de casa com um agradável sofá. Ele é feito com couro sintético flexível, que lhe confere a qualidade de um design de interiores de primeira linha, ao mesmo tempo em que captura a ideia de algo ao ar livre. ⇢ *What if you want to experience your perfect day at the beach at home? This sofa, designed by Guillaume Morillon, tries to combine this beachy feeling with a pleasant couch for the house. Its made from synthetic flexible leather, which gives it the quality of high-end interior design while still capturing the outdoor feeling.*

GRAVITY STOOL, 2013
Design Jólan Van der Wiel
Foto *Photo* Sandra Puente

O designer Jólan Van der Wiel usa a gravidade e o magnetismo para criar o Gravity Stool, cuja forma lembra um cogumelo. Depois de misturar materiais em uma tigela, o designer determina o molde da banqueta, o formato do assento e onde as pernas vão ficar. Ele então deixa o poder da gravidade terminar o processo para criar o produto final. ⇢ *Designer Jólan van der Wiel uses gravity and magnetics to created the Gravity Stool, whose form is reminiscent of a mushroom. Once the materials are mixed together in a bowl, the designer determines the mold of the stool, the shape of the seat and where the chair legs will be formed. He then lets the power of gravity end the process to create the final product.*

PROCESSADOR DE ALIMENTOS DA FAZENDA, 2013
Design Naomi Bijlefeld
Foto *Photo* Sandra Puente

Naomi Bijlefeld desenvolveu um processador de alimentos manual que remove terra e folhas indesejadas, preparando os alimentos para uso imediato na cozinha. O processador de alimentos da fazenda foi inspirado em experiências da infância da designer com jardins: "Onde eu cresci, todo mundo tinha uma grande horta, mas ninguém se animava a limpar e preparar os legumes! Isso seria a solução perfeita". ⇢ *Naomi Bijlefeld designed a hand-operated food processing machine that removes soil and unwanted leaves and prepares the harvest for immediate use in the kitchen. The farming food processor was inspired by the childhood experiences of the designer with kitchen gardens: "Where I grew up, everyone had a big vegetable garden. But nobody ever felt like cleaning and preparing the vegetables! This would be the perfect solution."*

APARELHO DE CHÁ TOUCH, 2012
Design Inge Kuipers
Foto *Photo* Wagner Klebson

Para pessoas com artrite, servir-se de um copo de chá nem sempre é uma tarefa fácil. Este aparelho de chá foi desenvolvido para não parecer um produto direcionado a pessoas com necessidades especiais, mas oferecer as vantagens de tal equipamento. O design faz com que os atos de levantar e segurar o bule para servir a bebida fiquem mais fáceis e menos doloridos, ao mesmo tempo em que mantém as mãos longe do calor. ⇢ *For people with arthritis, pouring a cup of tea is not always an easy task. The tea set touch was developed not to look like a special product for a person with an illness, but still offering the advantages of one. The design makes lifting, holding and pouring easier and less painful and additionally keeps the hands away from the heat.*

THE COLLECTED KNITTING BY LOES VEENSTRA, 2013
Design Christien Meindertsma, Wandschappen
Foto *Photo* Wagner Klebson

Loes Veenstra, moradora de Roterdã, tricotou mais de 500 suéteres desde 1955. Eles nunca foram usados e cada item é único, tricotado sem uma receita fixa. Loes Veenstra improvisava e usava o material que tinha à mão na época. O coletivo de design Wandschappen convidou o designer Christien Meinderstma para organizar os suéteres, fazer um livro sobre o assunto e dirigir um flashmob celebrando o trabalho de artesã. ⇢ *Rotterdam resident Loes Veenstra has knitted more than 500 sweaters since 1955. The sweaters were never worn and every piece is unique, knitted without a pre-made pattern. Loes Veenstra just improvised and used what she had at the time. Design collective Wandschappen invited designer Christien Meinderstma to collect the sweaters, make a book of it and direct a celebratory flashmob in honor of Loes Veenstra's work.*

BLOOD IN BLOOD OUT, 2010
Design Floor Wesseling
Foto *Photo* Sandra Puente

O designer Floor Wesseling junta camisas de diferentes times de futebol em um trabalho novo. Ao fazer isso, ele conta histórias emocionantes sobre rivalidade, comunidades, clássicos entre times de cidades e entre países, e batalhas recentes do futebol. ⇢ *Designer Floor Wesseling combines jerseys from different football teams into new combined works. By doing so he tells the emotional stories about rivalry, communities, classic matches between cities and countries and recent football battles.*

INVERTED FOOTWEAR , 2013
Design Elisa van Joolen
Foto *Photo* Wagner Klebson

A designer Elisa van Joolen coloca amostras de tênis de marcas famosas do avesso. Ela remove os solados, inverte a parte de cima e costura tudo em solados de chinelos baratos. Isso demonstra que a reutilização de material descartado pode resultar em produtos bonitos e interessantes. ⇢ *Designer Elisa van Joolen turns leftover sneaker samples by leading brands inside out. She removes the soles, turns the upper part inside out and sews them onto inexpensive flip-flop soles. It demonstrates that the reuse of waste materials can result in beautiful and interesting products.*

LABYRITH, ALT DEUTSCH AND L'AFRIQUE ARCHIVES PAPEL DE PAREDE, 2014
Design Studio Job
Foto *Photo* Wagner Klebson

Studio Job revisitou seus trabalhos passados para criar esta linha única de papéis de parede para a marca holandesa NLXL. Com este papel você não precisa de arte alguma nas paredes! ⇢ *Studio Job has revisited its own archive to create a unique wallpaper line for Dutch brand NLXL. With this wallpaper, you don't need art on your wall!*

TAPEÇARIAS, 2015
Design Claudy Jongstra
Foto *Photo* Sandra Puente

Claudy Jongstra cria tapeçarias e instalações de arte têxtil em larga escala para prédios públicos utilizando suas próprias ovelhas e técnicas artesanais antigas para tecer e tingir o material. Seus trabalhos são inspirados pela promoção da biodiversidade e preservação de uma herança natural e cultural. ⟶ *Claudy Jongstra creates tapestries and large-scale textile art installations for public buildings using her own sheep and old craftsmanship techniques for weaving and dying the material. Her work is inspired by the promotion of biodiversity and preservation of a natural and cultural heritage.*

URTICA, 2014
Design Nina Gautier
Foto *Photo* Sandra Puente

A urtiga é uma planta daninha, considerada inútil e de conotação negativa porque qualquer contato causa uma erupção cutânea dolorosa. Ainda assim, a designer Nina Gautiter revela que a planta pode ser usada para tudo, de remédios a fertilizantes. Para criar a Urtica, ela focou no potencial da urtiga para a indústria têxtil, usando todas as partes da planta em cobertores grossos, macios e com fragrância única. ⟶ *The stinging nettle is an unwanted weed, which is considered useless and has a bad connotation because any contact brings on a painful rash. And yet, designer Nina Gautier reveals that the plant can be used for everything from medicine to fertilizer. For the Urtica, she focused on the weed's potential for textiles, using every part of the plant in woven blanket that is strong, soft and has a unique fragrance.*

SEA ME, 2014
Design Nienke Hoogvliet
Foto *Photo* Sandra Puente

A designer holandesa Nienke Hoogvliet criou um tapete tecido com fios fabricados com algas marinhas encontradas na África do Sul. Eles são trançados em uma velha rede de pesca de maneira irregular, resultando em uma textura errática, mas divertida. ⇢ *Dutch designer Nienke Hoogvliet designed a rug which is woven using yarn made from algae harvested from the sea. She knotted the algae yarn around an old fishing net. The yarn is created using seaweed that is one of the biggest types of algae, mostly found in South Africa. It's spun on the net in an irregular way creating an irregular but playful texture.*

BOUGH BIKE, 2013
Design Jan Gunneweg
Foto *Photo* Sandra Puente

Esta bicicleta totalmente feita em madeira, criada à mão pelo designer industrial Jan Gunneweg, é feita de imbuia e pesa cerca de 15 quilos. O toque de classe da bicicleta são as rodas com seu raio de madeira. Eles criam a impressão de que há uma linha contínua a partir da roda dianteira, passando pelo quatro até a roda traseira. ⇢ *The all-wooden bike, handmade by Dutch industrial designer Jan Gunneweg, is made out of solid walnut and weighs under 35 pounds. The bike's classy detail is that the wheels have wooden spokes. They create the impression that there is a continuous line from front wheel, through the frame and all the way to the rear wheel.*

EPO BICYCLE, 2014
Design Bob Schiller
Foto *Photo* Sandra Puente

A bicicleta é considerada um excelente exemplo de um produto que define a identidade holandesa. No entanto, quase não há mais bicicletas sendo fabricadas na Holanda devido aos elevados custos de produção. Para criar a EPO Bike, o designer Bob Schiller foi buscar matéria-prima barata, proveniente da indústria automotiva, para que a bicicleta pudesse ser produzida novamente com custo mais baixo. As folhas de alumínio e a solda ponto tornam a EPO um produto que pode ser produzido na Holanda outra vez, uma verdadeira bicicleta holandesa. ⇢ *The bike is considered a prime example of a product that defies the Dutch identity. However, there are almost no bikes being produced in the Netherlands anymore due to the high costs of producing them. For the EPO Bike, the designer Bob Schiller sought cheap raw material from the automotive industry so that the bike could be produced again at a lower cost. The aluminium sheets and spot welding make it a product that can be produced in the Netherlands again, a real Dutch bike.*

VAN MOOF NO. 5, 2010
Design Van Moof, Sjoerd Smit
Foto *Photo* Sandra Puente

A empresa de design Van Moof criou com sucesso uma bicicleta menos-é-mais, com soluções mínimas e espertas para componentes essenciais, com farol e travas incorporadas ao quadro. É uma bicicleta robusta, porém funcional, fácil de utilizar no dia a dia. ⇢ *Design-company Van Moof created a successful less-is-more bicycle, with minimal and clever design solutions for essential components, lights, parking, and lock all fitted into the frame. It's a sturdy but functional bike, easy for daily use.*

THE ENERGY COLLECTION, 2012
Design Marjan Van Aubel
Foto *Photo* Sandra Puente

Este armário e linha de copos criados por Marjan Van Aubel recolhe a energia da luz ao seu redor. Seu copo está constantemente trabalhando para reunir energia com as células solares totalmente integradas nos próprios objetos. Quando você guarda o copo, o armário coleta e armazena essa energia. É uma maneira de acumular a energia de um quarto. O gabinete funciona como uma bateria e pode ser adaptado de muitas formas, desde carregar o seu telefone até ligar uma fonte de luz. ⇢ *This shelf and glassware by Marjan van Aubel collects energy from the light around it. Its glass is constantly working to gather energy, with the solar cells completely integrated into the objects themselves. When you put the glass away, the shelf itself collects and stores this energy. It is a way to gather and harvest energy all within one room. The shelf works as a battery. Its power can be adapted in many ways, from charging your phone to powering a light source.*

FOOTSTOVE, 2013
Design Kim Beekmans
Foto *Photo* Sandra Puente

Kim Beekmans reinventou o aquecedor de pés à moda antiga para economizar energia em casa. Uma confortável banqueta revestida com lã e preenchida com um aquecedor e uma bateria recarregável mantém seus pés aquecidos. A alça no topo faz com que ele seja fácil de carregar com você, enquanto o cobertor interno oferece ainda mais conforto. Ao invés de aquecer a casa toda, você pode diminuir o termostato e aquecer somente seus pés. ⇢ *Kim Beekmans has reinvented the old-fashioned foot warmer to save energy at home. A comfortable woollen stool with a heating element and rechargeable battery inside keeps your feet warm. The strap on top makes it easy to carry with you and the inside blanket offers even more warmth. Instead of heating your entire house, you can lower the thermostat a few degrees and just heat your feet.*

SANSEVERIA XL DIVINA, 2014
Design Wandschappen
Foto *Photo* Sandra Puente

Esta coleção de "plantas" esculturais é inspiradas nos contornos das plantas tradicionais holandesas plantadas nas janelas. O coletivo de designers Wandschappen criou estas plantas para as 162 nacionalidades vivendo no bairro pobre de Charlois, em Roterdã. Uma planta em sua janela significa que você decidiu ficar na região, que você cuida da sua casa. Você se sente em seu lar quando você cuida de suas próprias plantas. ⇢ *This collection of sculptural 'plants' is inspired by the contours of traditional Dutch plants in the windowsills. Design collective Wandschappen designed these for the 162 different nationalities living in the poor Rotterdam neighborhood of Charlois. A plant in your window means to have decided to stay in the neighborhood, that you take care of your house. You feel at home when you grow your own plants.*

MONEY SOCK, 2014
Design Jelle Mastenbroek
Foto *Photo* Sandra Puente

Em uma tradição arraigada, os holandeses gostam de guardar dinheiro, preferencialmente em casa e tradicionalmente dentro de uma meia escondida debaixo do colchão. O designer Jelle Mastenbroek decidiu usar esta velha tradição para fazer a economia parecer divertida novamente. Cada vez que se coloca dinheiro na máquina, a pessoa ouve uma música e a quantia é guardada dentro da boa e velha meia. ⇢ *In a strong tradition, Dutch people like to save money, preferably at home, traditionally in a sock under the mattress. Designer Jelle Mastenbroek decided to use this old tradition but also make saving nice again. Every time money is being thrown in, you hear a short tune, after which it is collected in the good old sock.*

TRANSIENCE, 2011
Design David Derksen, Lex Pott
Foto *Photo* Wagner Klebson

Os designers David Derksen e Lex Pott criaram uma série de espelhos geométricos que utilizam o conceito de oxidação para criar texturas e cores em uma superfície. Em geral, isso acontece de maneira randômica durante um longo período de tempo e é considerado um processo de desgaste. Os designers mudaram isso e criaram um belo espelho a partir da oxidação. ⇢ *Designers David Derksen and Lex Pott have created a series of geometric mirrors that take the concept of oxidization and use it to create texture and color on the surface. Usually, this happens randomly, over a long period of time and is considered to be a negative deterioration process. The designers change it around and create a beautiful mirror out of it.*

UNION OF STRIPED YARNS, 2012
Design Dienke Dekker
Foto *Photo* Wagner Klebson

A União da Lã Listrada utiliza uma grande variedade de fios – tingidos à mão, coloridos de fábrica e até "fios" não tradicionais, como cordões de isolamento. A designer Dienke Dekker usa diversas maneiras de trançar os fios, resultando em sequências e repetições complexas, com efeitos aparentemente randômicos e com jogos de cores intrigantes. ⇢ *The Union of Striped Yarns uses a large variety of yarns — hand-dyed, industrially printed and even non-traditional materials such as caution tape. Designer Dienke Dekker uses different ways of interweaving the yarns, resulting into complex repetitions and sequences, seemingly random overall effects and intriguing color combinations.*

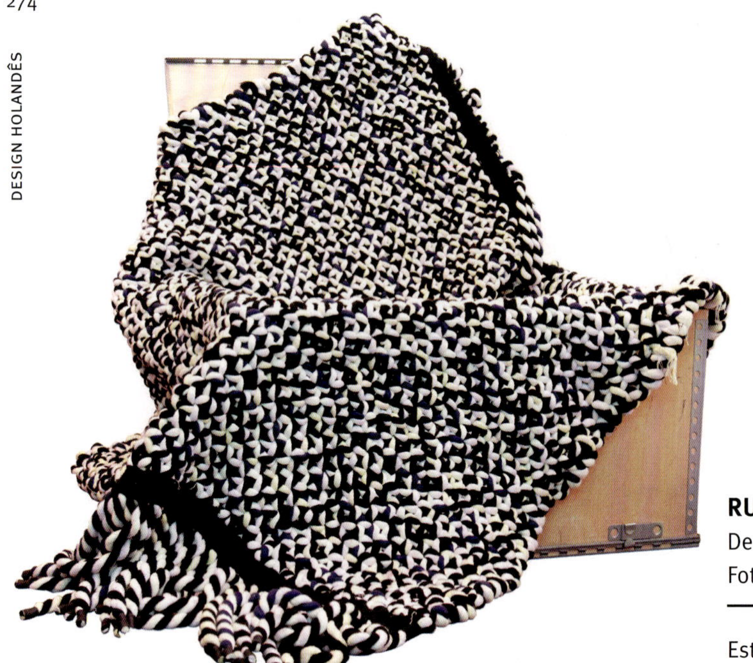

RUGS, 2013
Design Dienke Dekker
Foto *Photo* Sandra Puente

Este tapete preto e branco é parte da coleção União dos Fios Listrados do designer Dienke Dekker. Esta versão preto e branco utiliza uma grande variedade de fios – tingidos à mão, impressos industrialmente e até mesmo materiais não tradicionais, como fita isolante. O designer Dienke Dekker usa diferentes formas de entrelaçar os fios, resultando em repetições complexas e sequências, efeitos globais aparentemente aleatórios e intrigante jogo de cores. ⇢ *This black-and-white rug is part of the Union of Striped Yarns collection from designer Dienke Dekker. This black and white version uses a large variety of yarns — hand-dyed, industrially and even non-traditional materials such as caution tape. The Dienke Dekker designer uses different ways to weave the threads, resulting in complex repetitions and sequences, seemingly random overall effects and intriguing color combinations.*

O BRASIL É LIVRE
DESIGN
CONTEM
PORÂNEO
HOLANDÊS
RESPEITO

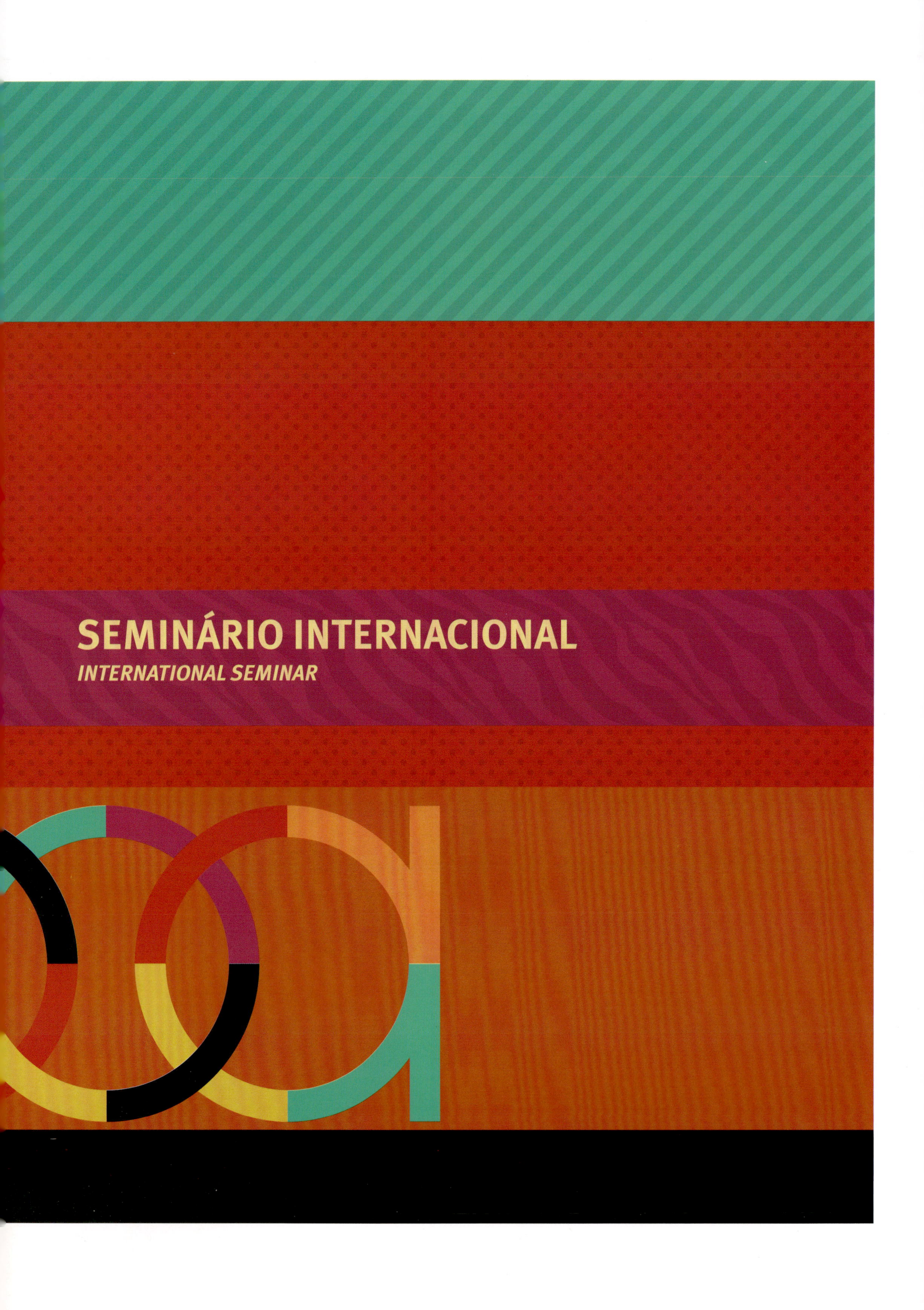

SEMINÁRIO INTERNACIONAL

INTERNATIONAL SEMINAR

Seminário Internacional Design para Todos

O design vem se posicionando na economia como uma ferramenta essencial e estratégica para o desenvolvimento sustentável da indústria, ampliando o conhecimento conectado a outras áreas, interferindo na gestão e nos processos de fabricação e chegando ao usuário final com qualidades inerentes de um produto/objeto amigável, funcional, tecnológico, atrativo e desejável.

Uma Bienal Brasileira de Design tem a obrigação de colocar para a comunidade as discussões mais atuais, os temas mais instigantes, provocando novos posicionamentos em um mundo em constantes mudanças.

Optamos assim por discutir o design levando a todos nossos questionamentos, princípios e aflições. Convidamos grandes nomes mundiais pinçados nos diversos continentes, com opiniões e questões relevantes do design.

Foi um grande debate aberto do design que olha para os grupos minoritários, para as grandes populações urbanas, para as novas classes sociais emergentes, para os grupos participativos e para o *coworking*, para as linguagens tecnológicas e suas novas soluções, enfim, para o ser humano inserido na sociedade brasileira e global.

Roselie de Faria Lemos, Coordenadora Executiva
Bienal Brasileira de Design 2015 Floripa

International Seminar Design for all

Design is positioning itself in the economy as an essential and strategic tool for the sustainable development of the industry, expanding the knowledge connected to other fields, interfering in management and manufacturing processes and coming to the end user with inherent qualities of a friendly, functional, technological, attractive and desirable product/object.

The Brazilian Design Biennial has the obligation of putting the community in the most current discussions and the most compelling themes, while provoking new positions in a world in constant change.

Therefore, we chose to discuss the design leading to all our questions, principles and afflictions. We have invited major global names found in various continents, with views and relevant issues of design.

It was a great open debate about design that focused on minority groups, large urban populations, the new emerging social classes, participatory groups and technological languages and their new solutions; in short, we focused on the human beings of the Brazilian and global society.

***Roselie de Faria Lemos**, Executive Coordinator*
Brazilian Design Biennial 2015 Floripa

FIESC – Federação das Indústrias de Santa Catarina → 15 e 16 de maio de 2015

FOTOS *PHOTOS* SANDRA PUENTE

FIESC – Federation of Industries of Santa Catarina ⟶ May 15 and 16, 2015

PALESTRANTE
PALESTRANTE

2015
Seminário Internacional
15 e 16 de maio de 2015

LORIPA DE
LORIPA
PARATOD
PALESTRANTE

PALESTRANTES
SPEAKERS

MUGENDI M'RITHAA

Cidade do Cabo, África do Sul *Cape Town, South Africa*

Design social e transformador: uma perspectiva africana

Social and transformer design: an African perspective

Essa apresentação explorou a noção do design inclusivo e transformador do ponto de vista da África: um continente de grande riqueza criativa e uma comunidade reafirmando seu ethos criativo.

A questão da inclusão de todas as pessoas é muito nobre apesar dos desafios sistemáticos e geopolíticos que devem ser afirmados para alcançar os objetivos de igualdade de acesso a serviços essenciais para todos. Esse trabalho interroga diversos problemas associados com respostas projetadas para tal complexidade.

A apresentação explora a noção de design inclusivo e transformador sob o olhar da África, um continente rico em criatividade dentro de um grande conjunto de hábitos e crenças que definem uma comunidade.

Para o design, o ponto de partida é a inclusão, a igualdade e a sua capacidade transformadora. Os problemas são estudados sem soluções de design preconcebidas. Isto é, não existe uma solução para todos os problemas.

O design na África não é baseado em competitividade, mas em colaboração. As pessoas trabalham em conjunto, pois essa atitude faz parte da cultura tribal que temos.

A primeira pergunta sempre será: qual o papel social desse objeto a ser desenvolvido? Em seguida virá a comunidade a que se destina e esse trabalho será desenvolvido em conjunto.

O papel social e a cultura têm um peso relevante em todas as soluções criadas.

A África é saudável, feliz e inclusiva. Sua cultura transfere formas para o design e deixa as pessoas felizes com isso.

Muitas soluções criativas são apontadas como resultado de necessidades específicas. É o design para o mundo real de Pappaneck. Soluções criativas com recursos possíveis.

O papel das mulheres é muito intenso na África, pois elas dão suporte ao sistema. Todas as atividades de grande impacto são lideradas por mulheres.

No momento a África está focada no amanhã mais sustentável e mais inserido no global. Essa é a perspectiva para 2015.

This presentation explored the notion of inclusive design and transformation in Africa's point of view: a continent of great creative richness and community reaffirming its creative ethos.

The question of inclusion of all people is very noble, despite the systematic and geopolitical challenges that must be stated to achieve the goals of equal access to essential services for all. This project questions various problems associated with the answers designed for such complexity.

The presentation explores the notion of inclusive design and transformation under the gaze of Africa, a continent rich in creativity within a large set of habits and beliefs that define a community.

For design, the starting point is inclusion, equality and its transformative capacity. The problems are studied, each of them without preconceived design solutions. That is, there is a solution to every problem.

Design in Africa is based not on competition, but on collaboration. People work together, because that attitude is part of the tribal culture we have.

The first question will always be: what is the social role of this object to be developed? Next will come the community to which they relate to and the project will be developed jointly.

The social role and culture has a significant weight in all created solutions.

Africa is healthy, happy and inclusive. Their culture transfers forms to design and makes people happy about it.

Many creative solutions are identified as a result of specific needs. It is design for the real world of Pappaneck. Creative solutions with potential resources.

The role of women is very high in Africa, as they support the system. All high-impact activities are led by women.

Right now Africa is focused on a more sustainable tomorrow that is inserted into a global scale. (Think about tomorrow). This is the outlook for 2015.

AVRIL ACCOLLA

Milão, Itália *Milan, Italy*

Design para Todos: inovação, ética e sucesso nas empresas

Design for all: innovation, ethics and success in business

Na sequência de "o bom design permite, mau design proíbe", Design para Todos é uma abordagem de design multidisciplinar: é uma forma radicalmente inovadora de pensar, olhar, e agir.

Os seres humanos não têm um padrão, e muitas vezes o projeto não contempla a todos. O Design para Todos expressa as questões críticas de um projeto de design da maneira mais favorável. Ele responde às habilidades, necessidades e aspirações de todas as pessoas envolvidas (utilizadores, decisores, produtores etc). O Design para Todos não elimina as barreiras porque não cria nenhuma, faz vencer os desafios em vários domínios.

De uma forma consistente e coerente e com uma abordagem holística, Design para Todos informa a tomada de decisões e design em toda a cadeia de valor por meio da criação de sinergias multidisciplinares entre as várias profissões.

Design para Todos é bem adequado para manter o ritmo de um ambiente em rápida mutação, porque é uma abordagem que está em constante evolução e se atualizando: assim, ele responde à complexidade social e à diversidade humana e cria benefícios mútuos para empresários, usuários e administradores públicos.

Como e quando: o usuário torna-se o experimentador evitando a "acessibilidade funcional socialmente discriminatória".

A abordagem Design para Todos dá a melhor base para a criação e realização de *must-have* produtos, sistemas e ambientes que satisfaçam a todos.

O Design para Todos tem uma aproximação multidisciplinar: é radicalmente um modo inovador de pensar, olhar e agir. Seu foco é transcultural, transdisciplinar e transversal aos diversos setores industriais.

O Design para Todos expressa os pontos cruciais de um projeto de design nas mais diversas formas, respondendo às questões de habilidades, necessidades e aspirações.

O Design para Todos é o design para a diversidade humana, inclusão social e igualdade de uso.

O próximo passo para se conseguir um Design para Todos universal é ter uma plataforma comum global para documentar as intervenções.

A última definição de Design para Todos (2004) é: design para diversidade humana, inclusão social e igualdade.

No entanto, é preciso também haver respeito à tradição e à cultura de cada povo.

Mercados maduros possuem diferentes habilidades, diferentes necessidades e diferentes aspirações. Daí forçosamente da exclusão, segregação e disseminação para a integração de habilidades, necessidades e aspirações.

Entre os exemplos expressivos de Design para Todos estão os modelos plásticos de comida japonesa: eles comunicam de forma real o que o prato contém. Nada mais fácil para se escolher um almoço. Nada de menu escrito.

Design para Todos traz a experiência para o design, proporcionando conforto, satisfação e felicidade.

A diversidade é um grande recurso para os negócios.

Como compreender e responder eficazmente às habilidades, necessidades e aspirações de uma grande e, muitas vezes, inesperada multidiversidade de indivíduos? Novas ferramentas, altamente sistêmicas e holísticas, nascidas a partir de uma nova abordagem multidisciplinar, podem guiar muitas decisões fundamentais para o design e para os negócios. O Design para Todos é um novo modelo de negócios criado para impulsionar a inovação e as receitas para as pequenas e médias empresas.

"Pergunte a si mesmo a resposta correta" é uma ferramenta para descobrir como clientes, stakeholders e clientes-alvo o que você precisa para o melhor design e mercado de opções.

"A diversidade humana é um recurso", talvez seja a nossa maior, e ele vem de graça.

Entre outras boas práticas, também a nova experiência chinesa em Design para Todos e design inclusivo na Universidade de Tongji, em Xangai.

Following the pattern, "Good design enables, bad design prohibits" Design for All (DfA) is a multi-disciplinary design approach: it is a radically new way of thinking, looking, and acting.

Humans do not have a standard, and often the project does not include everyone. DfA expresses the critical issues of a design project in a more favorable way. It responds to the skills, needs and aspirations of all the people involved (users, decision-makers, producers, etc.). DfA does not eliminate barriers because it does not create any. DfA conquers challenges in various fields.

In a consistent, coherent and holistic approach, DfA informs decision-making and design throughout the value chain by creating multidisciplinary synergies between the various professions. DfA is well-suited to keep pace with a rapidly changing environment, because it is an approach that is constantly evolving and updating: thus it responds to social complexity and human diversity and creates mutual benefits for business owners, users and public officials.

How and when: the user becomes the experimenter avoiding the "socially discriminatory functional accessibility".

The DfA approach gives the best basis for design and the creation of "must-have" products, systems and environments that satisfy everyone.

The DfA has a multidisciplinary approach: it is a radically innovative way of thinking, looking and acting. Its focus is transcultural, transdisciplinary and transversal in the various industrial sectors.

The DfA expresses the crucial points of a design project in various forms, answering the issues of skills, needs and aspirations.

The DfA is the design for human diversity, social inclusion and equal use.

The next step to achieve a universal DfA is to have a global common platform to document interventions.

The last definition of DfA (2004) is: design for human diversity, social inclusion and equality.

However, there must also be respect for the tradition and the culture of each people.

Mature markets have different abilities; different needs and different aspirations. Hence forcibly exclusion, segregation and spread to the integration of skills, needs and aspirations.

Some significant examples of DfA:

The plastic models of Japanese food: they communicate in a real way what the dish contains. No easier way to pick a lunch. No written menu.

DfA brings the experience into design providing comfort, satisfaction and happiness.

Diversity is a great resource for business.

How to understand and respond effectively to the skills, needs and aspirations of a large, and often unexpected multi-diverse group of individuals? New tools that are highly systemic and holistic, born from a new multidisciplinary approach that can guide many key decisions for design and business. "Idea DfA" is a new business model that DfA has created to drive innovation and revenue for SMEs. "Ask yourself the correct answer" is a tool to discover, with customers, stakeholders and target customers, what it is you need for the best design and market options.

"Human diversity is an asset," is perhaps our greatest one and it comes for free.

Among other good practices, there is also the new Chinese experience in DfA and inclusive design at Tongji University in Shanghai.

DENIZ OVA

Istambul, Turquia *Istanbul, Turkey*

Bienal para todos

Biennial for all

O crescimento econômico, político e cultural da Turquia fez aparecer a real importância da inovação, do design e encorajou o desenvolvimento das indústrias criativas particularmente na sua metrópole mais importante, Istambul.

Um dos principais objetivos da Bienal certamente é celebrar seu potencial criativo e compartilhá-lo acreditando que as diversas perspectivas e os diferentes discursos possam enriquecer o panorama global e cultural do design.

A Bienal de Design de Istambul existe desde 2012 e pretende proporcionar ao público o conhecimento de diversos campos do design criando uma plataforma que atenda ao desenvolvimento do design de políticas públicas e um acervo em escala nacional e internacional.

As exposições e atividades da Bienal vão expor os principais problemas, mostrar as diversas soluções e o potencial criativo inerente à área e as diferentes novas tendências, movimentos e novos pensamentos para o futuro. A palestra mostrou vários aspectos da última edição da Bienal de Design de Istambul.

Turkey's economic, political and cultural growth have shown us the real importance of innovation and design and has encouraged the development of creative industries, particularly in its most important city, Istanbul.

A major goal of the Biennial is certainly to celebrate its creative potential and to share it, believing that the diverse perspectives and different discourses can enrich the global and cultural landscape of design.

The Istanbul Design Biennial has existed since 2012 and looks to provide the public with the knowledge of various fields of design, creating a platform that meets the development of public policy design and a collection on a national and international scale.

The exhibitions and activities of the Biennial will present some key problems that show the various solutions and the creative potential inherent in the area and the different trends, movements and new thoughts for the future. The lecture showed various aspects of the latest edition of Design Biennial in Istanbul.

RALPH WIEGMANN

Hannover, Alemanha *Hannover, Germany*

O premio IF Design e sua influência nas sociedades

The IF Design award and its influence on societies

IF é a mais antiga organização independente de design em todo o mundo e tem uma vasta experiência na influência do design em nossas sociedades. O prêmio IF contribui para sociedades de uma forma especial e a vinda do Guia do IF World Design será a plataforma perfeita para o diálogo com o design e o público interessado em geral.

O IF já foi considerado o Oscar do Design e, como tal, despertou o interesse da Academia de Cinema de Hollywood.

O prêmio é muito importante no mundo e o design brasileiro se destaca em todas as suas edições. Uma premiação coloca nomes de designers na mídia e ajuda a venda dos produtos premiados, por isso a grande importância para o mercado receber um premio internacional de design. O júri é sempre eclético e imparcial mudando a cada ano.

IF is the oldest worldwide independent design organization and has extensive experience in the influence of design in our societies. The IF award contributes to society in a special way and the coming of the World IF Design Guide will be the perfect platform for dialogue with designers and the interested public in general.

IF was once considered the Oscar of Design and as such suffered a subpoena from the Hollywood Film Academy for explanations.

The award is indeed very important in the world and Brazilian design stands out in all of its editions. An award puts designers' names in the media and helps the sale of award-winning products, so it is very important for the market to receive an international award for Design. The jury is always eclectic and impartial, changing every year.

BEL LOBO

Rio de Janeiro, Brasil *Rio de Janeiro, Brazil*

O bem, o bom, o belo, para todos

The good, the great and the beautiful, for all

Mais que uma palestra, pretende ser uma conversa sobre o exercício de observação e sensibilidade que é projetar um espaço harmônico. Por meio da apresentação de alguns de seus projetos, e das histórias curiosas que sempre os acompanham, Bel Lobo apresenta sua forma bastante particular de encarar os desafios surgidos no processo.

A arquiteta apresentará também a linha Vira e Mexe, desenvolvida em parceria com a Tok&Stok e falará sobre seu novo programa no canal por assinatura GNT, Lá Fora com Bel Lobo, que transforma espaços abertos de uso coletivo.

Looking to be more than a lecture, the idea is to have a conversation about the exercise of observation and sensitivity that is designing a harmonious space. By presenting some of its projects, and the curious stories that always accompany them, Bel Lobo presents her very particular way of looking at the challenges that arise in the process.

The architect will also present the line "Turn and Move", developed in partnership with Tok&Stok and will also talk about her new TV program on GNT "Lá Fora com Bel Lobo" (Outside with Bel Lobo) that transforms open areas for collective use.

MANUEL ESTRADA

Madri, Espanha *Madrid, Spain*

Design para vender. Design para comunicar
Design to sell. Design to communicate.

Na segunda metade do século XX, o design se transformou na ferramenta e na expressão do desenvolvimento da sociedade de consumo. A famosa definição de cartaz "Um grito colado na parede" é substituída por uma nova versão igualmente contundente, porém um tanto menos romântica: "O cartaz deve ser um soco entre os olhos".

A publicidade, no entanto, sacrifica tudo em favor da eficácia da venda."Atrair a atenção, suscitar o interesse, despertar o desejo e mover à ação".

Depois de quatro décadas intensas de publicidade e consumo, começa-se a questionar o papel sem critério da criação gráfica e das linguagens cunhadas no calor dos grandes meios de comunicação e da publicidade de massas.

Na segunda década do século XXI, a produção e o design de objetos devem ser repensados. Devem se tornar compatíveis com as exigências de sustentabilidade.

Por sua vez, a comunicação e o design gráfico devem igualmente ser questionados, substituir a sedução e a persuasão consumista pela ecologia visual e a reformulação da informação.

Em um mundo com 2.000 chamadas visuais por dia, tão importante quanto suprimir mensagens desnecessárias é repensar as linguagens por meio das quais elas serão transmitidas. Esse é um dos desafios atuais do nosso design.

In the second half of the twentieth century, design became the tool and expression of development of the consumer society. The famous poster definition: "A scream glued to the wall" has been replaced by a new equally blunt version, though somewhat less romantic, "the poster must be a punch between the eyes."

Publicity, however, sacrifices everything in favor of an effective sale. "To attract attention, arouse interest, arouse desire and move into action."

After four decades of intense advertising and consumption, one begins to question the role of graphic design and the language used in the heat of the mass media and mass advertising.

In the second decade of this century, the production and the design of objects should be reconsidered. They should become compatible with the requirements of sustainability.

In turn, communication and graphic design should also be questioned, replacing the seduction and consumer persuasion for visual ecology and the reformulation of information.

In a world with 2,000 visual calls per day, rethinking the language through which messages are transmitted is as important as suppressing them in the first place. This is one of the current challenges of our design.

JORN KONIJN

Amsterdam, Holanda *Amsterdam, Netherlands*

Estamos presos no Futuro?

Are we stuck in the Future?

A palestra investiga o papel da "mudança" como a força motriz para a prática de projeto de hoje. Gostaria de analisar como os primeiros estilistas do século XX começaram a desenhar sua "ideia de futuro", e como os designers ao longo de décadas constantemente criaram novas propostas alternativas para esse futuro. Esse futuro projetado não foi criado como uma fantasia, mas muitas vezes como um fim e uma meta realista claramente marcada no tempo. Por exemplo: o livro *1984*, de George Orwell, mostra algumas realidades futuras e um final pessimista. Esse futuro projetado tinha uma data de entrega definida.

O que aconteceu e como vamos projetar a ideia do futuro, agora que ultrapassamos totalmente a data de entrega? Está sendo projetado um "futuro melhor" com força motriz para os designers? Como o design pode ser valioso sem estar baseado em uma mudança? E pode também contribuir para melhorar o futuro? Sem querer piorá-la? Como estudo de caso, vou refletir essas ideias sobre as mudanças na concepção do interior da casa.

The lecture investigates the role of "change" as the driving force for the practice of today's design. I would like to analyze how the first designers of the 20th century began to draw their "future idea," and how some designers have, for decades on end, constantly created new alternative proposals for that future. This projected future was not created as a fantasy, but often as a goal and a realistic target clearly marked in time. For example, the book 1984 *by George Orwell shows some future realities and a pessimistic end. This projected future had a clear delivery date.*

What has happened and how will we design the idea of the future, now that we have completely surpassed the delivery date? Is a 'better future' being projected for design with a driving force for designers? How can design be valuable without being based on change? Can it also help to improve the future? Without worsening it? As a case study, I will reflect these ideas about the changes in the interior design of the house.

DAN FORMOSA
Piermont, EUA *Piermont, USA*

O design consegue se reinventar?
Can design reinvent itself?

Estamos no meio de uma revolução. O design passou a ser usado por grandes companhias, organizações e governos em todo o mundo. Empresas que nunca antes haviam pensado em utilizar o design estão revendo suas posições, olhando para ele como uma parte integrante de suas soluções futuras. Essa atenção sem precedentes ao design e o fato de seus valores estarem baseados no ser humano são uma promessa de mudanças nas vidas de cada um de nós e do mundo.

E agora?

Desde 1980 o campo do design está focado em entender os problemas, e nos passos que devem ser seguidos desde o princípio até o fim da solução de um projeto. Hoje nós entendemos bem esse processo.

Portanto, esse é o momento ideal para acessar esse olhar centrado no ser humano que o design proporcionou nos últimos 30 anos. Esse esforço deve dar um passo adiante. Pode o design repensar a si mesmo?

We are in the midst of a revolution. Design has begun to be used by large companies, organizations and governments all around the world. Companies that had never before thought of using design are now reviewing their positions, looking at it as an integral part of future solutions. This unprecedented attention to design and the fact that their values are now based on human beings, are a promise of change in the lives of each and every one of us and the world.

And now?

Since 1980, the field of design has been focused on understanding the problems and the steps that are to be taken from the beginning to the end of the solution of a project. Today, we understand this process well.

Therefore, this is the ideal moment to assess this human-centered view that design has provided over the past 30 years. This effort now needs a step forward. Can design rethink itself?

GUILHERME KNOP

São Bernardo do Campo, Brasil *São Bernardo do Campo, Brazil*

Volkswagen design

Volkswagen design

O estúdio de Design da VW do Brasil atua interativamente coma a matriz na Alemanha, desenvolvendo os profissionais brasileiros e aliando nossa filosofia e DNA do design da marca, com foco no mercado brasileiro.

O tema "Design para Todos" da bienal desse ano casa muito bem com o conceito original do carro up! em exposição que possui detalhes concebidos para uso de um público jovem. Um carro democrático, com visual moderno e divertido, acessível a todos. Ele estampa um belo sorriso na parte frontal e linhas minimalistas e atemporais, trazendo um novo conceito ao design da marca com detalhes externos em *chrome effect* e faróis com máscara escurecida. O interior foi projetado para proporcionar conforto com ergonomia. O up! é o primeiro veículo produzido no Brasil a atingir a nota máxima em segurança para adultos e crianças pelo Latin NCAP, entidade especializada em segurança automotiva da América Latina. O projeto foi elaborado pelo brasileiro Marco Antonio Pavone, designer de exterior que trabalha nos estúdios da marca em Wolfsburg, Alemanha. A versão conceitual inédita do up! em exposição nesta Bienal Brasileira de Design foi desenvolvida pela área de Design da Volkswagen do Brasil. O up! é um produto que representa o quanto a VW entrega ao mercado brasileiro por meio de um veículo de entrada, a mais alta qualidade de construção, segurança, economia e design.

The VW studio of Design in Brazil operates interactively with its headquarters in Germany, developing Brazilian professionals and combining our philosophy and the brand's design DNA, focusing on the Brazilian market.

This year's Biennial theme, "Design for All" fits very well with the original concept of the up! car that is on display, which has details designed for the use of our young audience. A democratic car, with a modern and fun look, accessible to all. It stamps a beautiful smile on the front end, bringing a new concept to the brand's design with external details in chrome effects and headlights with a darkened cover. The interior was designed for comfort with ergonomics. The up! car is the first vehicle produced in Brazil to achieve the highest score on safety for adults and children by Latin NCAP, an organization specialized in automotive safety in Latin America.

Brazilian exterior designer Marco Antonio Pavone, who works at the brand Studios in Wolfsburg, Germany, designed the project. The unprecedented conceptual version of the up! on display in this Brazilian Design Biennial was developed by the Volkswagen of Brazil Design group. The up! is a product that demonstrates how much VW has delivered to the Brazilian market through an entry vehicle, the highest in construction quality, safety, economy and Design.

JORGE MONTAÑA

Bogotá, Colombia

Design na hiperconexão

Design in hyperconnection

A palestra gira em torno de como esta nova sociedade da informação tem mudado os alicerces do design como disciplina.

O consumidor e empresário, com a informação disponível, um entorno que facilita novos contatos e parcerias e a democratização dos programas e recursos, começa a resolver com sucesso seus projetos de design.

Por outro lado, a popularização de sistemas de impressão 3D, novos programas e aplicativos permitem aos designers independentes trazerem produções de alta tecnologia com qualidade e inovação.

Como, e de que maneira, o designer profissional deve trabalhar hoje?

Qual será seu diferencial e estratégia para permanecer e aproveitar esta nova realidade? Quais as novas competências que precisa aprender para se manter no mercado?

Estamos vivenciando uma mudança de paradigma que passa de um designer autor a um designer facilitador nem sempre formado em design.

A palestra será ilustrada com exemplos latino-americanos e de países que não participam do circuito tradicional do design.

The lecture revolves around how this new society of information has changed the foundations of design as a discipline.

The consumer and the entrepreneur, with information now being available, can now successfully solve their design projects because of this environment that facilitates new contacts and partnerships and the democratization of programs and resources.

On the other hand, the popularization of 3D printing systems, new programs and applications allow independent designers to bring high-tech productions with quality and innovation.

How, and in what way, should a professional designer work today?

What is your differential and strategy to stay and enjoy this new reality? What new skills do you need to learn to stay in the market?

We are experiencing a paradigm shift moving from an author designer to a facilitator designer who does not necessarily have a degree in design.

The lecture will be illustrated with examples and Latin American countries outside the traditional circuit of design.

EDNA DOS SANTOS-DUISENBERG
Genebra, Suiça *Geneva, Switzerland*

Design na era da criatividade
Design in the era of creativity

Nos últimos anos tem havido um reconhecimento cada vez maior de que design é um componente essencial para melhorar o bem-estar social e o desenvolvimento urbano. Na era da criatividade, a abordagem do design tem sido usada para promover qualidade de vida e aspectos econômicos, sociais e culturais, bem como tratar de questões ambientais e tecnológicas da sociedade contemporânea. No período de transição para uma economia mais verde e criativa, o design inovador tem desempenhado papel primordial no processo de repensar o planejamento urbano das cidades para que elas se tornem humanamente mais habitáveis tanto para a população atual como para as futuras gerações.

Além disso, o design não lida somente com as formas e aparência dos produtos, mas aborda criações funcionais estéticas que podem ser expressas de diversas maneiras como bens ou serviços criativos. A criação de uma joia, a arquitetura de um edifício, ou a concepção de um objeto de decoração de interior produzido em massa como uma cadeira são produtos de design que incorporam conteúdo criativo, valor econômico e cultural e objetivos de mercado.

Design é o setor que mais contribui para a expansão do comércio mundial das indústrias criativas, representando mais de 65% das exportações totais de bens criativos e 60% de serviços criativos. Estima-se que cerca de 414 bilhões de dólares provenientes da comercialização de produtos de design circularam pelo mercado global em 2012.

Design não tem impacto apenas sobre os espaços urbanos, as economias e os cidadãos, mas também é um grande negócio que gera empregos, comércio e inovação.

In recent years, there has been a growing recognition that design is an essential component to improve social welfare and urban development. In the era of creativity, design has been used to promote quality of life and as well as economic, social and cultural aspects as well as to deal with environmental and technological issues of contemporary society. In the transition to a greener and creative economy, innovative design has played key role in the process of rethinking the urban planning of cities so that they become more humanly livable for both the current population and for future generations.

Furthermore, design does not only deal with the shapes and appearance of products but are also aesthetic functional designs that can be expressed in various ways, such as creative goods or services. The making of a gem, the architecture of a building, or the design of an interior decoration object, such as a chair, are all design products that incorporate creative content, cultural and economic value and market objectives.

Design is the sector that contributes the most to the expansion of world trade of creative industries, representing over 65% of total exports of creative goods and 60% of creative services. It is estimated that around $414 billion USD from the sale of design products circulated the global market in 2012.

Design not only has an impact on urban spaces, economies and citizens, but it is also a big business that generates jobs, trade and innovation.

MONTSE ARBELO E JOSEBA FRANCO

Bilbao, Espanha *Bilbao, Spain*

Atitudes inovadoras e ecossistemas criativos

Innovative attitudes and creative ecosystems

Desde sua constituição, a Artechmedia e a Global Net Society Institute, trabalham em nome de toda a sociedade europeia e mundial, através da implementação de medidas e ações que consolidam a parceria estratégica e estável entre as pessoas e setores da arte, cultura, educação, ciência e inovação tecnológica, com o objetivo de contribuir para o intercâmbio de conhecimentos e recursos, permitindo o pleno desenvolvimento dos seres humanos em cenários de paz e democracia participativa.

O quanto de inteligência, conhecimento, ideias, projetos, recursos e atitudes inovadoras existem e nós não vamos aproveitá-las o suficiente? No atual momento histórico, cheio de incertezas e oportunidades globais, acreditamos que estabelecer redes interculturais entre os setores inovadores para facilitar a troca de conhecimentos e colaboração proativa entre pessoas, empresas e instituições, a fim de realizar novas ideias e propostas para novos cenários e ecossistemas criativos. No futuro, temos a oportunidade de contribuir para a concepção da nova sociedade digital global. Em meio a esse cenário de mudanças de paradigmas sociais, políticos e econômicos, o que podemos fazer? Apenas continuar fazendo as mesmas coisas da mesma maneira.

Temos de enfrentar o novo cenário global apostando em ideias e projetos que promovam economia sustentável baseada no conhecimento e desenvolvimento cultural, científico e tecnológico. Nós podemos responder às demandas da sociedade com a responsabilidade de apoiar com financiamento, boas ideias e projetos inovadores, culturais, científicos e tecnológicos e com o lançamento de uma mídia, as iniciativas de campanha transparentes e de colaboração, que mostram o compromisso dos setores-chave para estimular a capacidade criativa e inovadora da nossa sociedade.

O desafio para os indivíduos que se desenvolver em em todas as áreas do conhecimento, da política e da economia está de acordo com as exigências da nova sociedade em rede digital global. Ser informado e atualizado, inovar e, acima de tudo, gerar propostas e gerar conhecimento é o próximo desafio.

Since their establishment, ARTECHMEDIA and the GLOBAL NET SOCIETY INSTITUTE, have been working on behalf of European and world society, through the implementation of measures and actions, to consolidate the strategic and stable partnership between the people and sectors of art, culture, education, science and technological innovation in order to contribute to the exchange of knowledge and resources to allow the full development of human beings in peace and participatory democracy scenarios.

The amount of intelligence, knowledge, ideas, projects, resources and innovative attitudes that are available and we won't take advantage of them?

In this current historical moment, full of uncertainties and global opportunities, we believe in establishing intercultural networks between innovative sectors to facilitate the exchange of knowledge and proactive collaboration between people, companies and institutions, in order to perform new ideas and proposals for new scenarios and creative ecosystems. In the future, we have the opportunity to contribute to the design of the new global digital society. Among this backdrop of social, political and economic paradigm shifts, what can we do? Well, continue doing the same things the same way.

We have to face the new global scenario betting on ideas and projects that promote sustainable based on knowledge and economical and cultural, scientific and technological development. We can respond to the demands of society with the responsibility of supporting through funding, good ideas and innovative,-cultural, scientific and technological projects, and the launching of a media, transparent campaign initiatives and collaboration, which shows the commitment of key sectors stimulating the creative and innovative capacity of our society.

The challenge for individuals who develop in all areas of knowledge, politics and economics, is living up to the demands of the new society on a global digital network. Being informed, updated and innovative and, above all, generating proposals to create knowledge is the next challenge.

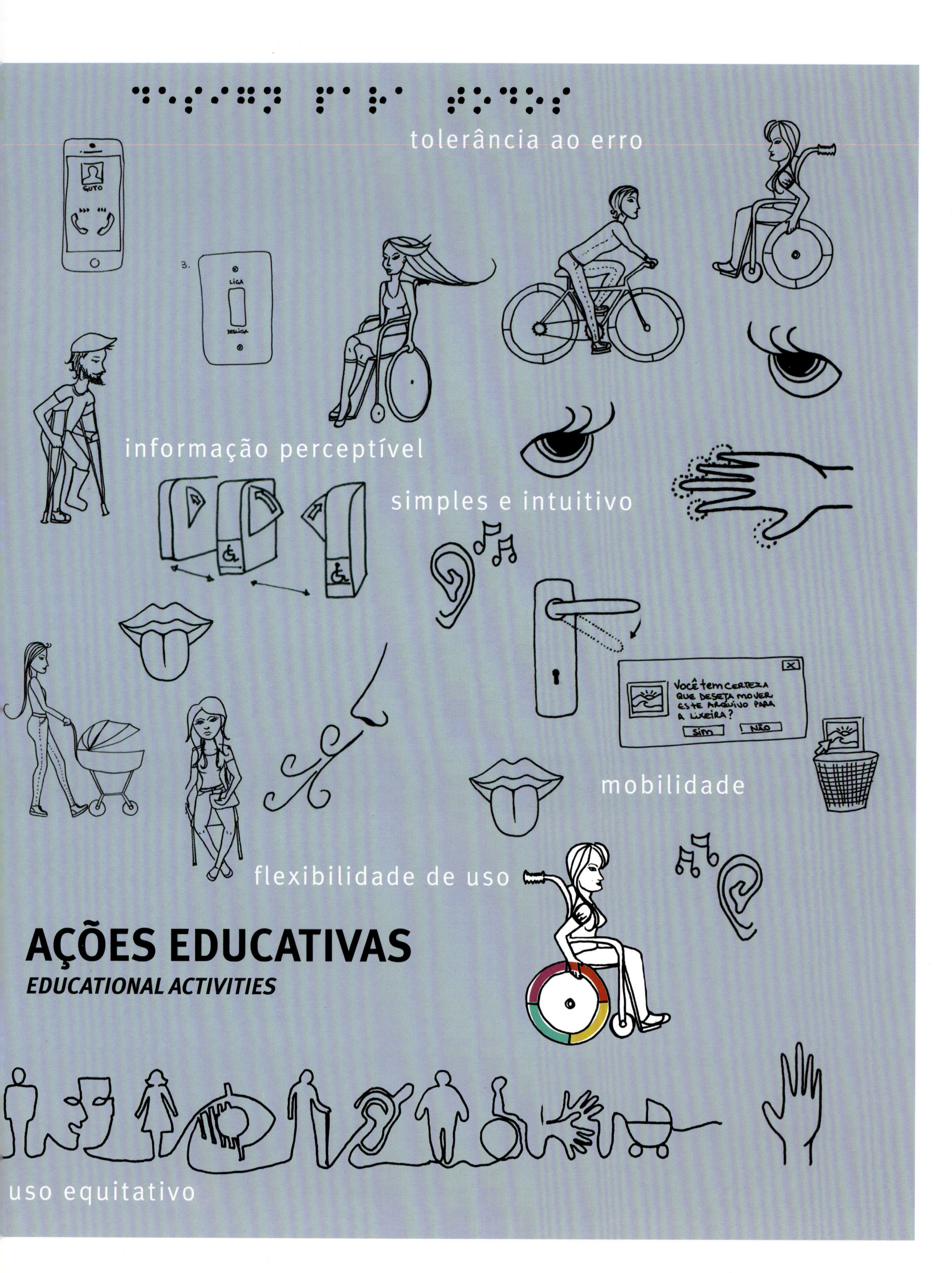

AÇÕES EDUCATIVAS

EDUCATIONAL ACTIVITIES

O programa de ações educativas é uma iniciativa complementar às atividades desenvolvidas pela Bienal Brasileira de Design, contribuindo para disseminar o design como área de conhecimento e pesquisa no ambiente escolar.

As atribuições de um profissional de design são múltiplas e multicurriculares, pois elas perpassam os limites das áreas de ciências sociais e humanas ao mesmo tempo em que interferem na área de exatas, técnicas e tecnológicas, culminando com objetivos culturais e artísticos.

Nesse programa de Ações Educativas foram indicadas as múltiplas facetas do design para todos e suas contribuições para melhorar a qualidade de vida de todos os cidadãos sem restrições de raça, idade, peso, altura, deficiências ou poder aquisitivo. Design para todos é democrático, acessível a todos e proporciona conforto e satisfação aos seus usuários.

Os diversos grupos de alunos de diferentes escolas da Grande Florianópolis, realizaram visitas guiadas por seus coordenadores às exposições no CIC, Mesc, Museu Cruz e Souza e na Fiesc, assistindo aos vídeos e recebendo informações sobre os aspectos técnicos dos objetos em exposição. Entenderam o design interagindo com os objetos, observando detalhes construtivos e experimentando o seu uso.

Quem sabe assim, aparecerão entre esses jovens, novos talentos apaixonados por esta profissão.

Roselie de Faria Lemos, Coordenadora Executiva da Bienal Brasileira de Design | 2015 | Floripa

The program of Educational Activities is a complementary initiative to the activities carried out by the Brazilian Design Biennial, contributing to dissemination of design as an area of knowledge and research in the school environment.

The responsibilities of a design professional are multiple and multi-curricular because they surpass the boundaries of the areas of social sciences and humanities while also interfer-ing in the exact sciences, technical and technological, culminating with cultural and artistic objectives.

In this program of Educational Activities, the many facets of design for all were given along with their contributions to improve the quality of life of all citizens without restrictions of race, age, weight, height, deficiencies or purchasing power. Design for all is de-mocratic, accessible to all and provides comfort and satisfaction to its users.

The various groups of students from different schools in the Greater Florianopolis, have visitations guided by their coordinators to the exhibitions in CIC, Mesc, Museum Cruz e Souza and Fiesc, watching the videos and receiving information about the technical aspects of the objects on display. Understanding design, interacting with objects, noting construction details and experimenting with its use.

Thus, new talent and the passion for this profession will appear among these young people.

***Roselie de FariaLemos,** Executive Coordinator of the Brazilian Design Biennial | 2015 | Floripa*

CINEDESIGN

CINEDESIGN

Cinema do CIC (Centro Integrado de Cultura) ⟶ de 14 a 17 de maio de 2015 e de 09 a 12 de julho de 2015

CIC (Integrated Cultural Center) Cinema ⟶ May 14 to May 17, and July 29 to July 12, 2015

A Mostra Cinedesign foi criada de maneira a atingir não apenas o público especializado, mas também oferecer uma programação diversificada para audiências interessadas em design e uma série de temas associados a ele.

Sua concepção original e a primeira exibição aconteceu no Museu de Arte Moderna do Rio de Janeiro em 2014, seguindo tendências de outros festivais do gênero que acontecem no mundo – e com referência ainda numa pequena mostra organizada no Recife há alguns anos, da qual herdou inclusive o nome. Desde então a mostra tem despertado o interesse de diversas instituições em outras partes do país, e deverá em breve seguir um roteiro mais amplo.

Convidados a participar da bienal como um dos eventos paralelos que tomaram conta da cidade, a curadoria ocupou-se em selecionar cuidadosamente os filmes exibidos, procurando trazer um amplo espectro de assuntos, agrupados em blocos temáticos. Design e negócios, *design thinking*, design de serviços, grandes mestres do design do passado e contemporâneos, design vernacular, design gráfico, de produtos, moda e acessórios, tipografia, ilustração, design e política, sustentabilidade, design e questões de gênero, são alguns dos assuntos instigantes abordados nos filmes exibidos.

Para a edição da mostra em Florianópolis, abriu-se mão de parte do formato adotado no Rio de Janeiro, aonde após cada dia aconteciam debates sobre os temas exibidos. Em lugar disso, dentro da viabilidade do espaço e das circunstâncias locais, optou-se por fazer uma apresentação de cada filme pelos curadores, procurando interagir com o público ao início e ao final de cada sessão. Assim foi possível destacar algumas características únicas e especiais de cada filme, trazendo informações complementares sobre os mesmos. A mostra recebeu ainda melhorias consideráveis proporcionadas pela organização da Bienal: a tradução e legendagem dos filmes exibidos, somadas ainda à excelente qualidade de projeção do Cinema do CIC, contribuíram para tornar mais agradável a experiência do público.

Gabriel Patrocinio, Daniel Kraichete, Curadores

The CINEDESIGN showcase was created in order not only to reach the specialized public, but also to offer a diversified program for the public interested in design and in a series of subjects related to it.

The original idea and the first screening were held in 2014 at Rio's Modern Art Museum, following an international trend of film festivals. We also referred to a small showcase organized in Recife some years ago, of which it inherited the name. Since then, the film showcase is attracting the attention of different institutions in other parts of the country, and soon will have a broader approach.

The Brazilian Design Biennial Floripa 2015 invited us to participate as a parallel event in the city and the curatorship carefully selected the films, looking for bringing a wide spectrum of subjects, organized in thematic groups. Design and business, design thinking, service design, past and contemporary great masters of design, vernacular design, graphic design, products design, fashion and accessory design, typography, illustration, design and politics, sustainability, gender issues in design, were some of the thought-provoking subjects discussed on the films presented.

For this edition in Florianópolis, we have changed parts of the format that were adopted in Rio, where after each screening we debated the films we had just saw. Instead, within the space and surrounding areas, we opted to make a presentation of each film by the curators, looking forward to interacting with the public in the beginning and at the end of each screening. This way, it was possible to highlight some of the unique features of each film, bringing additional information on them. The screenings received also significant improvements provided by the Biennial's organization: translation and subtitling of the films, in addition to the excellent quality of projection at CIC movie theater, contributed in making the public experience more pleasant.

Gabriel Patrocinio, Daniel Kraichete, Curators

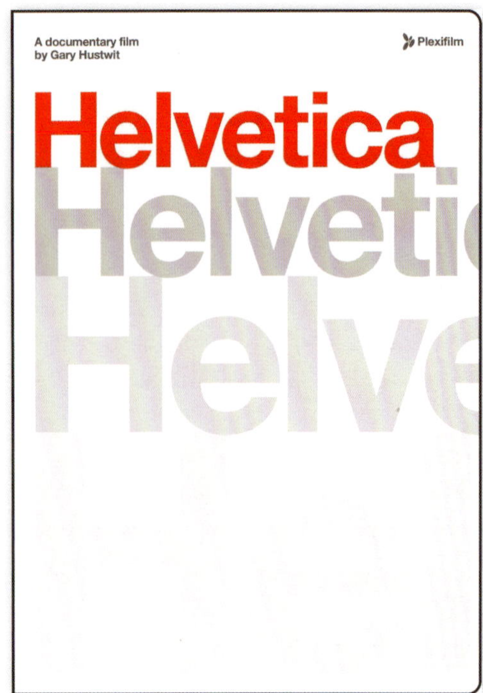

HELVETICA
Ano *Year* 2007
Diretor *Director* Gary Hustwit
Duração *Duration* 80 min
País *Country* Estados Unidos

Primeiro filme da trilogia sobre design dirigida pelo documentarista Gary Hustwit, *Helvetica* fala da onipresença dessa fonte tipográfica criada na Alemanha nos anos de 1950, e de como a sua qualidade persiste até hoje. ⟶ *First film of the design trilogy directed by documentary filmmaker Gary Hustwit,* Helvetica *is about the omnipresence of this typeface created in Germany in the 1950s, and how its quality persists until today.*

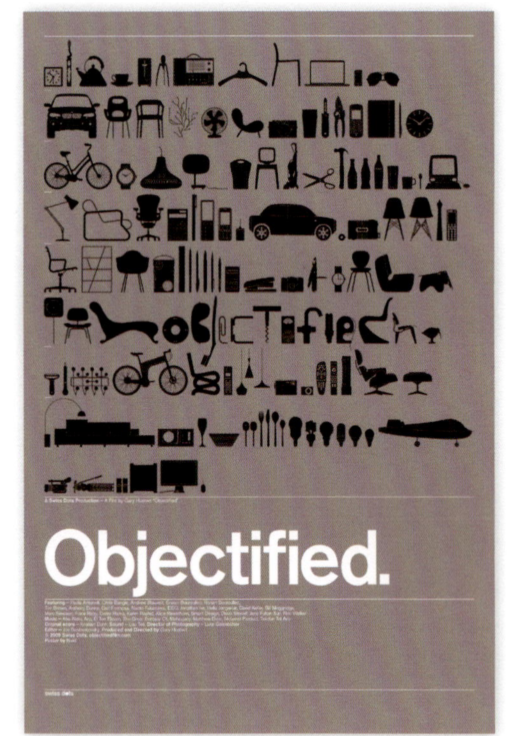

OBJECTIFIED
Ano *Year* 2009
Diretor *Director* Gary Hustwit
Duração *Duration* 75 min
País *Country* Estados Unidos

Em entrevistas com ícones do desenho industrial contemporâneo – entre eles Johnathan Ive, Tim Brown e Dieter Rams – o filme mostra como as empresas se estruturam e diferenciam cada vez mais por meio do design. ⟶ *Interviews with contemporary industrial design icons – among them Johnathan Ive, Tim Brown and Dieter Rams. The film shows how companies are structured and become increasingly diferentiated through design.*

DESIGN THE NEW BUSINESS
Ano ***Year*** 2011
Diretor ***Director*** Erik Roscam Abbing
Duração ***Duration*** 40 min
País ***Country*** Holanda

Nos tempos de hoje, design e negócios não podem mais ser pensados como atividades distintas com objetivos individuais. *Design the New Business* é um filme dedicado a investigar a forma como designers e empresários trabalham em conjunto novas formas de resolver os problemas complexos enfrentados pelo mundo empresarial de hoje. ⇢ *Nowadays, design and business cannot be thought as different activities with individual goals. Design, the New Business is a film dedicated to the investigation of the way designers and businessmen are working together in search of new ways to solve complex problems faced in the business world.*

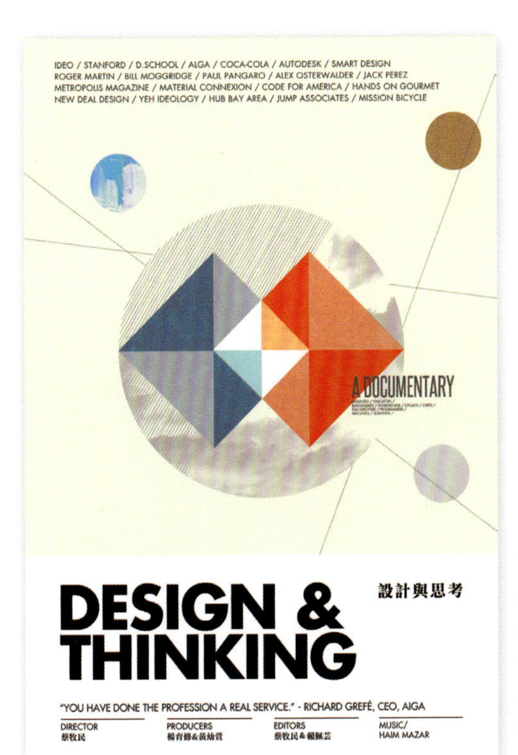

DESIGN & THINKING
Ano ***Year*** 2012
Diretor ***Director*** Mu-Ming Tsai
Duração ***Duration*** 74 min
País ***Country*** Estados Unidos

Pensando negócios para o século XXI – essa é a abordagem principal desse filme, com entrevistas a designers, empreendedores sociais, executivos, em busca de compreender melhor o que é e quais são as potencialidades do design como ferramenta para estruturar o pensamento estratégico. ⇢ *Thinking about business for the 21st century – this is the film's main approach, featuring interviews with designers, social entrepreneurs, and businessmen, all of them looking for a better understanding of what is design and what is its potential as a tool to structure strategic thinking.*

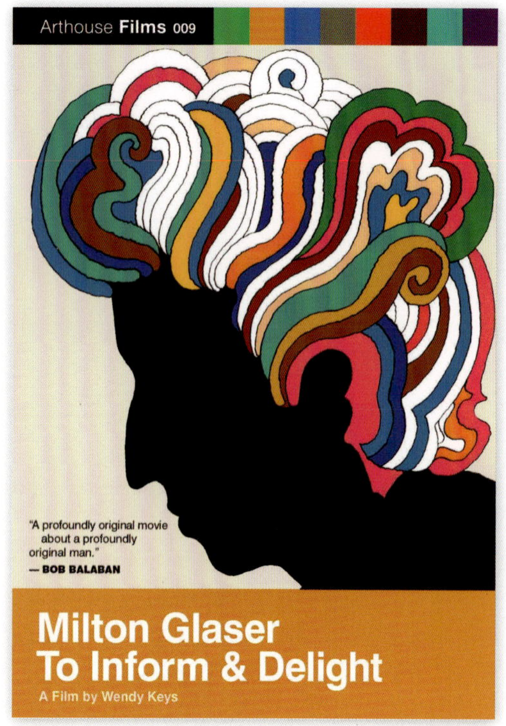

MILTON GLASER – TO INFORM AND DELIGHT
Ano ***Year*** 2008
Diretor ***Director*** Wendy Keys
Duração ***Duration*** 73 min
País ***Country*** Estados Unidos

Um retrato intimista do artista gráfico e designer criador de muitos clássicos – da imagem gráfica de Bob Dylan com os cabelos multicoloridos à emblemática representação "I Love New York". Um filme para os seus fãs e para aqueles que virão a ser seus fãs depois de assistir o filme. ⇢ *An intimist portrayal of the graphic artist and designer of many classics – from the graphic image of Bob Dylan with multicolored hair to the emblematic performance of "I Love New York". A film for the fans and those who will become fans after seeing it.*

DESIGN IS ONE – THE VIGNELLIS
Ano ***Year*** 2012
Diretor ***Director*** Kathy Brew, Roberto Guerra
Duração ***Duration*** 86 min
País ***Country*** Estados Unidos

Leila e Massimo Vignelli têm sua longa e produtiva carreira retratada neste filme. "Se você não consegue achar (o que precisa), desenhe" – "desde uma colher até uma cidade", recomendava o mestre. Uma das grandes estreias nacionais desta mostra, é um filme definitivo e imperdível! ⇢ *Leila and Massimo Vignelli have their long and productive career depicted in this film. "If you can't find (what you need), design it" – "from a spoon to a city", recommended the master. One of the major domestic premieres of this festival, it is a definitive movie not to be missed.*

STOLARSKI – FALE MAIS SOBRE ISSO *STOLARSKI – TALKING MORE ABOUT THIS*

Ano ***Year*** 2014
Diretor ***Director*** Bruno Porto, L. M. Mendes
Duração ***Duration*** 40 min
País ***Country*** Brasil

André Stolarski foi um dos mais prolíficos designers brasileiros dessa virada de século. Seja como designer visual, pensador, autor, curador, professor, seu trabalho e suas ideias influenciaram todos ao seu redor. Este filme mostra um pouco dessa influência e fala mais sobre isso. ⇢ *André Stolarski was one of the most prolific Brazilian designers at the turn of century. Whether it be as a visual designer, thinker, author, curator, or professor, his work and ideas have influenced everyone around him. This film shows some of that influence and explains more about it.*

LETRAS QUE FLUTUAM *LETTERS THAT FLUCTUATE*

Ano ***Year*** 2014
Diretor ***Director*** Fernanda Martins
Duração ***Duration*** 10 min
País ***Country*** Brasil

Este curta-metragem é resultado de uma pesquisa sobre tipografia vernacular. Ele mostra o trabalho dos "abridores de letras" – artistas populares que desenham as letras e pintam os nomes dos barcos no Pará. ⇢ *This short film is a result of a reseacrh on vernacular typography. It shows the work of "abridores de letras" (handlettering pioneers), popular artists who design the handlettering and paint the names of boats in the state of Pará.*

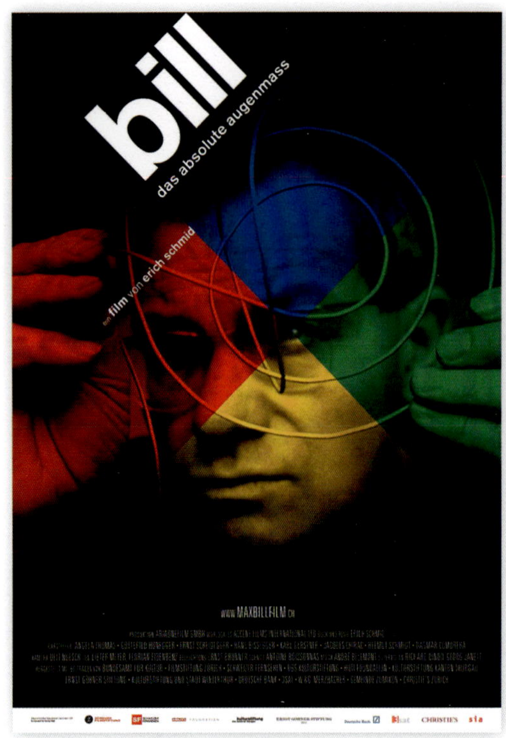

BILL – THE MASTER'S VISION
Ano ***Year*** 2008
Diretor ***Director*** Erich Schmid
Duração ***Duration*** 94 min
País ***Country*** Suíça

Ex-aluno da Bauhaus, considerado um dos mais importantes artistas suiços do século XX, diretor da escola de design de Ulm, Bill teve influencia direta na implantação do ensino de design no Brasil, tendo ensinado em São Paulo e no MAM RJ. O filme fala sobre sua trajetória no campo da arte, estética e política. ⇢ *A Bauhaus former student, considered one of the most important Swiss artists in the 20th century, and director of the Design School in Ulm, Bill had a direct influence on the establishment of design teaching in Brazil. He taught in São Paulo and at the MAM-RJ. The film is about his career path in the fields of art, aesthetics and politics.*

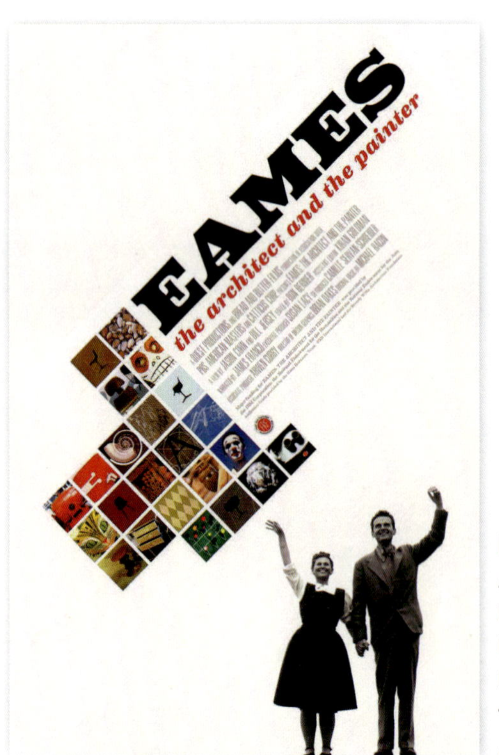

EAMES – THE ARCHITECT & THE PAINTER
Ano ***Year*** 2011
Diretor ***Director*** Jason Cohn, Bill Jersey
Duração ***Duration*** 84 min
País ***Country*** Estados Unidos

Charles Eames e sua esposa, Ray, formaram uma equipe marcante no design americano do século XX. Mobiliário, interiores, materiais médicos, filmes, brinquedos, design visual – uma verdadeira atuacão multidisciplinar do pensamento de design aplicado a diversos campos. ⇢ *In the 20th century, Charles Eames and his wife, Ray, formed an amazing team in American design. Furniture, interior design, medical materials, films, toys, and visual design – a multidisciplinary approach on design thinking applied to various fields.*

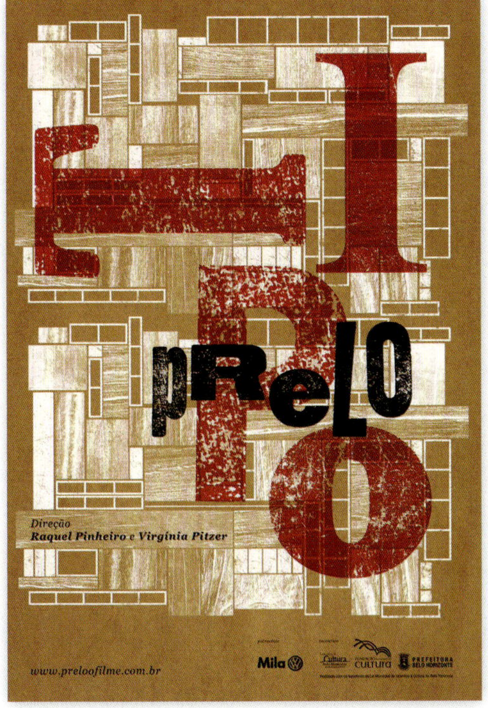

PRELO *PRESS*
Ano ***Year*** 2014
Diretor ***Director*** Raquel Pinheiro e Virgínia Pitzer
Duração ***Duration*** 18 min
País ***Country*** Brasil

Os ruídos do século passado ecoam naquela que é uma das únicas oficinas tipográficas de Belo Horizonte. Naquelas máquinas, prensas, tintas e papeis transbordam casos e memórias do tipógrafo Ademir Matias. O documentário *Prelo* traz reflexões sobre a produção tipográfica contemporânea e toca em temas como a solidão, a persistência e a transformação. ⇢ *The last century still lives on in one of the last print shops in Belo Horizonte. Those machines, presses, inks and papers overflow with situations and memories of the typographer Ademir Matias. The documentary Press offers reflections on the contemporary typesetting production and touches upon topics like loneliness, persistence and transformation.*

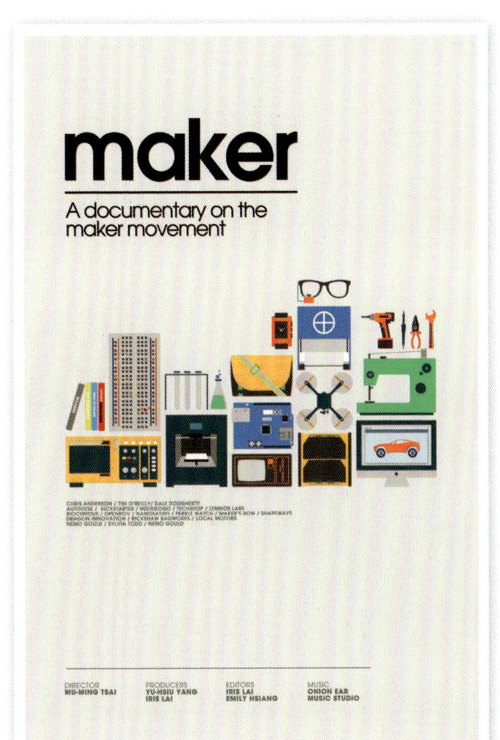

MAKER
Ano ***Year*** 2014
Diretor ***Director*** Mu-Ming Tsai
Duração ***Duration*** 65 min
País ***Country*** Estados Unidos

O filme explora ideias, ferramentas e pessoas que estão liderando o "movimento maker". Os *makers* estão reformando a economia por meio do "faça você mesmo" e do "façamos juntos", no que já está sendo chamado de a Terceira Revolução Industrial. Conceitos inovadores como *open source*, fabricação digital, *crowdfunding* e manufatura local estão ajudando a superar o estereótipo de *geeks* e amadores. ⇢ *The film explores ideas, tools and people who are leading the "maker movement". The "makers" are reforming the economy through "do-it-yourself" and "let's do it together", in what is already being dubbed the Third Industrial Revolution. Innovative concepts like open source, digital manufacturing, crowdfunding and local manufacturing are helping to overcome the geek and amateur stereotypes.*

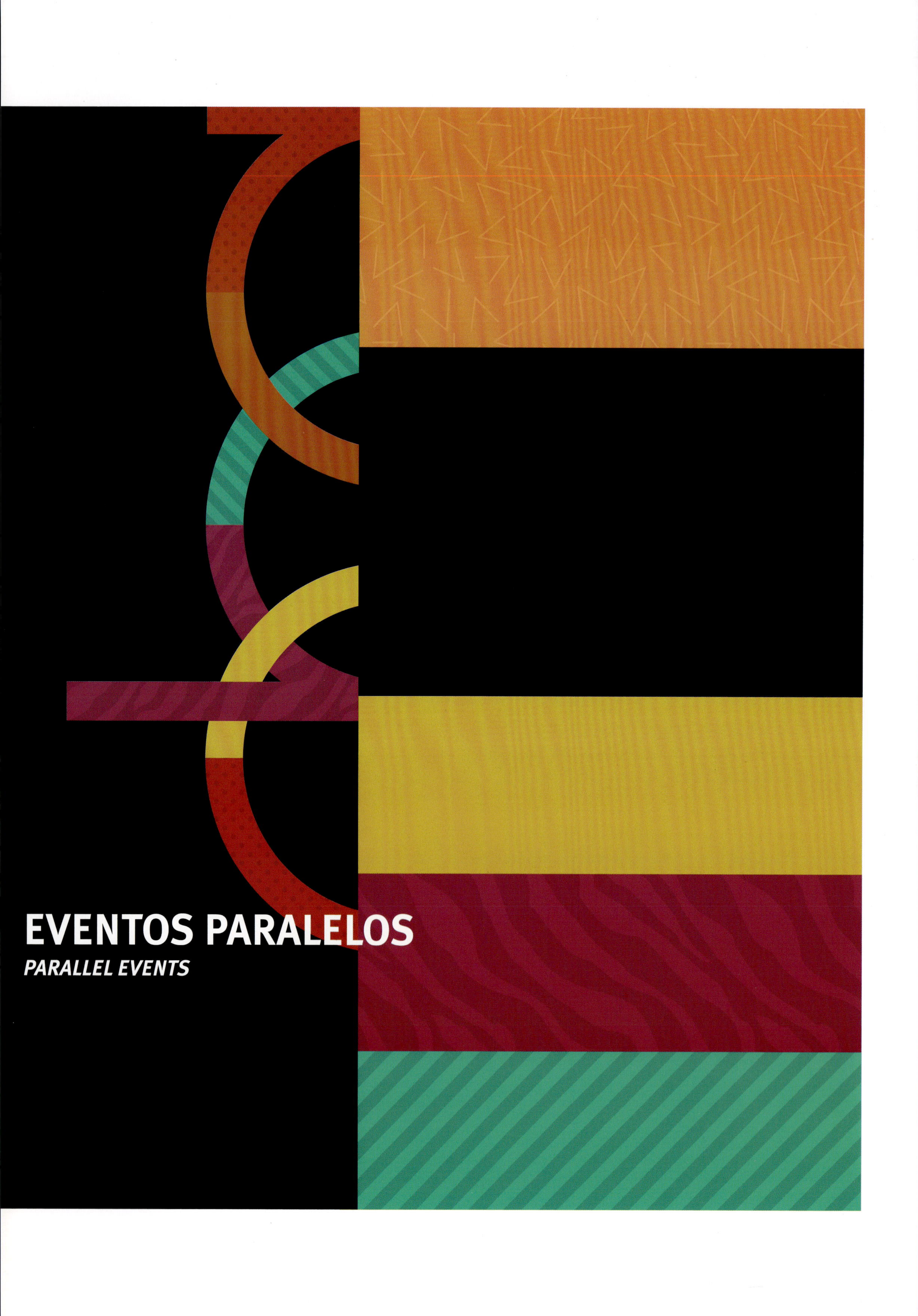

EVENTOS PARALELOS

PARALLEL EVENTS

De 15 de maio a 12 de julho, Florianópolis respirou design, com a realização de vários eventos da V Bienal Brasileira de Design: um seminário internacional, sete exposições de design brasileiro, uma exposição internacional e 157 ações paralelas.

Esses eventos que aconteceram no mesmo período da bienal foram chancelados pela organização e formaram um suporte dinâmico da Bienal, espalhados pelos mais diversos pontos da cidade movimentando mais de 60.000 participantes. Foram *workshops*, exposições, lançamentos de coleções e muitas outras realizações com um público interessado e curioso em ver mais, saber mais, interagir mais e ouvir mais sobre o design.

O tema central da bienal, Design para Todos, foi amplamente discutido em todos esses eventos, porém mais especificamente na exposição Design para Todos, a mostra principal da bienal, onde foram mostrados exemplos de produtos dentro de três visões: design especial (para todos os tipos físicos e para necessidades especiais), design democrático (economicamente acessível a todas as classes sociais) e design público (equipamentos de mobilidade, transporte e uso urbano).

A Bienal Brasileira de Design foi um acontecimento único do design em 2015, que repercutiu em todo o país e no mundo.

Roselie de Faria Lemos, Coordenadora Executiva da BBD | 2015 | Floripa

From May 15th to July 12th, Florianopolis was breathing design, with the completion of several events of the 5th Brazilian Design Biennial: An International Seminar, seven exhibitions of Brazilian design, an international exhibition and 157 parallel actions.

These events that happened in the same period of the Biennial, were sealed by the organization and formed a dynamic support of the Biennial, scattered throughout the various points of the city by moving more than 60,000 participants. There were workshops, exhibitions, launches of collections and many other achievements with an audience interested and curious to see more, learn more, interact more and hear more about design.

The central theme of the Biennial, Design for All has been widely discussed in all of these events , but more specifically in the exhibition Design for All, the main presentation of the Biennial, where examples of products were shown within three visions: special design (for all physical types and special needs), democratic design (economically accessible to all social classes) and public design equipment (mobility, transport and urban use).

The Brazilian Design Biennial was a unique design event in the state in 2015 that echoed around the country and in the world.

Roselie de Faria Lemos, *Executive Coordinator of BDB | 2015 | Floripa*

EVENTO *EVENT* → D-Expo – Design em exposição na Univali + Salão ACAFE de Design + Parcerias
PROPONENTE *PROPONENT* → Univali, Acafe e parcerias

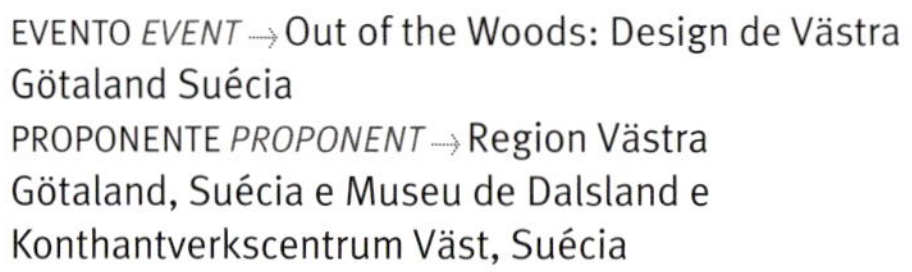

EVENTO *EVENT* → Out of the Woods: Design de Västra Götaland Suécia
PROPONENTE *PROPONENT* → Region Västra Götaland, Suécia e Museu de Dalsland e Konthantverkscentrum Väst, Suécia

EVENTO *EVENT* → V Mostra Jovens Designers
PROPONENTE *PROPONENT* → Origem Produções

EVENTO *EVENT* → Casa Cor Santa Catarina
PROPONENTE *PROPONENT* → Quadrant Produções e Eventos

EVENTO *EVENT* → Exposição Contém Design – Casa Cor Santa Catarina
PROPONENTE *PROPONENT* → Quadrant Produções e Eventos

EVENTO *EVENT* → Futuro desejável – Exposição referências brasileiras e saberes manuais, do Inspiramais – Salão de Design e Inovação de material
PROPONENTE *PROPONENT* → RatoRói Moda e Design

EVENTO *EVENT* → Exposição Meu Móvel de Madeira – CASA MMM 404
PROPONENTE *PROPONENT* → Univali e Meu Móvel de Madeira

EVENTO *EVENT* → Desembaralhando: Tipografia Brasileira em Exposição
PROPONENTE *PROPONENT* → Universidade Federal da Bahia (UFBA) e Faculdades Energia (FEAN)

EVENTO *EVENT* → Coletiva de Outono
PROPONENTE *PROPONENT* → Centro Cultural Casa Açoriana Artes e Tramoias Ilhoas

EVENTO *EVENT* → Design para todos por meio de sustentabilidade
PROPONENTE *PROPONENT* → Studio Ambientes

EVENTO *EVENT* → Open House ICON
PROPONENTE *PROPONENT* → Icon Interiores

EVENTO *EVENT* → Lourena Genovez | Uma história de design desde 1980
PROPONENTE *PROPONENT* → Lourena Genovez Móveis exclusivos

EVENTO *EVENT* → Exposição Linha Desmontáveis Conviva!Design
PROPONENTE *PROPONENT* → Conviva!Design

EVENTO *EVENT* → Mãos ao alto – por Marcos Bernardes
PROPONENTE *PROPONENT* → Univali e Nuovo Design

EVENTO *EVENT* → O Design nos une: gráfico, moda, produto
PROPONENTE *PROPONENT* → Faculdade SATC, Senai Criciuma, Unesc – Universidade do Extremo Sul Catarinense

EVENTO *EVENT* → Semana de Design
PROPONENTE *PROPONENT* → Udesc – Universidade do Estado de Santa Catarina

EVENTO *EVENT* → Tiendas de Ideas – Moda, Arte e Design para todos
PROPONENTE *PROPONENT* → Tienda de Ideas

EVENTO *EVENT* → OlhóCON
PROPONENTE *PROPONENT* → Jimmy

EVENTO *EVENT* → VIII Encontro de Design de Interiores da Faculdade Cesusc – Design para Todos
PROPONENTE *PROPONENT* → Curso superior de tecnologia em design de interiores da Faculdade Cesusc

EVENTO *EVENT* → 3º Premio Catarinense de Moda Inclusiva
PROPONENTE *PROPONENT* → Instituto Social Nação Brasil

EVENTO *EVENT* → UX Weekend
PROPONENTE *PROPONENT* → Mergo User Experience

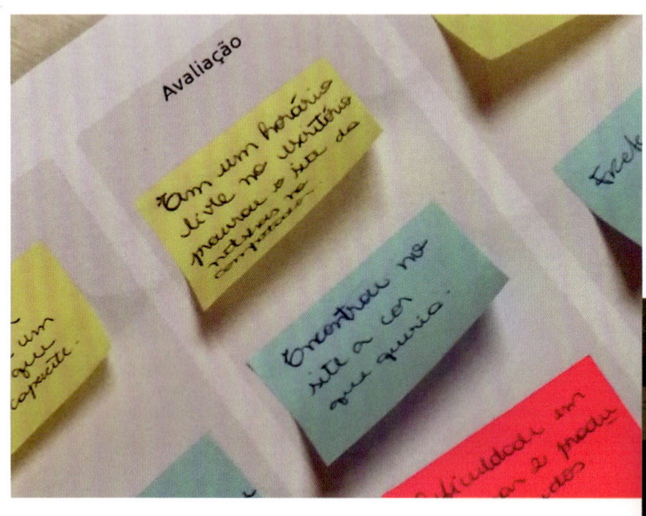

EVENTO *EVENT* → 22ª Mostra de Design IFSC
PROPONENTE *PROPONENT* → Curso superior de Tecnologia em design de produto do IFSC – Instituto Federal de Santa Catarina

EVENTO *EVENT* → Tipografia experimental: uma abordagem criativa
PROPONENTE *PROPONENT* → Bento de Abreu

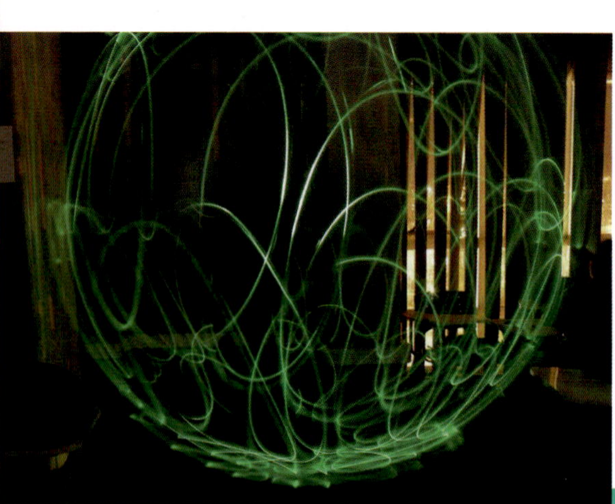

EVENTO *EVENT* → Workshop de Light Painting
PROPONENTE *PROPONENT* → Grupo “Elemental Light” e UFSC – Universidade Federal de Santa Catarina

EVENTO *EVENT* → Feito pó nós – Brasilidade
PROPONENTE *PROPONENT* → Kathavento Presentes e Decorações e In Young – Arte em mandala

EVENTO *EVENT* → Bravura Experience – Realidade virtual
PROPONENTE *PROPONENT* → Cafundó Estúdio Criativo

EVENTO *EVENT* → Pão-Por-Deus-Urbano
PROPONENTE *PROPONENT* → Dobra Ateliê

EVENTO *EVENT* → Apresentação da Plataforma Mutandis
PROPONENTE *PROPONENT* → Mutandis

EVENTO *EVENT* → Play the Call – Intervenção urbana no Parque da Luz
PROPONENTE *PROPONENT* → Play the Call

EVENTO *EVENT* → Ciclo de palestras IxDA Floripa – Design de Interação: Integrando as empresas, os profissionais e a academia
PROPONENTE *PROPONENT* → IxDA Florianópolis

EVENTO *EVENT* → Hábitos, Elefantes e Monges Budistas
PROPONENTE *PROPONENT* → Motta Design

EVENTO *EVENT* → Clínicas tecnológicas de design Sebrae – Senai Joinville
PROPONENTE *PROPONENT* → Sebrae, IEL/SC e Centro Design Catarina

EVENTO *EVENT* → Semana das profissões de Design & Tecnologia na Imagine School
PROPONENTE *PROPONENT* → Imagine School – Escola de Computação Gráfica

EVENTO *EVENT* → Diário de projeto Noiga, do conceito à prática: como fabricar acessórios impressos em 3D
PROPONENTE *PROPONENT* → Noiga

EVENTO *EVENT* → Mostra Design Jaraguá – MODesign
PROPONENTE *PROPONENT* → Centro Universitário Católica de Santa Catarina em Jaraguá do Sul

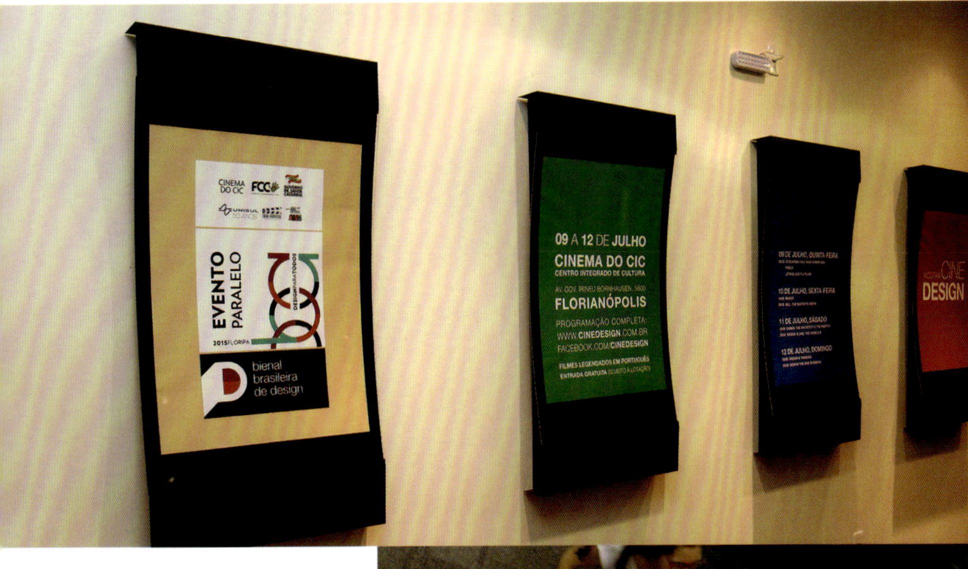

EVENTO *EVENT* → Mostra Cinedesign
PROPONENTE *PROPONENT* → Cinedesign

EVENTO *EVENT* → Fabricar ideias: o brincar em campo simbólico aberto
PROPONENTE *PROPONENT* → Oficina do aprendiz, Floripa Shopping e Udesc

EVENTO *EVENT* → Processo criativo autoral na moda
PROPONENTE *PROPONENT* → La Moda

EVENTO *EVENT* → Rodada de Negócios Apex-Brasil
PROPONENTE *PROPONENT* → Apex e Abedesign

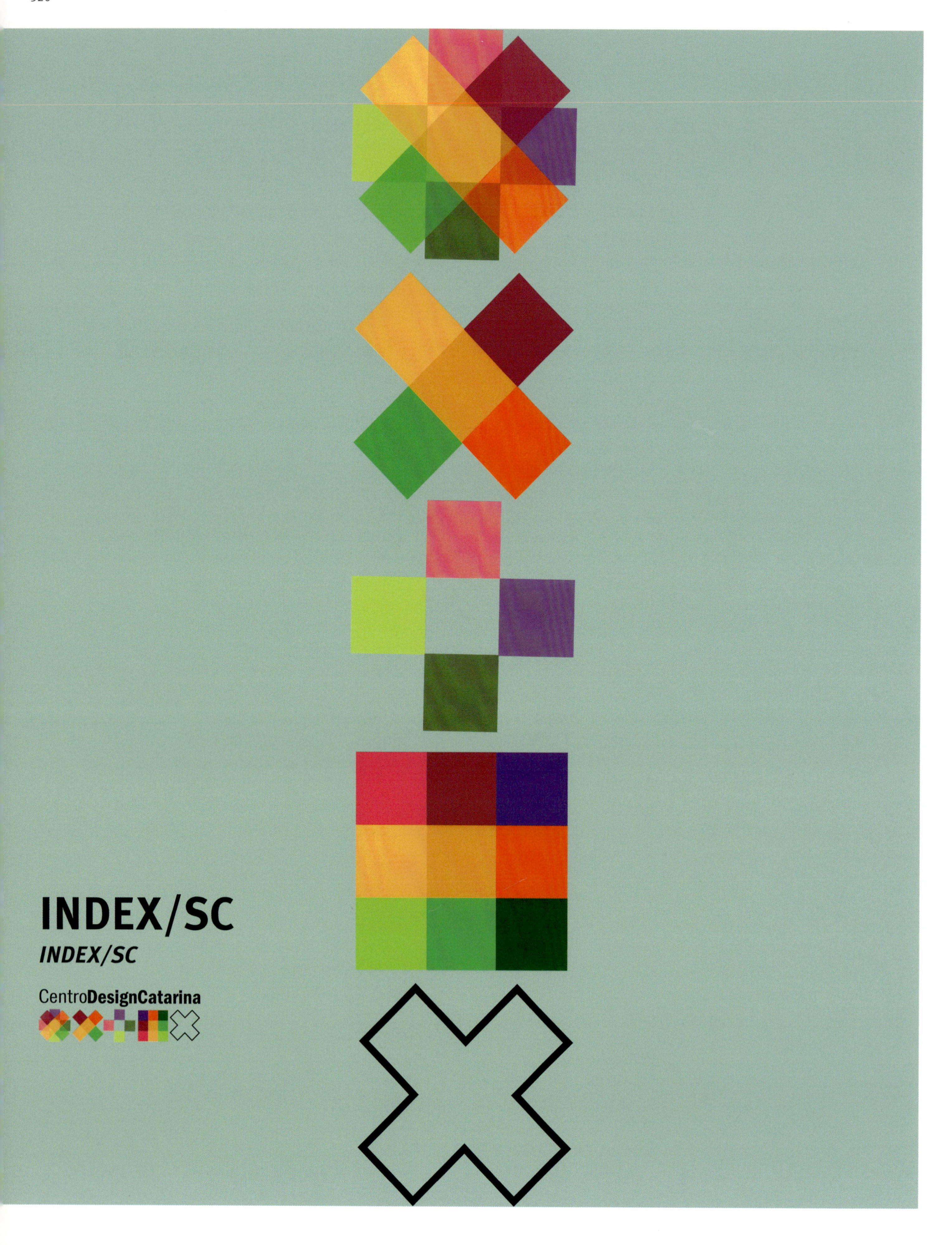
INDEX/SC
INDEX/SC
CentroDesignCatarina

A realização da Bienal Brasileira de Design em Florianópolis definiu uma série de eventos pré-bienal que impactaram a sociedade e o mercado, chamando atenção para esse setor.

A Index aconteceu em Santa Catarina, nos anos de 2013 e 2014 na forma de exposições de produtos da indústria catarinense. Foram 21 exposições em 10 cidades de Santa Catarina e uma em Bento Gonçalves (RS) com mostras que proporcionaram um novo olhar sobre o design catarinense, ressaltando sua contribuição para o desenvolvimento de produtos industriais bem-sucedidos no mercado.

Com exposições abertas ao público em geral, foram mostrados durante esses dois anos consecutivos os cases de 38 empresas de diferentes segmentos da economia catarinense.

A cada edição de uma exposição Index, eram realizados debates com designers convidados de todo o Brasil, que discorreram sobre os novos conceitos, novos processos, novas perspectivas do design, ressaltando seu valor e importância estratégica para os negócios e para o desenvolvimento econômico.

Por meio da inovação, diversificação e com foco na competitividade, a indústria catarinense está alcançando hoje, um espaço cada vez maior no mercado interno e abrindo novos caminhos para o exterior.

Investir em design é um fator indispensável para a obtenção de produtos com maior valor agregado e características inovadoras, que levam a identidade regional e brasileira aos consumidores de todo o mundo.

Nessa dinâmica, os produtos expostos mostraram suas características de design como agenciador de novas experiências, com soluções de adequação às necessidades dos consumidores e usuários, sensibilizando todos pela sua forma, funcionalidade, usabilidade e interatividade.

A Index/SC foi uma iniciativa do Centro de Design Catarina, que impulsionou o design no estado e, com certeza, terá continuidade daqui para frente.

The proximity of carrying out the Brazilian Design Biennial in Florianópolis scheduled for the year 2015, had defined a number of events ahead of it having a considerable impact on the society and the market for drawing attention to this sector.

Index was held in Santa Catarina, in the years 2013 and 2014, displaying products made in Santa Catarina. There were 21 exhibitions in 10 cities around the state and one in Bento Gonçalves (Rio Grande do Sul), showing a new way of looking at the Santa Catarina design, enhancing its contribution to the development of successful industrial products for the market.

The exhibitions were open to the general public and displayed cases of 38 companies in different segments of the economy in this state.

In each Index edition, we have carried out debates with invited designers from all over Brazil, who spoke about new concepts, processes, design perspectives highlighting its value and strategic importance for businesses and for economic development.

Through innovation, diversification and focusing on competitiveness, the industry in Santa Catarina is reaching now an increasing share in the domestic market and opening new paths to foreign countries.

Investing in design is an essential factor for obtaining products with greater added value and innovative features, bringing regional and Brazilian identity to consumers all over the world.

Within this dynamic, the displayed products have shown its design characteristics as agents for new experiences, with adequate solutions to consumers and users needs, making all aware of its form, functionality, usability and interactivity.

Index/SC was an initiative of Centro de Design Catarina in order to boost design in the state and certainly will be continued from now on.

Exposição Index/SC 2013
SCMC (Santa Catarina Moda Contemporânea)
Florianópolis/SC
Crédito *Credit* Ester Bueno

Exposição Index/SC 2013
Casa Brasil – Design e Negócios
Bento Gonçalves/RS

Exposição Index/SC 2014
Shopping Neumarkt
Blumenau/SC

Exposição Index/SC 2014
Garten Shopping
Joinville/SC

Exposição Index/SC 2014
Continente Park Shopping
São José/SC

Exposição Index/SC 2013
Fiesc (Federação das Indústrias de Santa Catarina)
Florianópolis/SC

Crédito *Credit* Fernando Willadino para All Press Comunicação

Special acknowledgement

When the biennial was only a project, key figures in our state saw the holding of this event as an opportunity for opening the Santa Catarina's doors to the world bringing to it the best of Brazilian design. They lent us their valuable support.

The effort for achieving this kind of event does not mean just saying: "I support you!" It means to provide a permanent connection with a greater and more important vision. It involves also standing alongside us, following all the steps of this endeavor with us, and continuing to offer firm support for its achievement.

During the implementation, every time the doors were shutting down, they were there again, helping to turn the situation around by 180° to reverse the situation. And this happened all too often. That greater will, that deep passion for the development of the state gave them the strength to pursue the work together with us.

Our thanks goes to these special figures without whom this Brazilian Design Biennial could not ever been held in Florianópolis with the acknowledged success it achieved.

These people are the governor of the state, His Excellency Mr. Raimundo Colombo, the President of Fapesc, Mr. Sergio Luiz Gargione, the president of Fiesc, Mr. Glauco José Côrte, and the superintendent of IEL, Mr. Natalino Uggioni.

Our hearfelt thanks to them!

Roselie de Faria Lemos
Bianka Cappucci Frisoni/Sonei Turossi/Paula da Costa Gargioni/Janaina da Silva/
Janaina Bastos/Camila dos Santos/Andriéli Flores

Agradecimento especial

Quando a bienal era ainda só um projeto, figuras importantes do nosso estado enxergaram a realização desse evento com uma oportunidade de abrir as portas de Santa Catarina para o mundo levando o melhor do design brasileiro. E nos apoiaram.

O esforço de realização desse tipo de evento não significa somente dizer "Apoio!". Significa fazer uma conexão permanente com uma ideia muito maior e mais importante. Significa permanecer ao lado, seguir todos os passos dessa empreitada e continuar firme no propósito de sua concretização.

Durante o processo, quando parecia que as portas estavam se fechando, lá vinham eles ajudando a dar uma guinada de 180° para reverter a situação. E não foram poucas as vezes. Essa vontade maior, essa paixão pelo desenvolvimento do estado, nos dava forças para prosseguirmos juntos.

O nosso agradecimento vai para essas figuras especiais, sem as quais essa Bienal Brasileira de Design não teria se realizado em Florianópolis com o reconhecido sucesso que aconteceu.

Essas pessoas são o Governador do Estado, Sr. Raimundo Colombo, o Presidente da Fapesc, Sr. Sergio Luiz Gargioni, o presidente da Fiesc Sr. Glauco José Côrte e o Superintendente do IEL Sr. Natalino Uggioni.

Nosso muito obrigada a vocês!

Roselie de Faria Lemos
Bianka Cappucci Frisoni/Sonei Turossi/Paula da Costa Gargioni/Janaina da Silva/
Janaina Bastos/Camila dos Santos/Andriéli Flores

FICHA TÉCNICA
CREDITS

Universidade do Estado de Santa Catarina *University of the State of Santa Catarina*
Profª Gabriela Botelho Mager
Prof. Célio Teodorico dos Santos

Santa Catarina Moda e Cultura *Santa Catarina Fashion and Culture*
Paula Cardoso
Mia Fagundes

Prefeitura de Florianópolis – Secretaria Municipal de Turismo *Florianópolis City Government – Municipal Secreariat of Tourism*
Marco Antonio Ramos

Fundação de Amparo à Pesquisa e Inovação do Estado de Santa Catarina – Fapesc *Research Support Foundation of the State of Santa Catarina*
Deborah Bernett

COMITÊ EXECUTIVO *EXECUTIVE COMMITTEE*

Centro Design Catarina

PRESIDENTE *PRESIDENT*
Roselie de Faria Lemos

DIRETORA TÉCNICA *TECHNICAL DIRECTOR*
Bianka Cappucci Frisoni

DIRETOR FINANCEIRO *FINACIAL DIRECTOR*
José Sonei Turossi

GERENTE TÉCNICA *TECHNICAL MANAGER*
Janaina da Silva

ASSESSORA TÉCNICA *TECHNICAL ADVISER*
Paula da Costa Gargioni

DESIGNERS
Andriéli Soares Flores
Camila dos Santos

ASSISTENTE TÉCNICA *TECHNICAL ASSISTANT*
Janaina Bastos

REDES SOCIAIS *SOCIAL NETWORKS*
Rosa Marina Gargioni Schuch

ASSESSOR JURÍDICO *LEGAL ADVISER*
Alvaro Casagrande

SC Design

PRESIDENTE *PRESIDENT*
Adriano Wagner dos Santos

COMITÊ TÉCNICO *TECHNICAL COMMITTEE*

Freddy van Camp
Roselie de Faria Lemos
Bianka Cappucci Frisoni
José Sonei Turossi
Paula da Costa Gargioni
Janaina da Silva

REALIZAÇÃO *EXECUTION*

Centro Design Catarina

Fiesc – Federação das Indústrias do Estado de Santa Catarina *Federation of Industries ofhe State of Santa Catarina*

COORDENAÇÃO EXECUTIVA *EXECUTIVE COORDINATION*

Centro Design Catarina
Roselie de Faria Lemos

CORPO CURATORIAL *CURATORIAL BODY*

CURADOR GERAL *GENERAL CURATOR*
Freddy van Camp

DESIGN PARA TODOS – PARA UMA VIDA MELHOR *DESIGN FOR ALL – FOR A BETTER LIFE*
Freddy Van Camp
Célio Teodorico dos Santos
Pedro Paulo Delpino

DESIGN TECNOLÓGICO – OS *MAKERS* E A MATERIALIZAÇÃO DIGITAL *TECHNOLOGICAL DESIGN – MAKERS AND THE DIGITAL MATERIALIZATION*
Jorge Lopes
Daniel Kraichete

DESIGN CATARINA *DESIGN CATARINA*
Roselie de Faria Lemos
Paula da Costa Gargioni
Janaina Bastos

DESIGN PARTICIPATIVO – COLETIVO CRIATIVOS *PARTICIPATORY DESIGN – CREATIVE COLLECTIVES*
Bianka Cappucci Frisoni
Isabela Mendes Sielski
Katia Véras
Simone Bobsin

DESIGN PARA TODOS? *DESIGN FOR ALL?*
Bruno Porto
Rico Lins

DESIGN HOLANDÊS NO PALÁCIO DO POVO *DUTCH DESIGN IN THE PEOPLE'S PALACE*
Jorn Konijn

EQUIPE TÉCNICA *TECHNICAL STAFF*

Design expositivo *Exhibitive design*
Unidesign
Gláucio Campelo
Atsuhiko Hiratsuka

ESTAGIÁRIA *TRAINEE*
Luisa Rock

Produção executiva *Executive Production*
Fazer Arte
Julia Peregrino

ASSISTENTES *ASSISTANTS*
Clara Zuñiga
Tomé Peregrino

Identidade visual *Visual identity*
Baseado no projeto de Pablo Cabistani
Based on the project by Pablo Cabistani

Desenvolvimento da identidade visual *Development of the visual identity*
eg.design
Evelyn Grumach

DESIGNERS GRÁFICOS *GRAPHIC DESIGNERS*
Tatiana Buratta
Augusto Erthal

Execução de projetos *Project execution*
Folha Stands

Execução de projetos da identidade visual *Visual Identity Projects Execution*
Multiart Comunicação Visual
Plastkolor Comunicação Visual
Plotart Comunicação Visual

Coordenação de eventos *Event coordination*
Praxis Feiras e Congressos

Assessoria de Imprensa *Press Office*
Meio e Imagem Comunicação

Tradução *Translation*
Mary Lou Rebelo

Fotografia *Photography*
Sandra Puente

Pesquisadores *Researchers*
Ana Luiza Gomes
Ana Brum
Celaine Refosco
Cristina Abijaode
Elisa Quartim Barbosa
Fernanda Martins
Fred Hudson
Izabela Ambiel
Kin Guerra
Marta Melo
Mayra Fonseca
Monike Oliveira
Renata Gamelo
Renata Rubim
Tulio Mariante

SEMINÁRIO *SEMINARS*

Coordenação Geral *General Coordination*
Centro Design Catarina

Organização *Organization*
Praxis eventos
Tecnoeventos

Palestrantes *Speakers*
Avril Accolla
Bel Lobo
Dan Formosa
Deniz Ova
Edna dos Santo-Duisenberg
Guilherme Knop
Jorge Montaña
Jorn Konijn
Joseba Franco
Manuel Estrada
Monica Stein
Montse Arbelo
Mugendi M'rithaa
Ralph Wiegmann

Mediador dos debates *Debate Mediator*
Gabriel Patrocínio

CATALOGO *CATALOG*

Coordenação editorial *Editorial Coordination*
Centro Design Catarina

Projeto gráfico *Editorial Production*
eg.design
Evelyn Grumach

DESIGNERS
Tatiana Buratta
Douglas Rodrigues

Identidade visual | *Visual Identity*
Baseado no projeto de Pablo Cabistani
Based on a project by Pablo Cabistani

Tradução *Translation*
Mary Lou Rebelo
Arthur Andrade

Editora e Distribuidora *Publisher and Distributor*
Editora Blucher

AGRADECIMENTOS
ACKNOWLEDGEMENTS

Adriana Rodrigues
Adriano Haake
Agustin Quiroga Pietro
Alexandre Comin
Alexandre Michel dos Santos
Alice Sandrini Nicolazzi
Aline Irene Martins
Alizandra Oliveira
Altino Alexandre Cordeiro Neto
Ana Brum
Ana Ligia Becker
Ana Ligia Petrone
Ana Paula Eckert
Ana Paula Machado
Ana Paula Weirich
André Leonardo Ramos
André Lobe
André Poppovic
André Tapajós da Silva Gomes
Andréa Alberti
Andréa Druck
Andreia Mara da Silveira Maia
Andrew Kastenmeier
Anézio Ramos
Angelita M. Conceição Rodrigues
Antônio Carlos Schwanke Zipf
Antonio Jorge Pietruza
Armando Ferreira de Almeida
Arnildo Ghering Junior
Agustín Quiroga
Beatriz Goudard
Bianca Menezes Gobbi Pauletti
Blanca Liane Cernohorsky
Camila Gallo
Carlos Alberto Barbosa de Souza
Carlos Alberto Gomes
Carlos Alberto Tomelin
Carlos Andre Motta
Caroline Amhof
Caroline Gaya Conçalves
Cássia Ferri
Cassiano Reinaldin
Ceres Cascaes Duarte
Cesar Cavalcanti
César Zucco
Cezar de Faria Lemos
Clarice Mendonça de Oliveira
Clarissa Schneider
Claudia Bär
Claudney Wilbert
Cleunice Aparecida Trai
Cleiton Nass
Christian Ullmann
Cristiano Barata
Chirley B. S. Silveira
Christiane Castellen
Christiane Ferreira
Claudia Ishikawa
Claudineia Basilio
Cleide Luciane Morgerot
Cristiane Brandi
Cristiane Pedrini Ugolini
Cristiani Pereira
Dalmo Vieira Filho
Daniel Rohden Speck
Daniela Albuquerque
Daniela Magalhaes Lobo de Oliveira
Daniella Santos
Danton Brittes
Debora Gracielle Stiegemeier
Débora Veneziano Paes
Deborah Bernett
Dries Verbruggen
Dulce Fernandes
Eddy Stephanes
Edmar Nascimento
Edson Moritz
Eduardo Agustin Velardez
Eduardo Blucher
Eduardo Junkes
Eduardo Osvaldo dos Santos
Ericka Régis
Ericson Straub
Estela Benetti
Euler Meurer
Euclydes da Cunha Neto
Erveson Luciano Pereira
Fabian Esteban Alvarez Rojas
Fabiana Panosso de Lima
Fabio Almeida
Fabio Galeazzo
Felipe Antônio da Rosa
Felipe Dausacker da Cunha
Fernanda Crespo
Fernanda Nau
Fernanda Rodrigues Coelho
Fernanda Yamamoto
Fernando Luiz Furlan
Fernando Pruner
Fernando Rosa Inácio
Flávia Vanelli
Francesca Russo
Gabriel Inler
Gabriel Isaacsson
Giovanni Ferreira da Silva
Giovanni Vannucchi
Giorgio Gilwan da Silva
Gisela Schulzinger
Giselle Royer Bion
Glauco Côrte Filho
Graziela Raquel Ganzer
Guilherme Sauthier
Gustavo Triani
Guto Índio da Costa
Heloisa Crocco
Heloisa Dallanhol
Isac Nascimento
Itamar Pinho Alves
Jaakko Tammela
Jader Almeida
Joaquim Redig
Jorge Ramon Montana Cuellar
Joelson Bugila
José Eduardo Fiates
Josiane Minuzzi
Josiane Silveira
Júlia Bernardes
Juliana Brum
Juliana Castanho
Juliana Cristina Gallas
Juliana Shiraiwa
Juliane Schveitzer da Silva
Kalina Marinho
Karen Barahona
Keila Fukushima
Késsya Letícia Silva de Morais
Lara Albrecht
Larice Maria Kuntze Suppi Abreu Mosselin
Laura Marques Campos
Leonardo Crus
Leticia Castro Gaziri
Leticia Kapper da Silva
Leticia Wilson
Lincoln Seragini
Lito Pires
Luana Ceretta de Souza
Lucas Fernandes
Lucas Petrelli
Lucas Saad
Lucia Camargo
Lucia Dellagnelo
Luciane Camilotti
Luciane Rodrigues Pinheiro Pedro
Lucienne Torres
Luiz Fernando Vidal da Rocha
Luiz Salomão Ribas Gomez
Luiz Wachelke
Lygia Helena Roussenq Neves

Maicon Lacerda
Manoel Coelho
Mara Gama
Marcelo Alves
Marcelo Nome Silva
Marcelo Ortega Júdice
Marcia Hinnig
Márcia Lisboa Carlsson
Marcia Maria Martins Laurentino
Marcia Nejaim
Márcia Regina Escorteganha
Marco Aurélio Lobo Junior
Marco Aurélio Périco Góes
Marco Aurélio Petrelli
Marco Ramos
Marcos Nogueira
Marcos Sebben
Marcus Ferreira
Maria Angela Inácio
Maria Augusta Orofino
Maria Cláudia Evangelista
Maria de Lourdes Amin Filomeno
Maria Gorete Reinert
Maria Helena Estrada
Maria José Pontes
Maria Teresinha Debatin
Mariel Maffessoni Ramos
Marilha Naccari
Mário Cesar dos Santos
Mario César Gesser
Mario Fioretti
Mario Martuscello
Maristela Burigo
Maryana Carolyne Ferreira
Maurette Brandt
Maurício Trevisan
Mauricio José Scoz Junior
Maycol Fernandes
Mayra Mastriani
Miguel Cañas Martins
Miguel Gonçalves Cremonezi
Mônica Barbosa
Mônica Facchini Krinke
Mônica Lucena Freire de Souza
Mônica Stein
Murilo Scoz
Nanina Rosa
Nayara Trevisan Barreto
Nice Santiago de Andrade
Nikki Gonnissen
Osni Cristovão
Patrícia Laurentino Burger
Paola Sebben
Paulino Duarte
Pedro Neves Bueno Cordoba
Peter Fassbender
Pieke Bergmans
Priscilla Pereira
Rafael Dalzochio
Rafael Locks
Rafael Pedroso Dias
Rafael Ribeiro
Rafaela Ventura de Oliveira
Raphael Righetto
Raquel Brocco
Raulino Rezudino Fagundes
Regiane Pupo
Regina Galvão
Renata Moura
Renata Pires
Renato Büchele Rodrigues
Renato de Souza
Renato Osvaldo Bretzke
Renilton Roberto da Silva Matos de Assis
Renzo Menegon
Ricardo Stodieck
Roberto Carlos Braga
Rodrigo Brenner
Rodrigo Carioni
Rodrigo Hoffmann Herd
Roger Costa Pellizzoni
Rogério Silva
Rosa Gargioni Schuch
Ruth Fingerhurt
Ruth Klotzel
Sandra Makowiecky
Sandra Puente
Sérgio Guint
Shirley Daniela Soares
Silvia Cantelli
Simone Boaroli
Soraya Foes Bianchini
Stephanie Pereira
Sthefany Cechinel
Suelen Ludtke Eichholz
Sueme Mori Andrade
Tadeu Schmitt
Tania Cristina Gomes da Cunha
Tatiane Elizabeth Schizzi
Thais Krebs
Tiago Kotovicz
Tiago Krusse
Tina Moura e Lui Lo Pumo
Tony Chierighini
Tys van Santen
Valdir Cechinel Filho
Valdir Rubens Walendowsky
Valério Gomes
Valeska Daniela Tratsk
Vanessa Borovsky
Vera Lúcia Gonçalves de Souza
Vilson Sandrini Filho
Vivian Zuidhof
Walter Fabiano Janson
Zaira da Silva
Zena Becker

A Secretaria Estadual de Educação *State Secretary of Education*
Secretário *Secretary* Eduardo Deschamps
Chefe de gabinete *Cabinet Chief* Mauro Tessari
Secretária adjunta *Assistant Secretary* Elza Marina da Silva Moretto

Equipe de vigilância, manutenção, limpeza, recepção, administração, mediadores e militares do CIC, Masc, MIS, MHSC, Mesc, TAR e Fiesc. *To the team of surveillance, maintenance, cleaning, reception, administration, mediators and servicemen of CIC, Masc, MIS, MHSC, Mesc ‹ TAR and Fiesc.*

Equipe Geração TEC

Aos proponentes dos mais de 150 eventos paralelos que movimentaram a cidade de Florianópolis, e o estado de Santa Catarina. *To the proponents of more than 150 parallel events that enlivened the city of Florianópolis and the state of Santa Catarina*

Aos monitores das exposições.
To the exhibitions monitors.

Agradecemos especialmente a colaboração de:
Special thanks for their support and collaboration:
Professor Gui Bonsiepe

Adelia Borges
Ana Helena Curti
Chico Homem de Mello

Ao Reino dos Países Baixos

Grupo Almeida Junior
Balneário Camboriú Shopping
Blumenau Norte Shopping
Continente Park Shopping
Joinville Garten Shopping
Shopping Neumarkt
Abedesign
Abrasel SC – Associação Brasileira de Bares e Restaurantes
ACIB – Associação Comercial e Industrial de Blumenau
ACIC – Associação Empresarial de Criciúma
ACIJ – Associação Comercial e Industrial de Joinville
Casa Brasil Design e Negócios 2013
Costão do Santinho Resort
Criciúma Shopping
ExpoGestão 2014
Fenitecc – Feira de Inovação e Tecnologia de Caçador 2014
Icon Interiores
Jô Cintra
JUSC – Jurerê Sports Center
Lancaster
Movelaria Boá
Sollos
Univille – Universidade da Região de Joinville – Campus São Bento do Sul
Univali – Universidade do Vale do Itajaí
Unidavi – Centro Universitário para o Desenvolvimento do Alto Vale do Itajaí
Uniplac – Universidade do Planalto Catarinense.

Todos os resíduos sólidos provenientes das exposições foram doados à Associação de Coletores de Materiais Recicláveis (ACMR). *All the solid waste output by the exhibitions were donated to the Recyclable Waste Gatherers Association (ACMR).*

Bienal Brasileira de Design Floripa 2015
Design para Todos

Blucher

Rua Pedroso Alvarenga, 1245, 4° andar
04531-934 – São Paulo – SP – Brasil

Tel.: 55 11 3078-5366

contato@blucher.com.br
www.blucher.com.br

Segundo o Novo Acordo Ortográfico, conforme 5. ed.
do *Vocabulário Ortográfico da Língua Portuguesa*,
Academia Brasileira de Letras, março de 2009.

FICHA CATALOGRÁFICA

Bienal brasileira de design (5.: 2015: Florianópolis, SC)

Design para todos / Centro Design Catarina; [Roselie de Faria Lemos, Bianka Cappucci Frisoni, José Sonei Turossi (organizadores); tradução de Mary Lou Rebelo, Arthur Andrade]. – São Paulo: Blucher, 2015.
Realizada de 15 de maio a 12 de julho de 2015 em Florianópolis, SC
Edição bilíngue: português/inglês

ISBN: 978-85-212-0953-9

1. Desenho (Projetos) – Brasil – Exposições – Catálogos
I. Título II. Centro Design Catarina

15-0892 CDD 745.40981

ÍNDICES PARA CATÁLOGO SISTEMÁTICO:
1. Desenho (Projetos) – Brasil – Exposições – Catálogos